Informatik –
eine moderne Wissenstechnik

Informatik – eine moderne Wissenstechnik

von
Dr. Alfred L. Luft
und
Dr. Rudolf Kötter
Universität Erlangen-Nürnberg

B·I·
Wissenschaftsverlag
Mannheim · Leipzig · Wien · Zürich

Die Deutsche Bibliothek – CIP-Einheitsaufnahme

Luft, Alfred Lothar:
Informatik – eine moderne Wissenstechnik / Alfred L. Luft und Rudolf Kötter. – Mannheim; Leipzig; Wien; Zürich: BI-Wiss.-Verl., 1994
ISBN 3-411-14371-1
NE: Kötter, Rudolf:

Gedruckt auf säurefreiem Papier
mit neutralem pH-Wert (bibliotheksfest)

Druck: RK Offsetdruck GmbH, Speyer
Bindearbeit: Progressdruck GmbH, Speyer
Printed in Germany
ISBN 3-411-14371-1

Inhaltsverzeichnis

1. Einleitung

2. Methodologien der Wissensbildung

2.1 Wissen, Wahrheit und Wissenschaft: Ein erster Anlauf
- 2.1.1 Zum neuzeitlichen Wissenschaftsverständnis
- 2.1.2 Das sprachliche Fundament unseres Wissens: Zur sprachkritischen Wende
- 2.1.3 Zur Argumentations- und Konsenstheorie des Wissens

2.2 Grundzüge des logischen Empirismus
- 2.2.1 Einleitung
- 2.2.2 Erkenntnistheoretische Positionen und Probleme des Empirismus
- 2.2.3 Die Hinwendung zur sprachlichen Seite der Erkenntnis
- 2.2.4 Die Berufung auf sinnliche Wahrnehmung
- 2.2.5 Das Programm der „rationalen Rekonstruktion"
- 2.2.6 Das Induktionsproblem
- 2.2.7 Das Definitionsproblem
- 2.2.8 Das Wahrheitsproblem

2.3 Grundzüge des kritischen Rationalismus
- 2.3.1 Einleitung
- 2.3.2 Das Falsifikationsprinzip von K. Popper
- 2.3.3 Die „Drei-Welten-Theorie" von K. Popper
- 2.3.4 Die Sozialphilosophie des kritischen Rationalismus
- 2.3.5 Sichtweisen des Forschungsprozesses
- 2.3.6 Rationalität als lokaler Skeptizismus

2.4 Das pragmatische Fundament des Wissens
- 2.4.1 Einleitung
- 2.4.2 Der Begriff der „Erklärung"
- 2.4.3 Einige philosophiehistorische Anmerkungen zur Pragmatik

2.5 Die konstruktive Wissenschaftstheorie
2.5.1 Die Idee Wissenschaft: ein erneuter Anlauf
2.5.2 Zur Unterscheidung zwischen analytischer und konstruktiver Wissenschaftstheorie
2.5.3 Methodische Schritte beim Aufbau wissenschaftlicher Terminologien
2.5.3.1 Die elementare Prädikation
2.5.3.2 Prädikatorenregeln und Definitionen
2.5.3.3 Abstraktion und Ideation
2.5.4 Der „radikale Konstruktivismus" — eine Radikalisierung der konstruktiven Wissenschaftstheorie?

2.6 Die Frage nach Orientierungswissen und Verantwortung
2.6.1 Einleitung
2.6.2 Ökonomische und politische Aspekte
2.6.3 Ethische Aspekte

3. Perspektiven der Informatik
3.1 Einleitung

3.2 Zur Notwendigkeit einer anwendungsbezogenen Informatik
3.2.1 Die Vorschläge von E. Grochla
3.2.2 Zur Entwicklung der Betriebs- und Wirtschaftsinformatik
3.2.3 Zu weiteren anwendungsbezogenen GI-Aktivitäten

3.3 Das erste DV-Förderungsprogramm der Bundesregierung, die GAMM-NTG-Empfehlungen von 1968 und die Institutionalisierung von Informatik-Studiengängen

3.4 Informatik als theoretische, technische, praktische und angewandte Disziplin
3.4.1 Zur faktischen Entwicklung der Informatik
3.4.2 Die Grenzziehung zum „informationstechnischen Teil" der Elektrotechnik

3.5 Zur Softwaretechnik
3.5.1 Zur Software-Krise
3.5.2 Softwaretechnik als mathematische Teildisziplin
3.5.3 Zu Methoden der Software-Entwicklung
3.5.4 Softwaretechnik als Kommunikations- und Wissenstechnik
3.5.5 Zur Berücksichtigung der Softwaretechnik im Rahmen der Gesellschaft für Informatik

3.6 Zur Künstlichen Intelligenz
3.6.1 Ziele und Methoden der Künstlichen Intelligenz
3.6.2 Die Hinwendung zu wissensbasierten Problemlösern
3.6.3 Kognitionswissenschaftliche Probleme
3.6.4 Zur Institutionalisierung der Künstlichen Intelligenz
3.6.5 Zur Kritik an der Künstlichen Intelligenz

3.7 Grundzüge einer Sichtweise der Informatik als Wissenstechnik
3.7.1 Einleitung
3.7.2 Zur Unterscheidung zwischen „Wissen“, „Information“ und „Daten“
3.7.3 Schlußbemerkungen

4. Literaturverzeichnis

5. Schlagwortverzeichnis

1. Einleitung

In modernen Industriegesellschaften gewinnt die (automatische) Wissensnutzung mittels symbolischer Maschinen zunehmend an Bedeutung. Wissensbestände werden heute nicht mehr nur durch schriftliche Aufzeichnungen fixiert, sondern auch auf elektronischen Speichermedien in Form maschinell bearbeitbarer Datenbestände. Es ist zwar von Anfang an absehbar gewesen, daß mit Hilfe der Informatik nicht nur mathematische Wissensbestände (insbesondere für die Zwecke eines möglichst effizienten Computing) auf symbolische Maschinen „gebracht" werden sollen, sondern auch und vor allem Wissensbestände über Waren und Dienstleistungen — über deren Entwicklung, Produktion/Erbringung und Vermarktung sowie über die hierfür zweckmäßigen Organisationen, technischen Systeme und benötigten Managementfunktionen. Die Informatik konzentrierte sich aber dennoch in Anlehnung an die Computer Science in den USA auf die Maschinisierung mathematischer Wissensbestände mit Hilfe von „Computern" — und das Bild vom „Rechner" blieb für die Entwicklung der Informatik bis heute paradigmatisch. Diese Perspektive hat die Informatik unserer Meinung nach davon abgehalten, sich den Problemen der Praxis in systematischer Weise zuzuwenden, weshalb wir sie — zusammen mit einigen anderen Informatikperspektiven — einer kritischen und methodologisch orientierten Diskussion unterziehen wollen.

Als Ausgangspunkt für unsere methodologischen Fundierungsbemühungen dient uns das klassische empiristische Modell der Erkenntnis von D.Hume, das auch heute noch für viele Wissenschaftler eine erkenntnistheoretische Orientierungsfunktion hat. Danach haben das Wissen und alle anderen Vorstellungen des Menschen ihre materielle Basis in äußeren Reizen, die die Sinnesorgane anregen und die durch unsere Psyche selektiv bewertet und danach im Gehirn gespeichert werden.[1] Diese „ursprünglichen Eindrücke" können im Zuge von Erinnerungen, Träumen oder Fiktionen wieder wachgerufen und im Wege der freien Kombination zu neuen Vorstellungen verarbeitet werden. Unser empirisches Wissen kommt dann dadurch zustande, daß die aus sinnlichen Reaktionen (Wahrnehmungen) gewonnenen

---

[1] Vgl. z.B. Hume: Eine Untersuchung über den menschlichen Verstand, II. Abschnitt. Nähere Einzelheiten in unserem 2. Kapitel

„unmittelbaren Eindrücke" mit den bereits (nach assoziativer und sprachlicher Verarbeitung) gespeicherten verglichen werden und bei der Feststellung von korrelativen Übereinstimmungen zu generellen Urteilen übergegangen wird.

D.Hume legte bei seinen Ausführungen großen Wert auf die Darstellung der psychischen Seite der Erkenntnisgewinnung und ihrer materiellen Basis. Heute drängt es sich geradezu auf, seinen Vorschlag in die Terminologie der maschinellen Datenverarbeitung zu „übersetzen"; man kann dann von Eingabe, Selektion und Speicherung von Daten sowie deren symbolischer Verarbeitung und Wiedergewinnung sprechen und kommt so zu einer bildhaften Darstellung der Erkenntnisgewinnung und -verarbeitung als maschineller Daten- bzw. Symbolverarbeitung. Die Hardware von daten- bzw. symbolverarbeitenden Maschinen wird also gewissermaßen in Korrespondenz gesetzt zu der materiellen Basis der Erkenntnisgewinnung nach dem empiristischen Modell. Ersetzen wir „Daten" (bzw. „Symbol") durch „Information", so kommen wir auf diesem Weg auch zu den informationsverarbeitenden Systemen der Kybernetik von N.Wiener sowie zum Informationsverarbeitungsparadigma der Kognitionsforschung.[2]

Ging es im *klassischen* Empirismus mehr um die Darlegung eines psychischen Modells der Erkenntnisgewinnung, so befaßte man sich im *logischen* Empirismus mehr mit der symbolischen Verarbeitung der sinnlichen Eindrücke. Den Ausgangspunkt für die modernen Überlegungen zu den Grundlagen der Erkenntnisgewinnung bildete nämlich der Gedanke, daß alles, was wir als intersubjektiv zugängliche „Erkenntnis" behandeln, sprachlich gefaßt sein muß. Mit den in diesem Sinne als „Erkenntnis" behandelten Eindrücken und Ideen müssen demnach Wörter und Sätze korrespondieren. Als Heuristik für die Ausarbeitung seines Programms diente dem logischen Empirismus die Metaphorik des Baukastens: Wissen wird durch beliebig komplexe Sätze repräsentiert und diese müssen als durch elementare Bausteine zusammengesetzt darstellbar sein, um als einsichtig gelten zu können — wobei als elementar gilt, was mit einem ursprünglichen Eindruck (im Sinne Humes) korrespondiert. Als Werkzeug zur Zerlegung der komplexen Sätze bis auf ihre Grundbausteine wird die durch Frege,

---

[2] Vgl. z.B. Görz (Hrsg.): Einführung in die künstliche Intelligenz. S.304 und S.830

Russell u.a. entwickelte formale Logik eingesetzt. Der logische Empirismus berücksichtigte gewissermaßen das Problem der „Software" der Erkenntnisgewinnung mit den Mitteln, die Informatikern durch ihre Ausbildung in mathematischer Logik, „Wissensrepräsentation" oder „Knowledge Engineering" wohlvertraut sind: „Mentale Modelle" oder „Weltausschnitte" erfordern eine tragfähige (formal-)sprachliche „Wissensrepräsentation", um nach einer „Wissensmodellierung" eine „Wissensbasis" bilden zu können.[3]

Wenn auch verständlich ist, warum die Informatik ein so hohes Maß an Affinität zu empiristischen Sichtweisen der Erkenntnis aufweist, so darf dennoch nicht vergessen werden, daß klassischer wie logischer Empirismus kritischen Einwänden ausgesetzt waren, die nicht entkräftet werden konnten. Gerade der logische Empirismus mußte unter dem Druck der Kritik sein ursprüngliches Anliegen, eine rationale Rekonstruktion unseres Wissens zu liefern, im Laufe der Zeit aufgeben. Entscheidend war dabei, daß die Kritik aus prinzipiellen Gründen nicht mehr intern, d.h. etwa durch höheren formalen Aufwand, widerlegt werden konnte.

Wenn man den zentralen Einwand gegen den logischen Empirismus auf einen kurzen (und groben) Nenner bringen will, dann bietet sich hierfür folgende Formulierung an: Jedes Wissen und jede darauf fußende Erklärung hat eine pragmatische Basis, die sich mit den Mitteln, die der logische Empirismus als Werkzeuge der Analyse akzeptiert, nicht darstellen läßt. Von Popper bis Feyerabend, von Dingler bis Lorenzen — immer sind es Argumente, die durch die Reflexion auf Wissenschafts- und Lebenspraxis gewonnen werden, durch welche die Analyse- und Rekonstruktionsdefizite des logischen Empirismus aufgewiesen wurden. Und es ist bezeichnend, daß die logischen Empiristen sich häufig der Kritik nur noch durch die Flucht in den Konventionalismus entziehen zu können glaubten.

---

[3] Vgl. z.B. Görz (Hrsg.): a.a.O. S.4, S.716 und S.730. An dieser Stelle sei vorgreifend auf Kap. 3 unser Sprachgebrauch skizziert: „Wissen" ist eine organisierte Menge von mit Geltungsansprüchen versehenen Urteilen; „Informieren" ist eine Kommunikationshandlung, durch die Wissensbestände verändert werden; „Daten" schließlich sind spezielle, relativ zu einem standardisierten Kontext elementare Informationen, die zu einem Wissensbestand aggregiert werden können

Die philosophischen Bemühungen um eine pragmatische Fundierung der Wissenschaftstheorie eröffneten jedoch nicht nur einen Ausweg aus den Grundlagenproblemen des logischen Empirismus, sondern führten auch zu einer Entschärfung des „Münchhausen-Trilemmas“ von Hans Albert, nach dem wissenschaftliche Fundierungsbemühungen letztlich immer in einem unendlichen Regreß, einem Zirkelschluß oder im Dogmatismus enden müssen. Darüber hinaus ist deutlich geworden, daß die Frage nach einem ethischen oder politischen Orientierungswissen nicht von vornherein als „außerwissenschaftlich“ eingestuft und deshalb einerseits der „Stimme des Gewissens“, andererseits dem Machtkampf von Interessenverbänden überlassen werden muß.

Wenn wir im folgenden im Rahmen einer Methodologie-Diskussion den Gang von Logik, Wissenschaftstheorie und Ethik in einigen (sehr) groben Zügen nachzeichnen, so geht es uns allerdings nicht nur um die Vermittlung eines Stücks Kulturgeschichte, sondern auch und entscheidend um eine tragfähigere Fundierung der Informatik. Davon betroffen sind nicht nur die Methodenlehren für die Entwicklung von Wissensbeständen im Rahmen der Programmierung symbolischer Maschinen (bzw. Methoden des „Software Engineering“, „Information Systems Engineering“, „Data Engineering“, „Requirements Engineering“ und „Knowledge Engineering“), sondern auch alle ehrgeizigen Forschungs- und Entwicklungsprogramme, die zum Ziel haben, Wissensbestände völlig automatisch nutzbar zu machen, ja vielleicht gar durch „lernende“ Maschinen oder Expertensysteme erwerben zu lassen. Wenn sich beispielsweise die Fragen an ein Expertensystem in Wirklichkeit an den Wissenstechniker richten, der die Wissensbasis des Systems softwaretechnisch bereitgestellt hat, so kann das Expertensystem „lediglich“ dazu dienen, diese Wissensbasis mit ihren Folgerungen potentiellen Endbenutzern effizient zugänglich zu machen: Auch intelligenz-konform funktionierende Expertensysteme sind „nur“ ein neues Medium für die Verarbeitung personenbezogener Wissensbestände.

Zur Beantwortung unserer Frage nach einer tragfähigeren Informatik-Perspektive werfen wir zunächst einen Blick auf die etablierten Perspektiven der Informatik. Dabei ergibt sich eine Kritik, die im wesentlichen die folgenden Punkte betrifft:

1. Ein Verständnis der Informatik als „Wissenschaft von der systematischen Verarbeitung von Informationen“[4] (bzw. als „Wissenschaft, Technik und Anwendung der maschinellen Verarbeitung und Übermittlung von Informationen“[5]).
2. Ein Verständnis der Informatik als Computer- oder als Computing-Wissenschaft.
3. Ein Verständnis der Informatik als „Systemwissenschaft“.
4. Die begrifflich unklare bzw. widersprüchliche Aufteilung der Informatik in einen „theoretischen“, einen „technischen“, einen „praktischen“ und einen „angewandten“ Zweig.[6]
5. Die begrifflich, methodologisch und disziplinär zu wenig durchdachte Institutionalisierung der Softwaretechnik und der Künstlichen Intelligenz.
6. Die disziplinäre Grenzziehung der Informatik zur Physik, Elektro/Nachrichtentechnik und Fertigungstechnik einerseits, zur Mathematik andererseits.
7. Die disziplinäre Grenzziehung der Informatik zu den wissensgebiets-spezifischen Anwendungen der modernen Wissenstechnik in den verschiedenen Fachdisziplinen und/oder „Bindestrich-Informatiken“, insbesondere bezüglich den primär natur-/ingenieurwissenschaftlich ausgerichteten Wissenstechnik-Anwendungen einerseits, den primär kulturwissenschaftlich/managementtechnisch ausgerichteten Wissenstechnik-Anwendungen andererseits.

Diese Kritik wird ergänzt durch den Hinweis auf einige Arbeiten, in denen die Informatik bereits als „Disziplin im Umbruch“ gesehen wird.

Unsere konstruktiven Vorschläge zielen darauf ab, einerseits die herkömmliche Unterscheidung zwischen „Kern-Informatik“, „Schalen-Informatiken“ und „Bindestrich-Informatiken“ mit einer explizit technikwissenschaftlichen Perspektive auf die Praxis der maschinengestützten Wissensnutzung zu beziehen, andererseits Entwicklungs-, Anwendungs- und Verwaltungsmethoden für wissenstechnische Produkte

---

[4] Duden Informatik. S.269

[5] Brauer u.a. (Hrsg.): Studien- und Forschungsführer Informatik. S.48

[6] Vgl. z.B. Rechenberg: Was ist Informatik?

methodologisch und begrifflich besser zu fundieren. Die dabei entwickelte Sichtweise der Informatik als Wissenstechnik trifft sich in vielen Punkten mit den Vorschlägen von Peter Naur für ein tragfähigeres Verständnis des „Computing“, vor allem dort, wo er die für eine korrekte Programmierung entscheidende Rolle des Wissens der Programmierer thematisiert.[7] Allerdings sehen wir nicht nur in der Maschinisierung des Berechnens („Computing“), sondern eben auch in der darüber hinausführenden Wissensnutzung mittels symbolischer Maschinen — also in einer modernen Wissenstechnik — den Gegenstand der Informatik. Und wir haben versucht, den methodologischen Rahmen der so verstandenen Informatik etwas systematischer und „konstruktiver“ als in den Publikationen von Peter Naur zu fassen — womit wir wieder bei dem eingangs erwähnten methodologischen Thema angelangt wären.

Einen wesentlichen Ausgangspunkt unseres gemeinsamen Werks bildet eine 1988 publizierte Orientierungshilfe für das Informatik-Studium[8] sowie eine Sichtweise der Informatik als Wissenstechnik, die vor allem in Kontakt mit den GI-Arbeitskreisen „Terminologie der frühen Phasen der Software-Entwicklung“ von Wolfgang Hesse und „Theorie der Informatik“ von Wolfgang Coy entwickelt werden konnte. Da die beiden Buch-Autoren in verschiedenen Fächern bzw. Fachrichtungen zu Hause sind und wegen der Notwendigkeit zur Arbeitsteilung ergaben sich bei unseren Abschlußarbeiten die folgenden Verantwortlichkeiten: R.Kötter zeichnet für Kapitel 2 verantwortlich (mit Ausnahme der Abschnitte 2.1.3 und 2.6) und A.L.Luft für Kapitel 3 sowie für die Abschnitte 2.1.3 und 2.6.

Nicht unerwähnt bleiben soll schließlich, daß die Förderung unserer Arbeit durch Hartmut Wedekind sowie Ermutigungen durch Paul Lorenzen, Peter Janich und Frieder Nake die mehrjährige Entwicklungsgeschichte unseres Buchs wesentlich beeinflußt haben. Ganz besonderen Dank schulden wir aber Rudolf Hildebrand, der das Projekt von Anfang an begleitet hat und ohne dessen inhaltliche und technische Hilfe wir nur schwerlich vorangekommen wären.

---

[7] Vgl. Naur: Programming As Theory Building. In ders.: Computing: A Human Activity. S.37-49

[8] Vgl. Luft: Informatik als Technikwissenschaft

2. Methodologien

2.1 Wissen, Wahrheit und Wissenschaft: Ein erster Anlauf

2.1.1 Zum neuzeitlichen Wissenschaftsverständnis

> Die allgemeine Strategie und Methode der Wissenschaft entstand vor 350 Jahren, entwickelte sich und zeigte keine Neigung, in ihrer Entwicklung zu ermüden... sie dominiert bereits die Sozialwissenschaften und die Technologie und beginnt gerade, in einigen Bereichen der Philosophie vorzuherrschen.[9]

Das neuzeitliche Wissenschaftsverständnis geht mit einem von G.Galilei und I.Newton begründeten neuen Naturbegriff einher, nach dem die wahrnehmbare Natur unveränderliche, mathematisch beschreibbare Qualitäten besitzt und sich nach festen Gesetzen ändert. Die *Gesetzmäßigkeiten der Natur* wurden im Rahmen einer mathematischen Perspektive durch einige wenige Formeln ausgedrückt. Laplace hielt es sogar für möglich, alles Geschehen in der Welt in einer einzigen mathematischen Formel auszudrücken. Die wichtigsten theorie-leitenden Metaphern waren die von der Ordnung, Schönheit, Vollkommenheit und Symmetrie der Natur. Zum eigentlichen Gegenstand der Wissenschaft wurden damit mathematisch beschreibbare Strukturen ~~von~~ und Beziehungen zwischen Elementen der Natur, die mit Hilfe gezielter experimenteller Forschung aufgedeckt und technisch angewandt werden können.[10] Dabei ergab sich eine Arbeitsteilung zwischen „reinen“ und „angewandten“ Naturwissenschaften: In den „reinen“ Disziplinen geht es im Idealfall nur um die Erforschung der „Gesetze der Natur“, in den „angewandten“ Disziplinen dagegen um die Erforschung nützlicher Anwendungen. Oder anders ausgedrückt: in den „reinen“ Naturwissenschaften erfolgt gewissermaßen eine *Entzauberung* der Natur, während in den „angewandten“ Naturwissenschaften eine immer bessere *Nutzung* der Natur angestrebt wird.

Die Herrschaft des Menschen über die Natur galt letztlich als Ziel aller Wissenschaften. Es entwickelte sich ein neuer Idealtyp des Menschen, der Erfinder, der bislang Unerforschtes Zug um Zug auskundschaften, Neues ausprobieren und den unendlichen Bereich technischer Möglichkeiten — bis hin zur Schaffung genetisch „besserer“ Menschen und „denkender“ Maschinen — mehr oder weniger hemmungs-

---

[9] Villoro: Was ist die wissenschaftliche Methode und worauf ist sie anwendbar? S.40
[10] Vgl. Detel: Wissenschaft. S.182

los ausschöpfen und praktisch erproben will.[11] Dabei wurden die wirtschaftlichen, ökologischen, sozialen und politischen Folgewirkungen solcher wissenschaftsgestützter Erfindungen zunächst nicht einmal idealiter als bedenkenswert angesehen.

Nach dem neuzeitlichen Wissenschaftsverständnis hat sich die Wissensbildung auf die Bildung von *Tatsachenwissen* zu beschränken, das sich wie folgt aufbaut:

- Durch *Beobachtung* von Phänomenen kommt man zur Erkenntnis von Einzeltatsachen.
- Diese werden so *organisiert* und *verallgemeinert*, daß sie sich zu Modellen der Realität fügen (Naturgesetze).
- Aus den Modellen werden im Rahmen der *Theoriebildung* Strukturgesetze (Fundamentalgesetze) herausgearbeitet, welche es insbesondere erlauben, *Hypothesen* mit prognostischem Gehalt abzuleiten.
- Die gebildeten Modelle, Theorien und Hypothesen sind schließlich anhand empirischer Befunde zu *überprüfen*.

Diesen Prozeß der Tatsachengewinnung veranschaulicht man sich heute gerne mit Hilfe einer *Abbild- bzw. Korrespondenztheorie der Wahrheit*, bei der die Wahrheit einer Aussage abhängt von der Beziehung zwischen den Wörtern und grammatischen Strukturen des die Aussage bildenden Satzes einerseits und den hierdurch „abgebildeten" bzw. hiermit „korrespondierenden" Objekten, Eigenschaften und Beziehungen der Realität oder Vorstellungswelt andererseits. Nach der vor allem von B.Russell, L.Wittgenstein (in seinem „Tractatus logico-philosophicus") und M.Planck ausgearbeiteten Korrespondenztheorie der Wahrheit korrespondiert eine wahre Aussage mit einer Tatsache in der Welt und die im Rahmen der Naturwissenschaften erstellten Satzsysteme bilden Modelle der Realität.

Dabei ist der eigentlichen Modellbildung im Rahmen dieser Sichtweise des Erkenntnisprozesses eine Phase der „Datenanalyse" vorgeschaltet, in der es um eine Ordnung der vorliegenden Beobachtungen über die Realität geht, und eine Phase der „Datenerhebung" nachgestellt, in

[11] Vgl. Hübner: Kritik der wissenschaftlichen Vernunft. S.365

der es um die Gewinnung neuer Beobachtungen und Daten geht, die eine Überprüfung des Modells ermöglichen: die erhobenen Daten werden analysiert und mit den Vorhersagen am Modell verglichen, wobei abweichende Ergebnisse solange eine Modifikation des Modells nach sich ziehen, bis unsere im Modell ausgedrückte Erkenntnis mit der Realität „richtig" korrespondiert.

Die Dynamik wissenschaftlicher Erkenntnis wird verstanden als ein Prozeß der Approximation von Modellen an die Realität, wobei über den Grad bzw. die Güte einer Annäherung wissenschaftspragmatische Aspekte (praktische Bewährungskriterien im Rahmen einer Wissenschaftsentwicklung) entscheiden sollen. Dabei bleibt allerdings unberücksichtigt, daß man den „Limes des Erkenntnisprozesses" kennen, d.h. über ein vollständiges Wissen verfügen müßte, um im Einzelfall die Güte der Approximation der Erkenntnis an die Wirklichkeit abschätzen zu können.

Nach dem neuzeitlichen Wissenschaftsverständnis erfordert eine Theorienbildung besondere wissenschaftliche Begriffsbestimmungen, die in einer Fachterminologie ausgedrückt werden. Diese Terminologie wird anhand technisch reproduzierbarer „Mustersituationen" (sog. Standardexperimente) eingeführt und verfestigt. Die mit jeder Terminologie- und Theoriebildung einhergehende Gegenstandserzeugung und Begriffsbestimmung vermitteln uns jedoch nur eine spezielle (reduktionistische) Sichtweise der Realität. Sie führen, um mit den Worten von O.Schwemmer zu sprechen, zu einer Verdrängung all der Wirklichkeitsformen, „die den Gesetzen der Reproduzierbarkeit nicht gehorchen, sondern der Flüchtigkeit des Augenblicks oder der Unstetigkeit historischer Entwicklungen ausgeliefert sind."[12] Das neuzeitliche Wissenschaftsverständnis ist demnach nicht nur durch einen neuen Naturbegriff und eine Selbstbeschränkung auf Tatsachenwissen, sondern auch durch eine „Seinsvergessenheit" (M.Heidegger) geprägt.

Aufgrund seiner großartigen technischen Bewährung wurden die Methoden und Verfahren der Naturwissenschaften auf nicht-naturwissenschaftliche Bereiche übertragen. So wird in den Sozial- und Geisteswissenschaften — analog zu den „Gesetzen" der Natur — nach „Gesetzen" der sozialen Entwicklung, der Psyche und des Denkens

---

[12] Schwemmer: Handlung und Struktur. S.40

gesucht, in der Hoffnung, daraus sozialtechnischen Nutzen ziehen zu können. Auch die Informatik versucht den für die Naturwissenschaften typischen mathematischen Beschreibungs- und experimentellen Forschungsansatz auf alle Informations-, Kommunikations- und Intelligenz-Phänomene auszudehnen, wobei die vom Menschen geschaffenen Phänomene — wie z.B. sprachlich vermittelte Informationen — im allgemeinen nicht in ihrem historischen und sozialen Kontext gesehen, sondern wie natürliche Phänomene behandelt werden: unter dem Informationsbegriff wird analog zum Energie- und Materiebegriff ein Grundbegriff der Naturwissenschaften verstanden[13] — und in der Künstlichen Intelligenz wird gelegentlich sogar behauptet, daß hinter dem Denken und intelligenten Verhalten analog zu den „Gesetzen der Natur" „Gesetze des Denkens" stehen, die im Rahmen des Informationsverarbeitungsparadigmas der Kognitionsforschung mit Hilfe von programmierbaren Maschinen erforscht und nützlichen Anwendungen zugeführt werden können.[14] Das Verstehen geistiger Vorgänge reduziert sich damit auf das Verstehen der Maschinen und Programme, die eine Simulation dieser Vorgänge ermöglichen: Ein Wissen über geistige Vorgänge soll auf ein Wissen über intelligenz-konform funktionierende Maschinen reduziert werden. Die aus dieser Forschungsmethode resultierende Relativierung der Position des Menschen wird hierbei verglichen mit den Relativierungen, die das heliozentrische Weltbild im 17. Jahrhundert sowie die Darwinsche Evolutionstheorie in der zweiten Hälfte des vorigen Jahrhunderts brachten. In der Reduktion von Intelligenz auf im Prinzip programmierbare und maschinell simulierbare Phänomene und in der damit einhergehenden Maschinisierung unseres Menschenbildes wird hierbei oft weiter nichts gesehen als ein Preis des wissenschaftlich-technischen Fortschritts.

Mit der Methode der neuzeitlichen Wissenschaften verbindet sich schließlich auch eine *Fortschrittsidee*: viele Menschen erhoffen sich von ihr seit der Aufklärung eine zunehmende Rationalisierung der

---

[13] Vgl. z.B. Duden Informatik. S.273

[14] Explizit formuliert in z.B. Barr/Feigenbaum: The Handbook of Artificial Intelligence, Vol. 1. S.3 - und implizit im Abschnitt „Kognition" in Görz (Hrsg.): Einführung in die künstliche Intelligenz, S.303-366, wobei das Informationsverarbeitungsparadigma der Kognitionsforschung sehr schön in den Abschnitten „Grundlegende Annahmen der Kognitionsforschung" (S.304-305) und „Kognition als Informationsverarbeitung" (S.311-318) herausgearbeitet ist

Welt. Die heute teils geforderten, teils erreichten politischen Freiheiten und der Kampf gegen Tabus aller Art werden mit dem neuzeitlichen, technisch geprägten Wissenschaftsverständnis in Zusammenhang gebracht. Angesichts der wissenschaftsgestützten Zerstörung der Ökosphäre, der wissenschaftsgestützten Hochrüstung sowie der wissenschaftsgestützten „Freisetzung" und Überforderung vieler Menschen auf dem Arbeitsmarkt wird dieser Rationalisierungsprozeß allerdings in zunehmendem Maße auch negativ beurteilt. Ein (partielles) Umdenken scheint notwendig zu sein, wenn wir uns nicht der Agonie hingeben und in einem selbstzerstörerischen Chaos enden wollen.

2.1.2 Das sprachliche Fundament unseres Wissens: Zur sprachkritischen Wende

Ein Grundzug der Philosophie unseres Jahrhunderts ist zweifellos die sogenannte sprachkritische Wende, die im angloamerikanischen Raum als „linguistic turn" bezeichnet wird. In der Hinwendung zur Sprachphilosophie im weitesten Sinn manifestiert sich die Einsicht, daß sich jede Erkenntnis, insbesondere die wissenschaftliche, in sprachlicher Form ausdrückt und somit die bewußtseinsorientierte Erkenntnistheorie durch Sprachkritik ersetzt oder zumindest ergänzt werden muß. Folglich beschäftigt sich die sprachanalytische Philosophie[15], die diesen Trend am deutlichsten verkörpert, nicht mit Dingen, Ereignissen oder Sachverhalten, sondern — je nachdem, welche ihrer beiden großen Strömungen man vor Augen hat — mit der Art des wissenschaftlichen (bzw. logisch exakten) oder aber des alltäglichen Redens über sie; in beiden Fällen soll die Analyse der Sprache dazu beitragen, Irrtümer aufzudecken und zu beseitigen.

Thomas S.Kuhn unterscheidet im Wissenschaftsprozeß normale Phasen, in denen innerhalb eines allgemein akzeptierten wissenschaftlichen Weltbildes bereits aufgestellte Gesetzmäßigkeiten lediglich empirisch abgesichert und verfeinert werden, und revolutionäre Phasen, in denen sich, meist nicht ohne Einwirkung äußerer Aktoren,

[15] Üblicherweise wird diese philosophische Richtung als „analytische Philosophie" bezeichnet. Nach dem Vorbild von Martens/Schnädelbach: Zur gegenwärtigen Lage der Philosophie, S. 14 ziehen wir es jedoch vor, statt dessen den klareren Ausdruck „sprachanalytische Philosophie" zu verwenden

wissenschaftliche Weltbilder in einem sogenannten Paradigmenwechsel ändern.[16] Als Paradebeispiel hierfür wird der Wechsel vom ptolemäischen zum kopernikanischen Weltbild angeführt, der mit der Entwicklung astronomischer Meßinstrumente und dem Niedergang der aristotelisch-thomistischen Kosmologie der Kirche in Zusammenhang steht.

In Anlehnung an das Kuhn'sche Paradigmenmodell unterscheidet H.Schnädelbach in der Philosophiegeschichte drei Epochen, denen er jeweils das ontologische, das mentalistische und schließlich das linguistische Paradigma zuordnet.[17] Der Philosophie der Antike und des Mittelalters lag das *ontologische* Paradigma zugrunde, und man bemühte sich, das Seiende und seinen hierarchischen Aufbau zu erkennen. R.Descartes und vor allem I.Kant vollzogen den Aufklärungsschritt weg von dieser ontologischen Betrachtungsweise, indem sie nicht mehr wie die Tradition vor ihnen nach dem Seienden fragten, sondern danach, was vom Menschen eigentlich erkannt werden kann. So lautete das zentrale Problem unter dem neuen, dem *mentalistischen* Paradigma. Einen weiteren Paradigmenwechsel brachte das 20. Jahrhundert, als L.Wittgenstein und andere noch einen Schritt weiter gingen und nicht mehr nur fragten, was erkannt, sondern auch und vor allem, was in der Sprache verstanden und ausgedrückt werden kann. Dieser Ansatz wurde von der Vermutung getragen, in unserer Erkenntnis und unserer Sprache herrsche durch einen unreflektierten Gebrauch sprachlicher Ausdrücke Konfusion, die erst noch aufgelöst werden müsse. Daß man somit in den Bereich der Sprache überwechselte, rechtfertigt es, das neue Paradigma *linguistisch* zu nennen.

Es mag sein, daß das gegenwärtig gültige linguistische Paradigma durch neue Paradigmata abgelöst werden wird; doch es wird sich wohl nach dem von der sprachkritischen Wende vollzogenen Aufklärungsschritt nie mehr rechtfertigen lassen, Sprache als unproblematisches Medium zur Verständigung zu betrachten. In diesem Sinne schreibt Schnädelbach:

---

[16] Siehe Kuhn: Die Struktur wissenschaftlicher Revolutionen. Vgl. auch Detel: Wissenschaft, insbes. Abschnitt 3.4.6: Die historische Wende der Wissenschaftstheorie

[17] Vgl. die diesbezüglichen Ausführungen von Schnädelbach: Philosophie. S.46-76

> Die Sprachkritik ist eben nicht Selbstzweck, sondern die notwendige Leiter hinaus zu dem, wonach seit Parmenides alle Philosophie strebt: das richtige Sehen der Welt. Was Wittgenstein erkannte, war die Tatsache, daß wir ohne Sprachkritik nicht sicher sein können, die Welt richtig zu sehen, und daß wir uns deswegen, wenn wir an Philosophie im Ernst interessiert sind, darauf einlassen müssen.[18]

Die sprachkritische Wende im neuzeitlichen Wissenschafts- und Wahrheitsverständnis ist in gewisser Weise durch I.Kant vorbereitet worden. Aber erst nach der von G.Frege konzipierten modernen Logik hat sie sich in der vor allem von G.E.Moore, B.Russell und L.Wittgenstein vorbereiteten „Oxford-Philosophy" durchgesetzt. Kennzeichen des neuen Stils einer sprachanalytischen Philosophie, die zunächst in Reaktion auf die System-Konstruktionen des späteren Hegelianismus entwickelt wurde, sind

- die Forderung nach *Klarheit* und intersubjektiver Überprüfbarkeit philosophischer Behauptungen,
- die Auffassung, daß philosophische Erkenntnis nicht durch umfassende Einsicht, sondern durch Überprüfung ihrer *Konsequenzen* zu rechtfertigen ist, und
- der Verzicht auf den Entwurf von Weltbildern zugunsten der *logischen Arbeit* im *Detail*.

In der auf Freges „Begriffsschrift" zurückgehenden neu geschaffenen formalen Logik wurde ein geeignetes Werkzeug für die als notwendig eingestufte Sprachkritik gesehen: Nach Russells Verfahren der „logischen Nachkonstruktion" erfolgt die Analyse komplexer und undurchsichtiger Sachverhalte dadurch, daß man diese mit Mitteln der formalen Logik aus atomaren und durchschaubaren Bestandteilen aufbaut.

L.Wittgenstein hat in seinem „Tractatus logico-philosophicus" das von B.Russell entwickelte Programm eines logischen Atomismus in exemplarischer Weise in die Tat umgesetzt. In seinem Spätwerk hat er jedoch hinreichend deutlich gemacht, daß durch „logische Nachkonstruktion" kein exakter Bedeutungskern von Begriffen expliziert werden kann, der mit einem realen Objekt korrespondiert.[19]

---

[18] Vgl. Schnädelbach: a.a.O. S.74

[19] Vgl. Wittgenstein: Philosophische Untersuchungen

Die Konzentration des Blickes auf die Sprache und ihre Funktionsweise brachte die Einsicht, daß alle Erkenntnis letztlich sprachlich verfaßt sei, prägnant ausgedrückt in Wittgensteins Satz: „Die Grenzen meiner Sprache bedeuten die Grenzen meiner Welt.“[20] Und in konsequenter Fortführung dieses Gedankens sah man die Ursachen aller Konfusion des Denkens und Argumentierens in einem undisziplinierten und unreflektierten Gebrauch sprachlicher Ausdrücke. Diesen Mißbrauch aufzudecken sollte zentrales Anliegen der Philosophie sein.[21]

Dieser Grundgedanke wurde mit unterschiedlichen Akzentsetzungen fortgesponnen. Während eine Richtung, die vor allem im logischen Empirismus des Wiener Kreises ihre Wirkung entfaltete, sich den formalen Sprachen und der formalen Logik zuwandte, untersuchte die nicht-formalistisch orientierte Richtung die alltägliche, normale Sprache und deren Sprechakte.

In jedem Falle führte die Vorstellung, daß Realität erst durch Sprache konstituiert werde[22], zu einer Kritik des naiven Wissenschaftsverständnisses, demzufolge alle Menschen als Beobachter die beobachteten Phänomene in gleicher Weise sinnlich wahrnehmen und die gleichen „Beobachtungsdaten“ mitteilen. Denn der Begriff der *einen* Realität wurde preisgegeben: in Abhängigkeit von der Art des sprachlich konstituierten Wahrnehmungsvermögens der Beobachter können verschiedene Realitäten beobachtet werden.

In gewisser Weise entwerfen wir unsere Lebensverhältnisse durch unsere sprachlichen Schöpfungen selbst — einschließlich unserer sozialen und technischen Lebensverhältnisse: Die argumentativ zugängliche Realität kann stets nur das sein, worüber wir reden. Das heißt allerdings nicht, daß die menschlichen Lebensäußerungen auf Sprechakte reduzierbar seien; zum Denken gehört unauflöslich die Verbindung zur Welt durch Wahrnehmungen und Empfindungen, aber Wahrnehmungen und Empfindungen zwingen uns nicht in eindeutiger Weise eine sprachliche Gliederung der Welt auf. Sie bilden den Rahmen, in den die Menschen ihre sprachlichen Entwürfe einpassen müssen.

---

[20] Wittgenstein: Tractatus logico-philosophicus. 5.6
[21] Ebd. 4.0031
[22] Vgl. z.B. auch Whorf: Sprache - Denken - Wirklichkeit

Im Rahmen der vor allem von J.L.Austin und J.R.Searle entwickelten Sprechakttheorie wurde schließlich deutlich gemacht, daß sich die Funktion von Sprache nicht im Konstatieren von Sachverhalten erschöpft, sondern auch konstitutive Aspekte und damit einhergehende *kommunikative Akte* und Verpflichtungen umfaßt.

Einem unreflektierten Sprachverständnis und selbst vielen Semantiktheorien liegt das Konzept der „wörtlichen Bedeutung“ zugrunde: Die wörtliche Bedeutung eines Satzes werde vollständig bestimmt durch die Bedeutung der Wörter, aus denen er sich zusammensetze, und durch die syntaktischen Regeln, denen die Zusammenfügung seiner Teilelemente gehorche; abgesehen von diachronischen Veränderungen hänge die wörtliche Bedeutung nicht vom Kontext ab. Solche Sprachauffassungen betrachten Sprache als ein System von Symbolen, welche sich zu Mustern zusammenfügen lassen, die für Sachverhalte einer Welt stehen; dabei sieht man den Aussagesatz als die grundlegende Satzart an und geht im einzelnen von den Voraussetzungen aus,

- daß Aussagesätze *Sachverhalte* wiedergeben und entweder wahr oder falsch sein können;
- daß der Sachverhalt, der einem Aussagesatz entspricht, eine *Funktion* der im Satz enthaltenen Begriffe sowie der zwischen ihnen gebildeten Relationen ist, wobei
- die Begriffe (zu denen beispielsweise Substantive, Verben und Adverbien zählen) in der *Welt auffindbare* Objekte, Eigenschaften, Beziehungen oder Mengen davon bezeichnen.

Gegen eine derartig verkürzte Sprachauffassung läßt sich aus der Sicht der Sprechakttheorie einwenden, daß sich die Funktion von Sprache nicht darauf beschränkt, lediglich Sachverhalte zu konstatieren; vielmehr ist Sprache stets konstitutiv, indem sie ihrerseits Situationen erst hervorbringt. Eine gewichtige Rolle spielt dabei das Geflecht von Verpflichtungen, das im Lauf von Gesprächen durch Sprechakte aufgebaut wird und einen wesentlichen Teil des allgemeinen und speziellen Kontextes bildet, vor dem Äußerungen erst voll verständlich werden. Jede sprachliche Äußerung geht in einem *Kontext* vor sich, den Sprecher und Hörer teilen, und ob sie angemessen ist oder nicht, wird im wesentlichen vom Wissen sowie von den Absichten und

Gefühlen der Gesprächsteilnehmer bestimmt, nicht allein von situationsunabhängigen Bedeutungsdefinitionen.

Die von John L. Austin begründete Sprechakttheorie zieht aus dieser zentralen Einsicht Konsequenzen: In seinem 1962 erschienenen Buch „How to do Things with Words“[23] untersuchte er eine bestimmte Klasse von Äußerungen, die sich nicht auf Zustände in der Welt beziehen, sondern ihrerseits bereits Akte darstellen (wie z.B. Drohen oder Versprechen) und die er daher „performative Äußerungen“ nannte; dabei stellte er fest, daß Kriterien wie Wahrheit oder Unwahrheit auf viele derartige Sprechakte nicht anwendbar sind und sich statt dessen die Frage erhebt, ob sie in bezug auf den jeweiligen Kontext als angemessen[24] gelten dürfen. Sein Schüler John R. Searle verfolgte den von Austin entwickelten Ansatz weiter und versuchte in seinem 1969 erschienenen Buch „Speach Acts“[25] die Angemessenheitsbedingungen von Sprechakten näher zu fassen. Searle unterscheidet bei jeder Äußerung drei Ebenen:

- Der lokutionäre Akt bezeichnet den *Aussagegehalt*;
- der illokutionäre Akt die *Aussagetätigkeit*, die je nach dem Zusammenhang beispielsweise eine Mitteilung, eine Drohung oder ein Versprechen sein kann;
- der perlokutionäre Akt schließlich bezeichnet die *Reaktionen*, die durch die jeweilige Äußerung beim Zuhörer hervorgerufen werden soll: Manche Äußerungen sollen ihn z.B. veranlassen, etwas zu glauben, andere sollen ihn etwas hoffen lassen, wieder andere ihn in Furcht versetzen.

Geben wir z.B. eine eidesstattliche Versicherung ab (illokutionärer Akt), so soll der Adressat dazu gebracht werden, den versicherten

---

[23] Die deutsche Ausgabe aus dem Jahr 1972 trägt den Titel: Zur Theorie der Sprechakte

[24] Der Begriff „Angemessenheit“ bezieht sich hier nicht auf Regeln des guten Benehmens, sondern auf die Grundlagen einer funktionierenden Kommunikation: Unhöflicher Widerspruch kann, was die Struktur der Sprechakte betrifft, durchaus angemessen sein. Was in diesem Zusammenhang „Unangemessenheit“ bedeutet, läßt sich vielleicht am besten am Beispiel des Absurden Theaters veranschaulichen, das ja die ausweglose Situation und die sinnentleerte Welt, in der der moderne Mensch zu leben glaubt, vor allem durch absurde Dialoge enthüllen möchte

[25] Eine deutsche Ausgabe kam 1971 unter dem Titel: Sprechakte. Ein sprachphilosophischer Essay, heraus

Sachverhalt (lokutionärer Akt) auch ohne weitere Beweise als „wahr" anzunehmen (perlokutionärer Akt).

Was die Leistungsfähigkeit der Sprechakttheorie in ihrer ursprünglichen Fassung anbelangt, so bleibt festzuhalten, daß sie minutiöse Untersuchungen über unzählige verschiedene Geflechte von Sprechakten und die in ihnen wirksamen Konventionen erlaubt; ihr normativer Anspruch ist aber bewußt äußerst bescheiden gehalten.

J.Habermas sieht in seiner Universalpragmatik[26] die Bedeutung der illokutionären Akte darin, daß sie es gestatten, menschliche Kommunikation als Muster aufeinander bezogener Verpflichtungen aufzufassen, die Sprecher und Hörer eingehen, indem sie ein Gespräch führen. Jeder Sprechakt ist demnach mit einer Verpflichtung verbunden und führt seinerseits zu weiteren Handlungen. Durch diese Verpflichtungen wird jedoch nicht eine spezifische Handlung vorweggenommen, wie dies etwa der Fall ist, wenn jemand etwas verspricht, sondern nur die Struktur eines potentiellen Dialogs angegeben für den Fall, daß die als Normalfall unterstellte Übereinstimmung der Gesprächspartner zusammenbricht. Ähnlich wie Wittgensteins Konzept der Sprachspiele führt also auch die Sprechakttheorie zu der in unseren Augen zentralen Einsicht, daß Sprache nicht als Tätigkeit einzelner isolierter Individuen verstanden werden kann, sondern in einem Kontext sozialer Interaktionen vor sich geht.

Dem die sprachkritische Wende berücksichtigenden neuzeitlichen Wissenschaftsverständnis wird nicht selten ein Vorwurf gemacht, mit dem E.Bloch bereits in den dreißiger Jahren die orthodoxen Marxisten konfrontierte: Der Verzicht auf ein Ansprechen von sprachlich oft nur sehr bedingt faßbaren Faszinationen, Wünschen und Ängsten des menschlichen Lebens produziere Lücken, die von nicht-wissenschaftlicher Seite auf äußerst gefährliche Weise gefüllt werden können. Nach M.Frank hat allerdings derjenige, der unter Rekurs auf die sprachkritische Wende z.B. gegen ästhetische Mitteilungsformen polemisiere, diese nicht richtig verstanden. Denn wer heute noch glaubt, ein vernunftgemäßes, diskursives Transparentmachen der „Welt" gegen ästhetische Mitteilungsformen und intuitive Einsichten ausspielen zu können, der hat noch nicht die Sprachgebundenheit der Vernunft —

[26] Vgl. Habermas: Was heißt Universalpragmatik?

relativ zu einer sprachlich konstituierten Weltsicht — begriffen. Wegen dieser Sprachgebundenheit kann Vernunft nicht mehr als Schiedsrichterin in Sachen absoluter Geltungsansprüche auftreten und sich nicht mehr trennscharf gegen metaphorisches und allgemein dichterisches Reden absetzen.[27]

2.1.3 Zur Argumentations- und Konsenstheorie des Wissens

> Es ist selbstverständlich, daß man den definitiven Konsens nie erreicht. Das wissen wir alle aus der Erfahrung. Was wir faktisch haben, ist meist bereits der Dissens über den Sinn der Äußerungen, aber das kann nichts daran ändern, daß wir dazu verdammt sind, insbesondere auf ethischem, rechtlichem und politischem Gebiet über die Meinungsverschiedenheiten und Konflikte Konsens anzustreben. Es wäre schon unendlich viel erreicht, wenn wir den Typ des Verhandlungsdiskurses, in dem Drohungen und Angebote die Hauptrolle spielen, durch den Typus des argumentierenden Diskurses approximativ ersetzen könnten, in dem die Bedürfnisse und die berechtigten Interessen die Hauptrolle spielen.[28]

> Mutual understanding may make little or no sense to the given-the-problem community: If somebody believes that somebody else will provide him with problems — stated in mathematical terms — he cannot see any necessity for mutual understanding.[29]

Die Wahrheit von Behauptungen oder die Richtigkeit von Aufforderungen können wir meinen oder wissen; im ersten Fall des Meinens können oder wollen wir keine „zureichenden“ Begründungen für das „Gemeinte“ geben und allenfalls einen Anspruch auf expressive Wahrhaftigkeit erheben, während wir im Falle des Wissens behaupten, argumentativ mit Hilfe lehr- und lernbarer Begründungen Gesprächspartner gegebenenfalls zum Konsens verpflichten zu können: „Erst durch die Verpflichtung, den erhobenen Anspruch auf Zustimmung 'mittelbar' durch Gründe gegenüber anderen Ansprüchen (d.i. bei ausbleibender Zustimmung) zu rechtfertigen, läßt sich zwischen Wissen

---

[27] Frank in Rötzer (Hrsg.): Denken, das an der Zeit ist. S.124. Vgl. hierzu auch die diesbezügliche Untersuchung in Schneider: Phantasie und Kalkül

[28] Apel in Rötzer (Hrsg.): Denken, das an der Zeit ist. S.71

[29] Müller-Merbach: Mutual understanding, revisited after nearly 25 years. S.387

(Wissenschaft) und 'bloßer' Meinung (vorwissenschaftlicher Lebenswelt, 'natürlichem Bewußtsein') unterscheiden."[30]

Die Ausarbeitung des theoretischen Hintergrunds der Argumentations- und Konsensfindungsprozesse bei der Wissensbildung führte zu Argumentations- und Konsenstheorien des Wissens, die heute insbesondere von der Erlanger und Frankfurter Schule vertreten werden.[31] Im Rahmen dieser Theorien wurden Normen erarbeitet, mit denen sich die der Wissensbildung dienenden faktischen Verständigungsprozesse beurteilen und ggf. in Frage stellen lassen. Bei Paul Lorenzen ergibt sich z.B. aus der Frage nach der theoretischen Stützung technischer Praxis der entscheidende Ansatz für die Begründung der Mathematik und Naturwissenschaften:

> Die technische Praxis begründet partiell die faktischen Disziplinen der Mathematik und der Naturwissenschaften. Nur Teile begründet die technische Praxis, der Rest ist — von der Technik aus gesehen — sekundär, nämlich Naturgeschichte aus Neugier oder Denksport. ... erst wenn durch die theoriegestützte technische Praxis (das steht sicherlich auch schon bei Aristoteles) ein hinreichender Wohlstand erreicht ist, dann kann man auch aus Neugier Vermutungen über die Geschichte der Natur anstellen: Wie es so ganz früher gewesen ist mit den Sternen und mit den Affen und was nicht alles.[32]

Die Frage, ob einer Behauptung zuzustimmen ist oder nicht, entscheidet sich also nach dem Kriterium der Effizienz: Theorien sollen die Effektivierung einer technischen Praxis stützen.

> Die üblichen Unterscheidungen und Streitigkeiten, ob eine Konsenstheorie oder eine Korrespondenztheorie für die Wahrheit das Bessere sei, scheinen mir hier obsolet zu werden. Das braucht die Konsenstheoretiker aber nicht zu stören, denn es gibt eine Konsenstheorie der Gerechtigkeit für die ethisch-politischen Wissenschaften.[33]

Die Erfahrung zeigt, daß sich selbst unter dem Aspekt der Effektivität ein Konsens bezüglich rivalisierender Theorien nur langsam herausbildet. Dies liegt heute nicht zuletzt daran, daß Wissenschaft und Technik neben erwünschten Folgen schwerwiegende unerwünschte

---

[30] Leitner: Systematische Topik, S.196

[31] Vgl. z.B. Kamlah/Lorenzen: Logische Propädeutik; Habermas: Wahrheitstheorien

[32] Lorenzen: Die Aufgabe ethisch-politischer Bildung. S.146

[33] Ebd.

Nebenfolgen produzieren und die Entscheidung, was noch als tragbares Risiko toleriert werden kann und was nicht, immer schwerer zu treffen ist. Schon dieser Umstand verweist darauf, daß Fragen nach Effektivität nicht mehr getrennt werden können von Fragen nach Gerechtigkeit.

Argumentationstheorien des Wissens sind zunächst einmal für den Bereich der Philosophie unverzichtbar, denn „Philosophie thematisiert gerade das, was der Sachuntersuchung ... weder frag-würdig noch zugänglich ist und ihr als Selbstverständlichkeit unthematisiert vorausliegt."[34] Aber auch bei der Entwicklung eines technischen oder ethisch-politischen Problemlösungswissens sind Argumentationstheorien zumindest im Bereich der Eingrenzung/Identifikation des Problems und der Problemlösungsgrundsätze, bei der Frage nach den „richtigen" Anwendungen des Problemlösungswissens und bei der Beurteilung der „Güte" von dabei erwarteten oder eingetretenen Folgen unverzichtbar. Außerdem zeigen sich Argumentationstheorien des Wissens implizit in der Art und Weise, in der Wissenschaftler diskursiv die Vor- und Nachteile ihrer Theorien darstellen: auch in den empirischen Wissenschaften geht es bekanntermaßen nicht nur um eine adäquate fachsprachliche bzw. theoretische Beschreibung von Phänomenen, sondern auch um die praktische Nützlichkeit dieser Beschreibungen — und wie wir schon festgestellt haben, sind die einen „Weltausschnitt" darstellenden Sätze nicht deshalb wahr, weil sie mit dem „Weltausschnitt" richtig korrespondieren, sondern weil sie bestimmte Überprüfungsverfahren mit Erfolg durchlaufen haben. Schließlich zeigt auch der faktische Gang der Wissenschaften, daß Fragestellungen, Grundannahmen, Fundamentalgesetze und empirische Momente der Forschung nicht nur schlicht interessen- und machtpolitisch, sondern auch argumentativ weiterentwickelt werden.

Argumentationstheorien des Wissens stehen in einer Tradition dialektischer Argumentation, die auf Sokrates und Aristoteles zurückführt: Schon Aristoteles hat an vielen Stellen betont, daß sich eine apodiktische Beweisführung auf die Bereiche beschränken muß, in denen die hierbei benutzten Grundsätze bereits „fraglos" anerkannt und als wahr vorausgesetzt werden — und die Frage nach der Anerkennung (bzw.

---

[34] Leitner: a.a.O. S.194

Wahrheit oder Anwendbarkeit) der Grundsätze verweist auf eine dialektische Argumentation des Für und Wider von Standpunkten, Meinungen, Interessen oder Lebensformen. Dabei kommt der *epagogischen Hinführung* eine besondere Bedeutung zu:

> Erst durch die Meinungsverschiedenheit und die sich daran anschließende, vom Proponenten versuchte epagogische Hinführung wird allererst deutlich, daß die strittige Sache im Lichte eines Allgemeinen erscheint, das dem jeweiligen Verständnis zugrunde liegt. Der Opponent versteht deshalb nach erfolgreicher epagogischer Bemühung nicht nur die Position des Proponenten, sondern er versteht zugleich das von ihm selbst behauptete als etwas, das in einem Vorverstehen gründet.[35]

Die Argumentation hat nach einer epagogischen Hinführung eine entscheidende Wende erfahren, da sich der Opponent nun mit Gründen auseinandersetzen muß, die zu einem gemeinsam Geteilten gehören — es wurde der Hintergrund eines Gemeinsamen (eines locus communis) „entdeckt", mit dessen Hilfe wir gemeinsam begründet argumentieren können. Auch der *akroamatische Beweis nach Kant* bezeichnet eine Form der Argumentation, die ihre Grundsätze nicht dogmatisch voraussetzt, sondern sie allererst im Durchgang (diskursiv) durch lebensweltliche Plausibilitäten und durch hermeneutisches (problembewußtes) „Hinhören" auf das die vorwissenschaftlich erhobenen Ansprüche leitende Vorverständnis gewinnt.[36]

Alle wissenschaftlichen Begriffe und Grundsätze, die inventorisch im Durchgang durch lebensweltliche Meinungen gewonnen werden, verweisen also — in Abgrenzung zum apodiktisch-sicheren Beweisen und zur rein persönlich gewonnenen Gewißheit — auf die Tradition topisch-dialektischen Argumentierens; und eine „Exposition" von Begriffen, die das analysiert und auseinanderlegt, was in ihnen undifferenziert zusammengenommen und problematisch vermischt wurde, greift genauso wie die „Deduktion" von begründungsbedürftigen Ansprüchen aus selbstverständlichen Gemeinsamkeiten auf vorwissenschaftliche, lebensweltliche Voraussetzungen zurück, die lediglich kritisch-hermeneutisch untersucht werden.[37]

---

[35] Leitner: a.a.O. S.216

[36] Vgl. ebd. S.302f.

[37] Vgl. ebd. S.203f.

Auf ein losgelöst von unserem Leben und unseren Interessen schon bestehendes Allgemeines und Verbindliches können wir auch im Bereich unserer technischen Argumentationen — und den darauf aufbauenden Konstruktionen — nicht zurückgreifen. Wie die Sprechakttheorie zeigte, ist bereits die Annahme einer lebenswelt-unabhängigen Bedeutung unserer sprachlichen Kommunikations-Handlungen eine Fiktion. Bereits die Einheit einer Sprachgemeinschaft ist eine kulturelle Leistung, die ständig der Bedrohung des Zerfalls ausgesetzt ist.

Mit der Argumentationstheorie des Wissens verbindet sich ein Begründungsverfahren, das offen ist für die Aufforderung, einmal gewonnene Begründungen vor dem Hintergrund neuer lebensweltlicher Erfahrungen immer wieder kritisch aufzugreifen und zu verbessern. Insofern teilt diese Theorie mit dem kritischen Rationalismus die Einsicht, daß ein Argumenten unzugänglicher (z.B. religiöser) Glaube bei der Wissensbildung unberücksichtigt bleiben muß.[38]

Argumentations- und Konsenstheorien des Wissens unterscheiden zwischen

- einem *Kommunikationsbereich*, in dem die mit Kommunikations-Handlungen (und insbesondere Behauptungen) verknüpften Geltungsansprüche stillschweigend vorausgesetzt und anerkannt werden, und
- einem *Diskursbereich*, in dem Geltungsansprüche problematisiert, zum Thema gemacht und im Rahmen eigenständiger Bemühungen auf ihre Berechtigung hin untersucht werden.

Im Diskursbereich geht es um Argumente der Wissensbildung, mit denen Geltungsansprüche eingelöst oder widerlegt werden können. Die Diskursführung muß sich dabei an den folgenden fünf Postulaten messen lassen:[39]

1. Es darf keine unangreifbaren Positionen geben und jede Behauptung muß gegen vorgebrachte Zweifel begründet werden (Rationalitätspostulat).

---

[38] Vgl. hierzu z.B. Albert: Erkenntnis und Entscheidung. S.95

[39] Vgl. Gethmann: Protologik. S.91ff.

2. Jeder Diskursteilnehmer unterliegt der Begründungspflicht für seine Behauptungen und hat das Recht, vorgebrachte Behauptungen zu kritisieren. Mit dieser Symmetrieforderung wird das Rationalitätspostulat auf alle Diskursteilnehmer ausgedehnt: das Recht auf Kritik und die Pflicht zum Begründen hat in gleicher Weise für alle Diskursteilnehmer zu gelten.
3. Begründung und Kritik dürfen nicht persuasiv sein. Die Zustimmung zu einer Behauptung darf nicht ohne Einsicht in deren Richtigkeit z.B. mittels Drohungen, Versprechungen oder rhetorischer Tricks herbeigeführt werden.
4. Kritische Argumente müssen produktiv sein, d.h. der Opponent einer Behauptung darf nicht Argumente bezweifeln, die er selbst für richtig hält.
5. Zuzustimmen ist all den Behauptungen, die wegen eines prädiskursiven Konsenses nicht bezweifelt werden können.

Das letzte Postulat bringt zum Ausdruck, daß jeder Diskurs eine gewisse Gemeinsamkeit voraussetzt: Man muß eine gemeinsame Sprache sprechen (was nicht heißt, daß Einigkeit bezüglich der Verwendung aller Wörter besteht), einen gemeinsam akzeptierten Fundus an Wissen besitzen sowie eine gemeinsame Auffassung darüber, worin das zu bewältigende Problem zu sehen ist. Diese Basis liefert die materialen Kriterien für die gemeinsame Beurteilung von Argumenten. Selbstverständlich ist auch der prädiskursive Konsens nicht sakrosankt; wird er jedoch der Kritik unterzogen, so begibt man sich in einen neuen Diskurs, für den es dann gilt, erst ein neues Maß an Gemeinsamkeit zu finden.

Im Lichte dieser Orientierung läßt sich dann auch die Logik als eine formale Argumentationstheorie begründen. Charakteristisch für diese „dialogische Logik" ist, daß sie nicht wie die klassische Logik von der Wertdefinitheit der Aussagen ausgeht, sondern die Feststellung der Wahrheit/Falschheit einer Aussage an den Ausgang eines Verfahrens (Dialogs) bindet.[40]

Die Idee, subjektives Wissen oder Meinen argumentativ in Diskursen nach möglichst objektiven Kriterien zu transzendieren, korrespondiert

---

[40] Mehr dazu unten im Exkurs zur dialogischen Logik

mit einer *Idee von wissenschaftlichen Institutionen*, in denen sichergestellt ist, daß die Diskursteilnehmer die notwendigen Diskurse auch tatsächlich frei von äußeren Zwängen sowie wahrhaftig und sachkompetent führen können. Mit den Freiräumen, Verpflichtungen und Leistungsanforderungen wissenschaftlicher Institutionen korrespondiert insofern die *Idee eines objektiven Wissens* — und die Postulate des rationalen Diskurses sollten gewissermaßen deren Verfassung sein. Trotz aller Bemühungen um wissenschaftliche Objektivität sowie um die institutionelle Verfassung der Wissenschaften bleibt ein absolut gültiges Wissen jedoch stets unerreichbar: Analog zum subjektiven Wissen kann auch das in wissenschaftlichen Institutionen gewonnene Wissen nie als endgültig und unumstößlich angesehen werden. Und so, wie das Verhältnis von Verfassung und Verfassungswirklichkeit steter kritischer Aufmerksamkeit bedarf, so bedarf auch die jeweilige institutionelle Ausprägung der Idee vom wissenschaftlichen Diskurs einer fortgesetzten kritischen Überprüfung.

Mit der Möglichkeit des Irrtums stellt sich auch bei der Konsenstheorie das praktische Problem, wie verläßlich ein konsensuales Wissen für das Handeln sein kann. Nach N.Rescher zweifelt man nicht daran, daß ein Zinnsoldat bei einer Erhitzung auf 180°C schmelzen wird, denn man „weiß das ganz genau". Aber dennoch ist es nicht irrational oder inkonsistent, eine Wette darüber abzulehnen, bei der man im Falle des Gewinnens nur eine Mark erhält, aber im Falle des Verlierens mit der Zerstörung all dessen bezahlen muß, was einem wert und teuer ist. Denn das konsenstheoretisch Wesentliche ist, daß die kriterienbezogene Akzeptierbarkeit einer Proposition als „wahr" keineswegs eine Grundlage dafür bietet, unter allen Umständen so zu handeln, als ob diese Proposition über jeden Irrtum erhaben wäre:

> Was bei der Suche nach Wahrheit und deren Erprobung nur ein Arbeitskriterium ist, darf nicht als absolute, narrensichere Garantie behandelt werden.[41]

Nach J.Habermas dient Wissen dazu, die im Handeln problematisch gewordenen Geltungsansprüche und Einverständnisse zu entproblematisieren[42], ein „Vorhandenes" wieder in ein „Zuhandenes" (Heideg-

---

[41] Rescher: Die Kriterien der Wahrheit. S.361
[42] Vgl. Habermas: Wahrheitstheorien. S.218

ger) zu überführen; und nach P.Lorenzen sind es gerade die Mißerfolge, die wir in unserem Handeln haben, und die Mißverständnisse, die sich bei unseren Reden einstellen, die uns zu einem Innehalten im Handeln und Reden bewegen und uns anschließend über geeignete Bemühungen in einem vernünftig gestalteten Diskurs zu einem verbesserten Wissen führen.[43] Bei der Wissensbildung stehen somit pragmatische und problembezogene Überlegungen im Brennpunkt; sie liefern Lösungskriterien, durch die die Begründungslage auch nicht so düster ist, wie die rein akademischen Darlegungen zum Münchhausen-Trilemma des kritischen Rationalismus vermuten lassen.

Über die konsenserzielende Kraft eines Argumentes kann weder durch logischen noch durch empirischen Zwang allein entschieden werden.[44] Beobachtungen und Erfahrungen können deshalb keine unabhängige Instanz der Überprüfung darstellen, weil mit der Wahl des Sprachsystems implizit die zur Bestätigung oder Widerlegung zugänglichen Beobachtungs- und Erfahrungsdaten festgelegt werden. Insofern muß die reflexive Erfahrung mit der Unangemessenheit von Sprachsystemen in die Argumentation eingehen können. Die methodische Inanspruchnahme von Erfahrung (z.B. im Experiment) ist abhängig vom (theoretischen) Vorverständnis und Hintergrundwissen sowie den daraus resultierenden Interpretationen des Inanspruchnehmenden, deren Geltungsansprüche bei einer Überprüfung im Diskurs auch in Frage gestellt werden können. Nach J.Habermas stützen Erfahrungen den Wahrheitsanspruch von Behauptungen, solange keine dissonanten Erfahrungen auftreten. Aber einlösen läßt sich ein Wahrheitsanspruch nur durch Argumentation im Diskurs.[45]

Auch wissenschaftlich gewonnene Erfahrung kann daraufhin hinterfragt werden, ob sie auf die „richtige" Sicht der Dinge zielt oder einer akademischen „Selbsttäuschung" unterliegt — z. B. um angestrebte Positionen oder Fördermittel leichter erreichen zu können.

Jede Konsensfindung setzt sprachliche Normen voraus, deren Annahme allenfalls mit dem Argument „erzwungen" werden kann, daß wir ohne solche Normen — und die dadurch erst möglich werdende

---

[43] Vgl. Lorenzen: Lehrbuch der konstruktiven Wissenschaftstheorie. S.18
[44] Vgl. Habermas: Wahrheitstheorien. S.249
[45] Vgl. Habermas: ebd. S.218

Kommunikation — nicht wahrhaftig menschlich leben können.[46] Ein vernünftiges Argumentieren erfordert in erster Linie ein Überwinden oder Überschreiten („Transzendieren“) der Subjektivität, die bis zu einem gewissen Grade mit Hilfe sprachlicher Normen und idealisierter Rahmenbedingungen bzw. Normen des Diskurses definiert werden kann: Vernünftig argumentiert wird nur dann, wenn eine allgemein nachvollziehbare Argumentation — und insofern eine *sachliche Begründung* — zustandekommt.[47] Damit verliert aber auch die Unterscheidung zwischen Tatsachenwissen und Werturteilen (ethischer, politischer oder ästhetischer Art) ihre traditionelle fundamentale Bedeutung. Auch Fragen nach der Gerechtigkeit politischer Normen oder die Problemlösungsvorschläge von Politikern können demnach einem Argumentations- und Konsensfindungsprozeß unterworfen werden, der mit Hilfe wissenschaftlicher Institutionen versachlicht und objektiviert werden kann. Wegen der Pluralität der Lebensformen ist die Argumentation und Konsensfindung im Bereich des praktischen Orientierungswissens natürlich sehr viel schwieriger als im Bereich des technischen Verfügungswissens — und vielleicht bei stark gegensätzlichen Lebensformen auch überhaupt nicht zu erreichen. Aber damit kann nicht die generelle Argumentations- und Konsensunfähigkeit wertender Aussagen begründet werden.

Die Mehrheitsfindung bei der Gesetzgebung und bei der Auswahl der politischen Führungskräfte wird in unserer parlamentarischen Demokratie im wesentlichen den Repräsentanten politischer Parteien überlassen. Dabei wird in zunehmendem Maße ein „Delegiertenunwesen“ (Horst Eylmann, CDU) beklagt und über bloße Mitgliederbefragungen hinaus für wichtige Personalentscheidungen die Einführung von „Urwahlen“ für alle Führungsebenen einer politischen Partei gefordert; insbesondere sollten nach Horst Eylmann alle Landtags- und Bundestagskandidaten der CDU per „Urwahl“ unmittelbar von den Parteimitgliedern des jeweiligen Wahlkreises bestimmt werden. Im Kontext unserer Ausführungen sollte jedoch klar geworden sein, daß das notwendige Wissen über die Führungsqualitäten von Politikern nicht im Zuge einer argumentationslosen Abstimmungsmaschinerie gebildet

---

[46] Vgl. Lorenzen: a.a.O. S.177

[47] Man spricht dann von einer "transsubjektiven" Argumentation

werden kann. Argumentationslose „Zufallswahlen“, bei denen das Wahlergebnis beispielsweise primär von der „zufälligen“ Kandidaten-Zahl oder einem „zufällig“ gewonnenen Eindruck vom öffentlichen Auftreten der Kandidaten abhängt, ebnen der um sich greifenden Parteienverdrossenheit sicherlich nicht weniger den Weg als ein vom parteipolitischen Karriere- oder Cliquendenken geprägtes „Delegiertenunwesen“.

Exkurs zur dialogischen Logik. Bei der Konzeption der dialogischen (oder konstruktiven) Logik ist man von der Überlegung ausgegangen, daß die Rede vom Wahrheitswert einer Aussage nur dann Sinn macht, wenn man im Besitz eines Verfahrens ist, das über diesen Wahrheitswert effektiv zu entscheiden erlaubt. In Rückbesinnung auf antike Logiktraditionen wird dieses Entscheidungsverfahren durch Regeln expliziert, denen ein Dialog zwischen einem Proponenten, der die Aussage behauptet und einem Opponenten, dem gegenüber die Aussage zu verteidigen ist, gehorchen soll. Aussagen, die in einem solchen Dialog überprüft werden können, heißen *„dialogdefinit“*, sie gelten als *„dialogisch wahr“*, wenn der Proponent sie jedem Opponenten gegenüber verteidigen kann und damit über eine universelle *Gewinnstrategie* verfügt.

Das Dialogverfahren ist durch Partikelregeln und Rahmenregeln definiert. Erstere legen den Umgang mit logischen Partikeln fest; so lautet z.B. die *Konjunktionsregel*, daß ein Proponent, der $A \wedge B$ behauptet, bereit sein muß, auf Nachfrage des Opponenten beide Teilaussagen zu verteidigen; die *Adjunktionsregel* besagt, daß bei Behauptung von $A \vee B$ der Proponent eine der beiden Teilaussagen verteidigen können muß; die *Subjunktionsregel* bestimmt, daß der Proponent bei Behauptung von $A \rightarrow B$ und nach hypothetischer Vorgabe von A durch den Opponenten die Aussage B verteidigen muß; die Regel für den *Allquantor* — um ein letztes Beispiel zu erwähnen — besagt, daß bei Behauptung von $\bigwedge x A(x)$ durch den Proponenten sich dieser verpflichtet, für ein beliebiges, vom Opponenten aus dem Variabilitätsbereich des Allquantors gewähltes n A(n) zu verteidigen. Die *Rahmenregeln* legen fest, wie der Dialog um eine logisch komplexe Aussage zu führen ist, d.h. in welcher Reihenfolge Angriff, Gegenangriff und Verteidigung zu erfolgen haben und wann ein Dialog gewonnen bzw. verloren ist.

Durch diese Regeln wird also der semantische Wahrheitsbegriff auf den pragmatischen Begriff der Gewinnbarkeit zurückgeführt.

Aufbauend auf diesen Regeln läßt sich eine Theorie formal-wahrer Aussagen-Schemata gewinnen, die als ein Implikationen-Kalkül vom Gentzentyp notiert werden kann. Da in der dialogischen Logik Aussagen nach drei unterschiedlichen Rahmenregeln „streng", „effektiv" oder „klassisch" verteidigt werden können, lassen sich die Beziehungen zwischen der dialogischen Logik und der „stärkeren" klassischen bzw. „schwächeren" strengen Logik auf elegante Weise durch eine Modifikation dieser Rahmenregeln bzw. durch Vorgabe einer tertium-non-datur-Hypothese deutlich machen.[48]

2.2 Grundzüge des logischen Empirismus

> Der Kern aller Schwierigkeiten, mit denen wir uns heute konfrontiert sehen, ist unser Verkennen des Erkennens, unser Nicht-Wissen um das Wissen.[49]

2.2.1 Einleitung

Der logische Empirismus muß zu den bedeutenden Strömungen innerhalb der Philosophie des 20. Jahrhunderts gezählt werden, obwohl seine Blütezeit nur kurz war und sich heute kaum mehr ein professioneller Philosoph uneingeschränkt zu dieser Richtung bekennen würde. Seine Wirkungsmacht ist denn auch weniger in seinen philosophischen Ergebnissen begründet, als vielmehr in seiner Methode: Der in seinen Reihen gepflegte ausgiebige Einsatz formallogischer und sprachanalytischer Verfahren setzte bleibende Maßstäbe für die philosophische Argumentation.[50]

---

[48] Für Einzelheiten vgl. Lorenzen: Lehrbuch der konstruktiven Wissenschaftstheorie, S.77-88; Haas: Konstruktive Einführung in die formale Logik

[49] Maturana/Varela: Der Baum der Erkenntnis. S.268

[50] Einen Überblick geben Stegmüller: Hauptströmungen der Gegenwartsphilosophie; Suppe: The Structure of Scientific Theories; Stadler: Vom Positivismus zur wissenschaftlichen Weltauffassung. An dieser Stelle sei ausdrücklich darauf hingewiesen, daß wir mit der Darstellung in den folgenden Abschnitten keineswegs den Anspruch erheben, einen auch nur einigermaßen umfassenden Überblick über die verschiedenen Strömungen der Wissenschaftstheorie zu geben. Wir wollen lediglich zeigen, wie bestimmte interne Problementwicklungen die Wissenschaftstheorie gezwungen haben, sich pragmatischen Argumentationen zu öffnen

Entscheidend zur Entwicklung des logischen Empirismus hat eine Gruppe von Fachwissenschaftlern und Philosophen beigetragen, die in den zwanziger und frühen dreißiger Jahren in Wien lebte und lehrte und die unter dem Namen „*Wiener Kreis*" bekannt wurde. Zu ihm gehörten, um wenigstens einige Namen zu nennen, Moritz Schlick, Rudolf Carnap, Otto Neurath, Hans Hahn, Kurt Gödel, Victor Kraft und Herbert Feigl. Karl Popper und Ludwig Wittgenstein standen in losem Kontakt zu dieser Gruppe. In Berlin gab es zur gleichen Zeit eine Gruppe um Hans Reichenbach, die sich einem ähnlichen philosophischen Programm verpflichtet wußte.

Will man das Programm des logischen Empirismus kurz charakterisieren, dann bietet sich das Schlagwort „*Reduktionismus*" an.[51] Im Wiener Kreis wollte man nämlich

- die Philosophie auf die Wissenschaftstheorie reduzieren,
- die Mathematik auf die Logik (Logizismus) und
- die Natur- und Sozialwissenschaften auf die Physik (Physikalismus).

Für sich genommen, sind diese Punkte nun keineswegs originell, d.h. die Mitglieder des Wiener Kreises waren nicht die ersten, die diese Anliegen aufgegriffen hatten. Neu war jedoch die Methode, mit der sie versuchten, ihre Aufgabenstellung zu bewältigen. Um dies besser verstehen zu können, wollen wir zunächst etwas mehr auf die erkenntnistheoretischen Vorläufer des logischen Empirismus eingehen.

2.2.2 Erkenntnistheoretische Positionen und Probleme des Empirismus

Als eine erkenntnistheoretische Position erörtert der Empirismus die Frage, auf welcher Basis sich sichere Erkenntnis gründet. Seine Antwort lautet, ganz allgemein formuliert: Sichere Erkenntnis ist allein auf dem *Boden der (reproduzierbaren) Erfahrung* möglich. Historisch hatte der Empirismus seine *erste Blütezeit im England des 17. und 18.*

---

[51] So auch Dahms: Versuch einer Charakterisierung des Wiener Kreises. S.8

Jahrhunderts (Thomas Hobbes, John Locke, David Hume, George Berkeley).

Wir wollen uns zunächst einmal die klassische Variante des Empirismus ansehen, wie sie z.B. von D.Hume vertreten wird.[52] Danach empfangen wir unmittelbare Eindrücke durch Wahrnehmungen von Vorgängen in der *Außenwelt* oder durch Empfindungen von Vorgängen in unserer *Innenwelt* (wie Schmerzen oder emotionale Stimmungen). Solche Eindrücke werden vom Gehirn gespeichert und verarbeitet und bilden die Basis unserer Erfahrung. Entscheidend ist nun der Gedanke, daß jede Vorstellung, mag sie auch noch so phantastisch oder traumhaft sein, sich allein aus Bestandteilen zusammensetzt, die irgendwann als Eindrücke aufgenommen worden sind. Nach Hume können wir Traum und Realität nur deshalb auseinanderhalten, weil wir den Empfang von Eindrücken stets intensiver empfinden als ihren Abruf in Form von Vorstellungen.

Für den *klassischen Empirismus* hat jedes Wissen seine Wurzel in der sinnlichen Wahrnehmung: Was wir wissen, wissen wir allein aus Erfahrung; und wir erfahren nur das, was wir mit den Sinnen wahrnehmen können. Mit dieser erkenntnistheoretischen Position sind nun einige recht kritische Probleme verbunden, von denen wir hier vier erwähnen möchten:

1. Nicht jedes empirische Urteil ist auch *korrekt.* Wie können wir in diesem Modell zwischen „wahr“ und „falsch“ unterscheiden, also Irrtümer ausräumen und ihr Zustandekommen erklären?
2. Unsere Erfahrungen und die dabei gemachten Wahrnehmungen sind immer *singulär,* d.h. ein Wahrnehmungsurteil ist die Konstatierung eines Sachverhalts zu einem bestimmten Zeitpunkt an einem bestimmten Ort. Wie kommt man auf dieser Basis zu *generellen Sätzen* und insbesondere zu *Kausalurteilen?*
3. Wir gebrauchen häufig Wörter, die offensichtlich nicht auf Wahrnehmungen bezogen werden können — jedenfalls nicht unmittelbar. Man muß dabei gar nicht erst an so problematische Ausdrücke wie „Gott“, „Gerechtigkeit“, „Liebe“ denken; schon in der Physik gibt es genügend Begriffe, die nicht einfach einen

[52] Vgl. Hume: Eine Untersuchung über den menschlichen Verstand, 2. Abschnitt

Sinneseindruck bezeichnen, man denke etwa an Begriffe wie „Masse", „Kraft", „elektrisches Feld". Wie lassen sich solche *theoretischen Begriffe* im klassischen Modell als sinnvoll rekonstruieren?

4. Was wir in unserer kognitiven Innenwelt speichern und verarbeiten sind *Eindrücke* und nicht Wahrnehmungen. Welchen Eindruck Wahrnehmungen auf uns machen (d.h. in welcher Form unser Wissen durch Wahrnehmungen beeinflußt wird), hängt auch von unserem Vorwissen und unseren Interessen sowie unseren „internen Zuständen" physischer und psychischer Art ab (Empfindungen). Auch in dieser Hinsicht sind Wahrnehmungen eine durchaus problematische Basis der Wissensgewinnung.

In der empiristischen Tradition haben sich zwei Strategien entwickelt, um diesen Problemen erfolgreich zu begegnen. Wir möchten sie die *materialistisch-realistische* und die *sensualistisch-phänomenalistische* Richtung nennen.[53]

Nach der *materialistisch-realistischen* Auffassung sind die Sinneswahrnehmungen Abbildungen der Realität. Und weil unser Wahrnehmungsapparat nach den gleichen Gesetzen funktioniert wie die äußere Welt, so ist er auch in der Lage, die Welt nicht nur als unzusammenhängende Mannigfaltigkeit von einzelnen Abbildern zu begreifen, sondern auch in ihrem strukturellen Zusammenhang. Allerdings sehen wir von der Welt immer nur kleine Ausschnitte, und die lokale Struktur eines Ausschnitts muß sich in größeren Zusammenhängen nicht unbedingt erhalten. So erklärt es sich, daß im Laufe der Zeit Kausalurteile und andere generelle Sätze unter Umständen revidiert werden müssen. Da der Wahrnehmungsapparat des Menschen hinsichtlich seiner Leistungsfähigkeit individuell unterschiedlich ausgeprägt und zeitlichen Schwankungen unterworfen ist, sind zwar divergierende Meinungen über empirische Sachverhalte möglich — prinzipiell soll

---

[53] Ideengeschichtlich gesehen erlebte die materialistische Variante des Empirismus ihre Blütezeit in der zweiten Hälfte des 18. Jh. und im 19. Jh. Sie wurde zunächst in Frankreich gepflegt (Laplace, de la Mettrie, Holbach) und erst mit einiger Verzögerung in Deutschland rezipiert. Die sensualistisch-phänomenalistische Variante kam dagegen erst in der zweiten Hälfte des 19. Jh. zu ihrer (zweiten) Blüte, nachdem schon Hume und Berkeley sensualistisch argumentiert hatten. Diese Variante wurde unter dem Einfluß der Naturwissenschaften, insbesondere der sich stürmisch entwickelnden Physiologie, zu einer weitverbreiteten erkenntnistheoretischen Position

sich jedoch jeder Meinungsunterschied in empirischen Fragen beheben lassen, jeder Irrtum in seinem Zustandekommen letztlich erklärbar sein und generell soll gelten, daß im Laufe der Zeit sich die menschliche Erkenntnis der Realität immer mehr annähert. Die materialistisch-realistische Tradition hat sich eng im Zusammenhang mit den Naturwissenschaften entwickelt und den „*Physikalismus*" als These propagiert.

Im Rahmen der *sensualistisch-phänomenalistischen* Richtung nimmt man zwar auch die Sinneswahrnehmungen als Fundament der Erfahrung an, man meint allerdings, zwischen den extern gelieferten Reizen und ihrer internen Aufnahme und Verarbeitung unterscheiden zu müssen: Unsere Wahrnehmungen sind nicht unbedingt korrekte Abbilder der Wirklichkeit, sondern Ergebnisse eines internen Verarbeitungsprogramms. Dabei ist der Mensch in seiner Psyche so programmiert, daß er immer wieder versucht, Korrelationen von Ereignissen kausal zu deuten und zu generalisieren. Die Wahrheit eines Urteils gründet letztlich darauf, daß der Bau des Wahrnehmungsapparats und die Verarbeitung externer Reize Gesetzen unterliegen, die für die Menschen im wesentlichen gleich sind. Die Erklärung von Irrtümern erfolgt über die Vermutung einer Abweichung von der „normalen" (im statistischen Sinn) Wahrnehmungs- und Verarbeitungsweise. Einen objektiven Begriff der Wahrheit im Sinne einer Passung auf die Realität gibt es nach dieser Auffassung nicht.

Sowohl die materialistisch-realistische als auch die sensualistisch-phänomenalistische Richtung hatten große Schwierigkeiten mit dem Gebrauch von Wörtern, die offensichtlich nicht auf Wahrnehmungen bezogen werden können. Zwar konnte man die empiristische Erkenntnistheorie in *kritischer Absicht* verwenden, um die Beweislast in Diskussionen neu zu verteilen: Der Empirist pocht darauf, daß er jedermann im wahrsten Sinne des Wortes handgreiflich deutlich machen könne, was er mit seinen Wörtern meine; wer dagegen ein Vokabular gebrauche, das nicht sinnliche Eindrücke bezeichne, der müsse auch die Verantwortung für mögliche Mißverständnisse und für ein Scheitern des Diskurses tragen. Diese kritische Stoßrichtung zielt vor allem auf bestimmte Formen idealistischer Philosophie und auf die Theologie. Wir haben aber schon erwähnt, daß es auch in den „harten" empirischen Wissenschaften Begriffe gibt, die sich nicht unmittelbar auf sinnliche Eindrücke beziehen lassen und die wir trotzdem mit großer Sicherheit gebrauchen — ein Umstand, der nach dem hier vorgestellten Modell schwer zu begreifen ist. Außerdem fehlt den Materialisten noch eine Erklärung dafür, warum die Natur uns quasi zur Produktion empirisch sinnloser Begriffe zwingt. Die Antwortversuche von Realisten wie von Sensualisten waren auf diesem Gebiet wenig überzeugend und fielen entweder dogmatisch aus oder gerieten bei dem Bemühen, empirische Erkenntnisleistungen mittels empirischer Wissenschaft aufklären zu wollen, in zirkuläre Argumentationen. Dies war etwa der Stand der Dinge zu Beginn unseres Jahrhunderts.

2.2.3 Die Hinwendung zur sprachlichen Seite der Erkenntnis

Der neue Gedanke, den die logischen Empiristen ins Spiel brachten, bestand nun in einer Abkehr von der naiven Abbildungsmetaphorik und in einer Hinwendung zur sprachlichen Seite der Erkenntnis: Als Erkenntnis gilt nun ein sprachlich gefaßtes Wissen, und bei der Suche nach einer Basis für dieses Wissen muß man nicht ergründen, wie sich eine hochkomplexe Welt mittels elementarer Sinneseindrücke im Gehirn darstellt, sondern nur die unser Wissen darstellenden *logisch komplexen Satzsysteme* solange zerlegen, bis man auf letzte, nicht weiter zergliederbare *Elementarsätze* kommt. Sind diese Elementarsätze dann unbezweifelbar und ist der logische Aufbau des Satzsystems korrekt, so ist auch unser Wissen korrekt gebildet.

Blieb im klassischen Empirismus letztlich ungeklärt, was „einfache Eindrücke" sind und wie die Zusammensetzung komplexer Bilder geschieht, so hatte man jetzt auf der sprachlichen Ebene ein äußerst starkes Instrument, mit dessen Hilfe komplexe Sätze in elementare Bestandteile zerlegt und aus diesen wieder aufgebaut werden konnten: die im wesentlichen von Frege und Russell entwickelte moderne formale Logik. Damit trat an die Stelle vergeblicher Bemühungen um einen materialistischen Atomismus der *logische Atomismus*: Jeder komplexe Satz läßt sich logisch in Elementarsätze zerlegen, die nur noch aus Eigennamen, Prädikatoren und einer Kopula bestehen, z.B. Peter (Eigenname) ist (Kopula) ein Junge (Prädikator).

2.2.4 Die Berufung auf die sinnliche Wahrnehmung

Von den klassischen Empiristen wurde neben der Baukastenmetaphorik auch die Berufung auf die sinnliche Wahrnehmung übernommen; allerdings wurde diese neu formuliert und durch zwei zentrale Postulate zum Ausdruck gebracht:

1. Jeder sinnvolle Begriff bezieht sich entweder selbst auf unmittelbar beobachtbare Gegenstände oder er läßt sich mit Hilfe solcher Begriffe ausdrücken.
2. In letzter Instanz erfolgt die Begründung einer empirischen Behauptung immer unter Bezugnahme auf die Ergebnisse unmittelbarer Beobachtung.

Mit diesen Postulaten glaubten die logischen Empiristen ein *Sinnkriterium* gefunden zu haben, d.h. ein Kriterium, nach dem sich jeder vorgelegte Satz und Begriff als sinnvoll oder sinnlos beurteilen läßt. Entscheidend war, daß es zunächst so aussah, als könne man dieses Kriterium auch ohne große Schwierigkeiten anwenden: Man war nicht mehr gezwungen, sich in physiologische oder psychologische Spekulationen über die Arbeit des menschlichen Wahrnehmungs- und Empfindungs-„Apparats" zu verstricken, sondern man brauchte bloß mit der gut funktionierenden Logik Sätze zu analysieren und Begriffe auf die Art ihrer Definition oder sonstigen Einführung hin zu untersuchen. Was sich dem Sinnkriterium für Sätze und Begriffe nicht beugt, sollte nicht länger als Wissensbestandteil gewertet werden (in einer schärferen Fassung: als Unsinn ausgemerzt werden), denn bezüglich solcher Sätze und Begriffe läßt sich keine *Intersubjektivität* herstellen. Das Sinnkriterium hatte also eine kritische Funktion und diente der Zurückweisung metaphysischer Ansprüche, wobei unter „Metaphysik" manchmal nicht nur die traditionelle Ontologie und die Theologie verstanden wurde, sondern auch die Ethik und Ästhetik.[54] Die Idee von Kant, daß bestimmte Sätze — wie z.B. das Kausalprinzip — deshalb unabhängig von den Gegenständen der Erfahrung gelten, weil sie „Bedingungen der Möglichkeit von Erfahrung dieser Gegenstände" beinhalten, wurde verworfen.

---

[54] Vgl. Carnap: Überwindung der Metaphysik durch logische Analyse der Sprache. S. 219–241; ders.: Theoretische Fragen und praktische Entscheidungen. S.257–260

2.2.5 Das Programm der „rationalen Rekonstruktion“

Die positive Leistungsfähigkeit ihres Sinnkriteriums meinten die logischen Empiristen am ehesten an der Physik demonstrieren zu können. Sie waren überzeugt davon, daß die Physik deshalb so großartige Erfolge habe und in ihren Ergebnissen kaum ernsthaft bezweifelt werde, weil sie implizit schon immer den angesprochenen Kriterien genügt habe. Deshalb wollte man in rekonstruierender Absicht explizit machen, was dem Physiker häufig nur intuitiv verfügbar war. Die so „verbesserte“ Physik stellt dann eine „rationale Rekonstruktion“ dar, wie Rudolf Carnap dies nannte:[55] eine klare, absolut durchsichtige und logisch einwandfreie Darstellung der Physik. Diese hat ihren Wert dabei nicht nur für die Physik selbst, sondern darüber hinaus und im besonderen Maße für die anderen Wissenschaften: Jenen sollte deutlich gemacht werden, welche Regeln sie befolgen müssen, um eine so erfolgreiche Wissenschaft wie die Physik zu werden. Dieser Physikalismus im Wiener Kreis war aber nicht Ausdruck einer metaphysischen Überzeugung, wie etwa bei den materialistischen Vorgängern; man wollte nicht behaupten, die Welt bestünde nur aus physikalischen Tatbeständen. Vielmehr wollte man die Physik in ihrem methodologischen Vorgehen als Muster für Wissenschaft schlechthin darstellen: Wer an Intersubjektivität interessiert sei, muß vernünftig, d.h. wissenschaftlich argumentieren und dabei hat er sich am Vorbild der Physik zu orientieren.

Wie ging man nun bei der Rekonstruktion der Physik vor? Als erster Schritt mußte eine sorgfältige *Axiomatisierung* der physikalischen Theorien vorgenommen werden. Die Sprache, mit der die Axiome einer Theorie formuliert werden, durfte sich dabei nur aus drei Arten von Sprachelementen aufbauen:

- logische Partikel und mathematische Begriffe,
- sogenannte theoretische Begriffe und
- Beobachtungsbegriffe.

---

[55] Carnap hat das Programm der rationalen Rekonstruktion in seiner Arbeit: Der logische Aufbau der Welt, §§ 98f., insbes. § 100 erläutert

Im Anschluß an die Axiomatisierung stellte sich gemäß dem Sinnkriterium dann die Aufgabe, die problematischen *theoretischen* Begriffe auf *Beobachtungsbegriffe* zu reduzieren.

Eine solche Reduzierung konnte z.B. so aussehen: Einem solchen Blau (Beobachtungsbegriff) entspricht eine gewisse periodische Elektronenbewegung, die durch die Schwingungszahl M (theoretischer Begriff) bezeichnet wird. Oder: Einer solchen Wärmeempfindung (Beobachtungsbegriff) entspricht eine gewisse durchschnittliche kinetische Energie (theoretischer Begriff) einer Menge von Atomen oder Molekülen.[56]

Einen ersten programmatischen Vorschlag zur Axiomatisierung der Physik und zur Verknüpfung von theoretischen mit beobachtungssprachlichen Begriffen hat Rudolf Carnap im Jahre 1923 unterbreitet.[57] Nach seinen Vorstellungen sollte die Vermittlung zwischen dem theoretischen Bereich und dem Bereich der Wahrnehmung durch eine Art „Wörterbuch" geleistet werden, das dem Axiomensystem zur Seite gestellt wird. In diesem Wörterbuch finden sich die expliziten Definitionen der theoretischen Begriffe durch Begriffe der Beobachtungssprache. Diese expliziten Definitionen wurden „Korrespondenzregeln" genannt; sie sollten die notwendigen und hinreichenden Bedingungen für die Anwendung der theoretischen Begriffe liefern. Mit diesem ersten Ansatz haben sich jedoch schnell eine Reihe von Problemen verbunden. Wir möchten im folgenden drei davon erwähnen, nämlich das Induktionsproblem, das Definitionsproblem und das Wahrheitsproblem.

2.2.6 Das Induktionsproblem

Naturgesetze sind generelle Allsätze, d.h. sie beziehen sich weder auf einen bestimmten Zeitraum noch auf einen bestimmten endlichen Gegenstandsbereich. Nach der empiristischen Grundthese kann zur Begründung eines Naturgesetzes nur auf Beobachtungsergebnisse verwiesen werden und solche ergeben sich immer nur in endlicher Anzahl, d.h. Naturgesetze lassen sich nicht direkt verifizieren. Zwei

---

[56] Carnap: Über die Aufgabe der Physik und die Anwendung des Grundsatzes der Einfachstheit. S.99f.

[57] Ebd. S.90–107

Möglichkeiten boten sich als Lösungen für dieses Problem an:

1. Die finitistische Lösung.[58] Nach dieser werden Naturgesetze als zusammenfassende Berichte über bisherige Beobachtungsergebnisse interpretiert. Mit diesem Vorschlag wird zwar das Induktionsproblem aus der Welt geschafft, zugleich aber auch die prognostische Relevanz von Naturgesetzen in Frage gestellt.
2. Die Induktionslösung. Generelle Allsätze werden durch einen Induktionsschluß derart begründet (nicht gewonnen!), daß die gemachten Beobachtungen die Wahrscheinlichkeit der Gültigkeit der Sätze stützen. Grob gesagt bedeutet dies zunächst, daß die Gültigkeit eines generellen Allsatzes umso wahrscheinlicher (im Sinne von: näher der Wahrheit) ist, je mehr bestätigende Beobachtungen vorliegen.[59] Ein alternatives Konzept besagt, daß die bestätigenden Beobachtungen nur ein Maß für das Vertrauen in die prognostische Leistungsfähigkeit eines Satzes sind.[60]

Beide Varianten der Induktionslösung erwiesen sich als problematisch: Im ersten Fall wird angenommen, daß die relativen Häufigkeiten in einer Versuchsreihe mit zunehmender Zahl der Versuche nach der objektiven Wahrscheinlichkeit konvergieren; diese Annahme erwies sich als unhaltbar. Im zweiten Fall wird genaugenommen nicht über die Verifikation von Sätzen im Rahmen einer induktiven Logik gesprochen, sondern über die Rationalität der Einstellung des Für-wahr-Haltens. Man hat später die Ausführungen zur induktiven Logik auch eher im normativen Sinne verstanden und zu den Grundlagen der modernen Entscheidungstheorie gezählt.

2.2.7 Das Definitionsproblem

Als zulässige Einführung theoretischer Begriffe wurde zunächst nur die *explizite Definition* angesehen. Es stellte sich aber bald heraus, daß theoretische Begriffe nicht explizit definiert werden können, wie folgender Vorschlag zu einer Massendefinition zeigt: Werden zwei Kör-

---

[58] Vertreten z.B. von Neurath: Prognose und Terminologie in Physik, Biologie, Soziologie

[59] Vgl. v. Mises: Wahrscheinlichkeit, Statistik und Wahrheit

[60] Diese Auffassung vertrat Carnap, vgl. seine späte Arbeit: Induktive Logik und Wahrscheinlichkeit

per je auf eine Waagschale einer Balkenwaage gelegt und befindet sich die Waage nach Auflegen im Gleichgewicht, so sollen die beiden Körper als massegleich bezeichnet werden. Nun gibt es aber neben diesem Meßverfahren noch eine ganze Reihe anderer Verfahren, um die schwere Masse eines Körpers zu bestimmen, etwa mit Hilfe einer Federwaage. Die Art der Meßverfahren kann nicht a priori bestimmt werden, so daß die Definition in eigentümlicher Weise offenbleiben muß. Das bedeutet aber, daß theoretische Begriffe immer nur partiell interpretiert werden können, ihre Bedeutung also gerade nicht durch eine explizite Definition sichergestellt werden kann.

Dieses Problem wurde von den logischen Empiristen selbst erkannt (z.B. von R.Carnap und C.Hempel) und führte zu einer Aufgabe des ursprünglichen Programms. Das zunächst sehr scharfe Sinnkriterium wurde liberalisiert und durch die Forderung ersetzt, daß theoretische Begriffe wenigstens *prognostische Relevanz* besitzen müssen: Ein theoretischer Begriff α einer Theorie T besitzt prognostische Relevanz, wenn

1. sich in T ein Satz a bilden läßt mit α als einzigem theoretischen Begriff,
2. es eine endliche Menge M von Sätzen in T gibt, die bezüglich T nur Begriffe mit prognostischer Relevanz enthalten,
3. es einen Beobachtungssatz b gibt, so daß
4. b aus $M \wedge T \wedge a$ folgt, nicht aber aus $M \wedge T$ allein.[61]

Dieses Kriterium enthält ein deutlich konventionalistisches Element, denn nur wenn eine Theorie T, die um den theoretischen Begriff α erweitert werden soll, als sinnvoll anerkannt ist und Einigkeit darüber besteht, wann eine Aussage „Prognose“ genannt werden darf, kann man dem Vorschlag von Carnap einen Sinn abgewinnen.

Hempel wollte schließlich gänzlich darauf verzichten, theoretischen Begriffen einzeln eine empirische Bedeutung zuzuordnen: Es solle vielmehr genügen, wenn sich die Theorie, die die theoretischen Begriffe enthält, insgesamt empirisch interpretieren läßt, wobei die Frage nach der Empirizität nicht mehr über eine systematische Unterschei-

---

[61] Vgl. Carnap: The Methodological Character of Theoretical Concepts. S.38–76, insbes. S.51

dung zwischen Beobachtungs- und Theoriesprache beantwortet, sondern zur Sache wissenschaftsinterner Konvention gemacht wird.[62]

2.2.8 Das Wahrheitsproblem

Die Quelle der Wahrheit eines empirischen Satzes liegt in seinem Bezug zur sinnlichen Erfahrung. Dieser „Bezug" hatte für die logischen Empiristen durch den Einfluß von Wittgensteins „Tractatus" zunächst stark realistische Züge: Ein Satz ist wahr, wenn der mit ihm behauptete Sachverhalt existiert (*Wahrheitsdefinition*), wovon man sich kraft seiner Wahrnehmungsfähigkeit überzeugen kann (*Wahrheitskriterium*). Dieser Akt der Überzeugung durch Wahrnehmung wurde von Moritz Schlick „Konstatierung" genannt.[63]

Sätze, die durch Konstatierung als richtig erkannt werden, stellen das unhintergehbare Fundament des Wissens dar. Die ganze Aufgabe der Wissenschaftstheorie besteht demnach nur noch darin zu zeigen, wie der komplexe Satzbestand unseres Wissens auf solche elementare, der Konstatierung fähige Sätze zurückgeführt werden kann. Wie schon erwähnt, hat sich Carnap in seinem Buch „Der logische Aufbau der Welt" dieser Aufgabe gestellt. Man kann diese Vorstellung von empirischer Wahrheit, die in der Anfangszeit des Wiener Kreises weit verbreitet war, durchaus als „korrespondenztheoretisch" bezeichnen.

Allerdings hielt sich diese Wahrheitsauffassung nicht lange; schon kurz nach Erscheinen von Carnaps Buch machte O.Neurath gewichtige Bedenken geltend.[64] Neurath stellte zu Recht fest, daß sich Sätze nur mit Sätzen, nicht aber mit Dingen vergleichen lassen. Da niemand genau angeben könne, wie ein Vergleich mit der „Realität" auszusehen hat, habe man es hier mit einem Rest an Metaphysik zu tun. Sätze, untereinander verglichen, lassen sich nur noch daraufhin überprüfen, ob sie miteinander verträglich sind, d.h. die Ablehnung des

---

[62] Vgl. Hempel: Grundzüge der Begriffsbildung in der empirischen Wissenschaft. S. 37ff. Im Nachwort zu diesem Buch, das die deutsche Übersetzung eines im Jahre 1952 erschienenen englischen Titels ist, gibt Hempel die grundsätzliche Unterscheidung zwischen Beobachtungssprache und theoretischer Sprache zugunsten einer rein konventionalistischen Position auf

[63] Schlick: Über das Fundament der Erkenntnis. S.79-99

[64] Vgl. Neurath: Soziologie im Physikalismus. S.393-431; ders.: Protokollsätze, S. 204-214

realistischen Standpunkts führte in der Konsequenz von einer Korrespondenztheorie zu einer Kohärenztheorie der Wahrheit. Carnap folgte den Einwänden Neuraths,[65] gleichwohl wollten beide den „Bezug" zur Wahrnehmung als dem Herzstück jeder empirischen Erkenntnistheorie nicht aufgeben. Sie zeichneten deshalb solche Sätze als *Protokollsätze* aus, die über die Wahrnehmungen eines Beobachters an einem bestimmten Ort zu bestimmter Zeit berichten. Protokollsätze gelten zwar nicht als unabänderlich, aber doch als besonders leicht überprüfbar, so daß eine Einigung hinsichtlich ihres Wahrheitsgehalts ohne große Umstände zu erzielen sei. Was wir allerdings wahrnehmen und wie wir es bewerten, ist uns nicht naturgegeben, es wird durch Sozialisation und Einübung vermittelt: Carnap und Neurath sprechen davon, daß wir hinsichtlich der Akzeptanz bestimmter Protokollsätze „konditioniert" werden.[66]

Wir sehen also, daß die anfänglichen Erfolge bei der Suche nach dem sicheren Fundament allen Wissens im logischen Empirismus nur scheinbar waren. Jeder Lösungsvorschlag für ein erkenntnistheoretisches Problem generierte Anschlußprobleme und die Anstrengungen zu ihrer Bewältigung führten die logischen Empiristen immer weiter weg von den vertrauten Gebieten logischer Klarheit und Präzision hin zu den mit den Vagheiten des Lebens belasteten Gefilden des Konventionalismus.

2.3 Grundzüge des kritischen Rationalismus

2.3.1 Einleitung

Zwischen dem logischen Empirismus und kritischen Rationalismus gibt es wesentliche Berührungspunkte: Beide Richtungen verfolgen die Frage, wie wir zu einem gesicherten, fortschreitenden Wissen kommen können und beide setzen zur Beantwortung dieser Frage logische und sprachanalytische Mittel ein. Aber es gibt auch gravierende Unterschiede, etwa bei der Einschätzung des Realismus als erkenntnistheoretischer Position oder der Wahrnehmungsurteile als Basis der Erkenntnis.

---

[65] Vgl. Carnap: Logische Syntax der Sprache; ders.: Über Protokollsätze. S.215–228

[66] Vgl. Carnap: Erwiderung auf Zilsel und Duncker. S.177ff.; Neurath: Protokollsätze. S.211ff.

Am deutlichsten sichtbar werden die unterschiedlichen Ansatzpunkte bei der Behandlung des *Induktionsproblems*. Während im logischen Empirismus die Suche nach einer Lösung dieses Problems stets aktuell war, hielt Popper[67] diese Anstrengungen von Anfang an für verfehlt und selbst gegen die entscheidungstheoretische Variante des Induktionismus machte er einen gravierenden Zirkelvorwurf geltend: Das angesprochene Vertrauen könne sich ja auch nur auf eine endliche Zahl von Fällen stützen, in denen es sich bewährt hat. Eine Projektion in die Zukunft stelle also lediglich eine Induktion auf einer anderen (einer psychologischen) Ebene dar. Nach Poppers radikalem Gegenvorschlag ist das Induktionsproblem ein für alle mal ad acta zu legen.

Anders als der logische Empirismus verfügt der kritische Rationalismus nur über ein bescheidenes Potential an innertheoretischer Dynamik. Während die logischen Empiristen auch ihre eigenen Positionen immer wieder der kritischen Überprüfung und Revision unterzogen, zeichnen sich die kritischen Rationalisten durch ein hohes Maß an Zufriedenheit mit dem Erreichten aus. Dies heißt natürlich nicht, daß der kritische Rationalismus über ein in allen wesentlichen Punkten überzeugendes Konzept verfügen würde. Sicher hatte Popper mit seiner Behauptung recht, daß sich generelle Sätze *nicht verifizieren*, sondern nur *falsifizieren* lassen. Aber die weitreichenden Konsequenzen, die er aus dieser Einsicht zog, sind doch äußerst problematisch.

Wir wollen nach einer einführenden Darstellung der Philosophie Poppers auf zwei Einwände eingehen, die zum einen die Diskrepanz zwischen dem normativen Anspruch des kritischen Rationalismus und dem faktischen Verlauf des Forschungsprozesses berühren, zum anderen ganz allgemein sein Rationalitätsverständnis betreffen.

2.3.2 Das Falsifikationsprinzip von K. Popper

Generelle und universelle Sätze werden nach K.Popper nicht induktiv gefunden, sie werden vielmehr als Hypothesen gesetzt und können dann, wenn nicht verifiziert, so doch falsifiziert werden: Treten die aus Hypothesen und Randbedingungen hergeleiteten empirischen Kon-

---

[67] Das klassische Werk des kritischen Rationalismus ist Karl Poppers: Logik der Forschung; hier wird die erweiterte 2. Auflage, Tübingen 1966 zitiert

sequenzen eines Gesetzes nicht ein, ist das Gesetz zunächst einmal widerlegt und als problematisch einzuschätzen. Dies ist Poppers berühmtes Falsifikationsprinzip, das ihn zu einer neuen Sicht von der Aufgabe der Wissenschaft führte: In den Wissenschaften geht es nach ihm nicht darum, *Wahrheit* zu finden und zu bewahren, sondern darum, *Irrtümer* auszumerzen.

Diese Sicht hatte zunächst Folgen für Poppers Einschätzung des empiristischen Sinnkriteriums. Mußten bei den logischen Empiristen sinnvolle Sätze besonderer Art, die sogenannten Protokollsätze, als gesunder Boden für eine Induktion durch ein eigenes Kriterium gesichert werden, so ergab sich dieser Zwang für Popper nicht. Auch der Weg, auf dem man zur Formulierung von Hypothesen kommt, ob durch Beobachtung angeregt oder aufgrund metaphysischer Spekulationen, ist für ihn nicht interessant; all dies gehört in den Kontext der Entdekkung, der außerhalb der Wissenschaft liegt: Das eigentliche wissenschaftliche Geschäft bewegt sich im Kontext der Überprüfung, in welchem die Hypothesen immer wieder neuen Tests ausgesetzt werden. Es ist deshalb nur konsequent, daß Popper die empiristischen Sinnkriterien verwarf, nicht zuletzt deshalb, weil er sah, daß sich selbst in der Physik metaphysische Annahmen (die aus der Perspektive der logischen Empiristen sinnlos sind) für die Gewinnung empirischer Sätze als äußerst fruchtbare Heuristik erwiesen haben.[68]

Die Auszeichnung von Wissen erfolgt bei Popper also nicht über ein Sinnkriterium sondern über ein eigenes Abgrenzungskriterium: „Ein empirisch-wissenschaftliches System muß an der Erfahrung scheitern können.“[69] An der „Erfahrung scheitern“ heißt dabei, daß empirische Befunde herangezogen werden können, die nicht aus den Hypothesen abgeleitet, wohl aber zu diesen in Widerspruch stehen können. Der empirische Gehalt dieser „Basissätze“ wird ausdrücklich zur Sache innerwissenschaftlicher *Konvention* erklärt. In diesem Verständnis werden jetzt auch Experimente als planmäßig ausgeführte Falsifikationsversuche von Hypothesen (oder Theorien) gedeutet, nicht mehr als Induktionsbasen.

---

[68] Man denke etwa an die für die Physikgeschichte fruchtbaren Kontroversen zwischen Atomisten und Anhängern von Äthertheorien

[69] Popper: Logik der Forschung, 2. Auflage. S.15

Mit seinem Ansatz zielt Popper in erster Linie nicht auf isolierte All-Aussagen (nach dem Muster „Alle Raben sind schwarz"), sondern auf *Theorien*. Diese sind in seinem Verständnis Hypothesen, die durch Konjunktionen verbunden und nach ihrem Allgemeinheitsgrad hierarchisch geordnet sind. Wird eine dieser Hypothesen falsifiziert, so gilt die ganze Theorie als falsifiziert, was allerdings nicht bedeutet, daß sie damit sofort verworfen und außer Dienst gestellt werden muß. Nur wenn Theorien in Konkurrenz zueinander stehen, kann die Falsifikation von Hypothesen auch zum Verwerfen einer Theorie führen, dann nämlich, wenn eine konkurrierende Theorie mindestens den gleichen empirischen Gehalt besitzt und im fraglichen Falle den Falsifikationstest besteht. Eine solche Theorie gilt dann als „wahrheitsnäher". Es ist also durchaus möglich, daß eine Theorie, die sehr viele Tatbestände erklärt und hohe prognostische Leistungskraft besitzt, aber in einem Falle versagt, einer konkurrierenden Theorie vorgezogen wird, die zwar den speziellen Fall abdeckt, aber ansonsten einen wesentlich engeren Erklärungsanspruch besitzt.

Watkins hat den normativen Gehalt der mit dem Falsifikationsprinzip verknüpften Methodologie einmal auf den kurzen Nenner gebracht: „Strebe nicht nach Sicherheit; mach' deine Vermutungen so leicht prüfbar wie du kannst; mach deine Antworten auf Einwände und Gegenbeweise so wenig ad hoc, wie du kannst."[70]

2.3.3 K. Poppers „Drei-Welten-Theorie"

Poppers wissenschaftstheoretische Vorschläge sind in ein recht kompliziertes philosophisches System eingebettet, das unter dem Titel „Drei-Welten-Theorie" firmiert.[71] Wesentliche Bestandteile dieses Systems sind zwei recht unterschiedliche Realitätsvorstellungen. Die eine ist einfach, trifft sich mit dem realistischen Alltagsverständnis und besagt schlicht, daß es eine von unseren Erkenntnissen unabhängige Welt gibt. Diese reale Außenwelt bildet sich zwar nicht in unseren Verstand ab, sie liefert keine wahren Abbilder via Sinneseindrücke, sie sperrt sich aber gegen falsche Ansichten über die Welt, d.h. man kann keine falsche Theorie auf Dauer gegen die Natur verteidigen;

---

[70] Watkins/Popper: Die Einheit des Denkens. S.202

[71] Diese Theorie ist ausführlich dargestellt in: Popper: Objektive Erkenntnis

letztlich merzt „die Realität“ falsche Theorien aus, man muß ihr nur die Chance dazu geben. Damit vertritt Popper eine modifizierte korrespondenztheoretische Wahrheitsvorstellung, die ohne Abbildtheorie auskommt.

Die zweite Realität ist nun von gänzlich anderer Art: Popper meint nämlich, daß uns neben der Welt der physischen Gegenstände (er nennt dies die *Welt I*) auch eine Welt geistiger Gegenstände (*Welt III*) objektiv gegenübersteht. Mit diesen (geistigen) Gegenständen sind die mehr oder weniger dauerhaft fixierten Bestandteile unseres Wissens gemeint, im wesentlichen also universelle und generelle Sätze und vor allem ganze Theorien. Theorien erwachsen dabei nicht in den Köpfen der Individuen aufgrund eines je eigenen subjektiven Prozesses induktiver Wissensgewinnung: Der einzelne Mensch fängt nicht im Zustand der tabula rasa an, um dann die gesamte Kulturentwicklung der Menschheit für sich nochmals zu durchlaufen. Man wird vielmehr mit einem kumulierten Wissen konfrontiert, muß es sich aneignen, um sich dann im Besitze dieses Wissens mit der Welt der physischen Gegenstände auseinanderzusetzen.

Theorien sind von Menschen konzipiert, sie sind sprachlich verfaßt und mit gewissen Erwartungen ihrer Schöpfer verbunden. Aber sie haben, einmal in die Welt gesetzt, auch ihr Eigenleben. Da Theorien nicht verifiziert werden können, bleibt ihr Geltungsbereich offen. Sie können neu interpretiert und auf Fälle angewandt werden, an die man bei der Verfertigung der Theorie nie gedacht hat. Natürlich können sie aber auch einer Auseinandersetzung mit der Welt I hinderlich sein und als Quelle ungerechtfertigter Vorurteile fungieren. In jedem Falle führen Theorien aber ein von den ursprünglichen Zielen ihrer Verfasser emanzipiertes Leben. Kurz: Die Welt der Theorien tritt uns gleichsam als eine zweite Realität gegenüber.[72]

Wie schon gesagt, ist Welt III nicht Abbild von Welt I, noch ist Welt I Produkt von Welt III im Sinne eines radikalen Idealismus. Die beiden Welten sind vielmehr durch eine *Welt II* verbunden, die Welt der Interaktionen oder der subjektiven Vorgänge: Mit der Welt III im

---

[72] Viele der skizzierten Eigenschaften der „Welt der Theorien“ treffen auch auf die „Welt der Datenverarbeitung“ zu. Insbesondere tritt uns diese „neue Welt“ in Analogie zur „Welt der Theorien“ in stark zunehmendem Maße als eine „dritte Realität“ gegenüber

Rücken behandeln, sehen und interpretieren wir die Welt der physischen Gegenstände; und umgekehrt veranlassen uns die im Zuge von Interaktionen gewonnenen Erfahrungen mit Welt I zu Korrekturen an den Theorien von Welt III. Wenn wir also in der Welt II unseres Handelns auf ein Problem stoßen, so werden wir versuchen, es mit Hilfe einer Theorie aus Welt III zu bewältigen. Bewährt sich die Theorie nicht, so müssen wir sie modifizieren oder ersetzen. Diese neue Theorie wird dann solange akzeptiert, bis sie selbst an Problemen scheitert. Popper hat seine trial-and-error-Vorstellung vom Gang der Wissenschaft einmal in folgende Formulierung gebracht: „Alle wissenschaftliche Arbeit richtet sich auf den Fortschritt der objektiven Erkenntnis. Wir sind Arbeiter, die zum Wachstum der objektiven Erkenntnis beitragen, so wie Steinmetzen an einem Dom arbeiten."[73]

Die objektive Welt der physischen Gegenstände und die objektive Welt der Theorie werden in der Welt II konfrontiert, die charakterisiert ist durch die Spontaneität und Kreativität von Menschen. Wir sind es, die Theorien modifizieren, verwerfen und ausdenken, und dieses Geschäft hat keine kausal-deterministische Grundlage, d.h. welche Theorie wir uns ausdenken werden, läßt sich selbst nicht aus einer Theorie ableiten.

Mit seinem kreativen Vermögen, sich auf einen trial-and-error-Prozeß einzulassen, nimmt der Mensch in der Natur aber keine Sonderstellung ein. Popper faßt vielmehr die Entwicklung des Lebens selbst als einen trial-and-error-Prozeß auf: Spontan entstehen neue Lebensformen, die sich den wechselnden Umweltbedingungen mehr oder weniger gut gewachsen zeigen. Und genauso wenig, wie sich das Auftreten bestimmter Mutationen relativ zu bestimmten ökologischen Bedingungen vorhersagen läßt, lassen sich Theorien relativ zu kulturellen Bedingungen prognostizieren. Mit der Entwicklung der Fähigkeit des theoretischen Denkens und Spekulierens ist allerdings im Gang der natürlichen Evolution ein neues Stadium erreicht worden. Mangelhafte Anpassung an die Umwelt führt beim Menschen nicht mehr zwangsläufig zum Untergang der Spezies. Denn „mangelhafte Anpassung" heißt jetzt, über falsche Theorien zu verfügen, die Welt falsch zu

---

[73] Popper: Objektive Erkenntnis. S.139

sehen. Und dieser Mangel kann durch Entwicklung neuer und besserer Theorien behoben werden: Irrtümer müssen nicht mehr länger für Menschen, sondern können jetzt für Theorien tödlich sein.

Erwähnt werden sollte an dieser Stelle, daß damit keine Position im Rahmen sogenannter evolutionärer Erkenntnistheorien bezogen wird. Solche Theorien verstehen — ganz grob gesprochen — die menschliche Erkenntnisweise als im Zuge der Evolution gewachsen und erklärbar in Hinsicht auf das Überleben der menschlichen Spezies. Popper vertritt hier einen konträren Standpunkt. Nicht Erkenntnistheorie wird auf Evoultionstheorie reduzierbar, sondern wir verstehen die Evolution des Lebens so, als ob die Natur einem Falsifikationsprinzip folgen würde. Das heißt, das erkenntnistheoretische Prinzip Poppers erhält für ein Verständnis der Natur den Status einer regulativen Idee.

2.3.4 Die Sozialphilosophie des kritischen Rationalismus

Ähnlich wie bei den logischen Empiristen kam auch bei Popper die eigentliche Herausforderung zur Ausarbeitung seiner Theorie nicht von seiten der Naturwissenschaften, sondern von den Kulturwissenschaften in ihrer damaligen Verfassung. Ihn irritierte zum Beispiel, daß sowohl im Rahmen der marxistischen Gesellschaftstheorie als auch in der Psychoanalyse der Anspruch erhoben wurde, ein wissenschaftliches Fundament für das Handeln zu liefern, das gewissermaßen jeder Situation in der Geschichte der Gesellschaft bzw. in der Geschichte der Individuen erklärend gerecht werde. Popper erkannte, daß in beiden Fällen der Anspruch letztlich auf Entwicklungsmodellen der Gesellschaft bzw. des Individuums beruht, die jeder Kritik entzogen waren: Wer kritisierte, mußte sich im einen Fall den Vorwurf gefallen lassen, als Klassenfeind zu agieren, im anderen Falle wurde ein Pathologieverdacht erhoben. Popper sah völlig richtig — und natürlich nicht als einziger — , daß das Dogmatisieren materialer Behauptungen über den Gang der Geschichte oder das Wesen unserer Bedürfnisse unweigerlich Gewalt provoziert: Wo das Argument unterdrückt wird, entscheidet die Gewalt darüber, ob Thesen und Theorien zur Welt III gehören oder nicht. Die Quellen der modernen Dogmen hat Popper in seinem Werk „Die offene Gesellschaft und ihre Feinde“

einer kritischen Analyse unterzogen, ob dabei immer mit einer glücklichen hermeneutischen Hand, soll dahingestellt bleiben, wir möchten hier auf Einzelheiten nicht näher eingehen. Als Fazit seiner Untersuchungen können wir festhalten: Das zunächst für die Naturwissenschaften erklärte kritische Prinzip, das die Vorläufigkeit aller menschlichen Erkenntnis betont und der Wissenschaft die Rolle der Testmaschine zuweist, muß auch auf die Sozialwissenschaften und darüber hinaus auf die Politik ausgedehnt werden. Es handelt sich hier also um ein universelles Rationalitätsprinzip.

Eine solche Übertragung ist allerdings nicht ganz unproblematisch, wie man sich schnell klar machen kann. In der Politik geht es um das *richtige* Handeln, d.h. es geht darum, dem Handeln die richtigen Zwecke zu setzen und danach zu bestimmten Zwecken die richtigen Mittel zu wählen. Da Zwecke selbst sich in hierarchischen Ordnungen von Ober- und Unterzwecken befinden, geht es also letztlich darum, das richtige Mittel relativ zu einem in der Hierarchie höchsten Zweck zu wählen. Soweit nun die Zwecke fix vorgegeben sind, läßt sich plausibel machen, was „rationale Wahl der Mittel" heißt. Die Sozialwissenschaften müßten demnach die Handelnden mit einem Wissen über die soziale Welt versorgen und ihnen zeigen, welche Entscheidung relativ zu bestimmten Effizienzkriterien optimal ist. Wie steht es aber mit den Zwecken selbst? Sie lassen sich in den Naturwissenschaften wissenschaftlich nicht als gerechtfertigt oder ungerechtfertigt ausweisen, denn aus der Feststellung von Tatsachen läßt sich nichts über die Rechtfertigung von Zwecken ausmachen. Bei der Begründung von Zwecken gerät man in eine Situation, die H. Albert als „Münchhausen-Trilemma"[74] bezeichnet hat: Entweder man gerät in einen unendlichen Begründungsregreß, oder man argumentiert zirkulär oder man bricht die Begründung an irgendeiner Stelle dogmatisch ab. Wenn es aber keine wissenschaftliche und damit keine in diesem Sinne rationale Begründung von Zwecken gibt — muß dann nicht der Bereich des wertorientierten Handelns des Menschen der Irrationalität überlassen werden? Die kritischen Rationalisten meinen, daß dies nicht der Fall

---

[74] Albert: Traktat über kritische Vernunft. S.13f.; vgl. auch seine Aufsatzsammlung: Kritische Vernunft und menschliche Praxis

sein muß, sie setzen allerdings bei der Begründung ihrer Antwort unterschiedliche Akzente.

Für Albert liegt die Aufgabe des kritischen Rationalismus wesentlich darin, Wertpositionen ideologiekritisch auf ihren utopischen Charakter hin zu analysieren und sowohl Bedingungen als auch Grenzen des wertorientierten Handelns aufzuweisen. Soweit sich Werte nicht auf anthropologische Fakten zurückführen lassen, muß immer wieder ihre historische Relativität und Beliebigkeit aufgezeigt werden. Mehr vermag Rationalität aus seiner Sicht nicht zu leisten. Ist also die Forderung nach konkurrierender Theorienvielfalt im Bereich der Realwissenschaften die positive praktische Konsequenz aus dem Falsifikationsprinzip, so ist die Forderung nach ethischem Pluralismus im politisch-sozialen Bereich die praktische Konsequenz aus der Nichtanwendbarkeit dieses Prinzips auf Werte.

Popper bewegt sich hier auf einer etwas anderen Linie. Aus dem Umstand, daß letzte Wertpositionen nicht wissenschaftlich gerechtfertigt werden können, folgert er, daß man darauf verzichten solle, im politischen Leben solche Wertvorstellungen dem Handeln zugrunde zu legen. Das heißt nicht, man solle auf moralische Orientierungen verzichten, es bedeutet nur, daß die moralischen Orientierungen sich in der Diskussion des Einzelfalles konkretisieren müssen. Also nicht der Verweis auf eine ferne Utopie darf zur Rechtfertigung einer politischen Maßnahme herangezogen werden, sondern nur der Nachweis, daß die Maßnahme eine bestehende Situation verbessern würde, wobei diese „Verbesserung“ durchaus in einem moralischen Sinne gemeint sein darf. „Arbeite lieber für die Beseitigung von konkreten Mißständen als für die Verwirklichung abstrakter Ideale“, so lautet Poppers Wahlspruch.[75]

Bei dieser Argumentation geht Popper davon aus, daß es in einer Gesellschaft im großen und ganzen eine gemeinsame Vorstellung von dem gibt, was auf jeden Fall geboten und verboten ist und so meint er, daß es nicht so schwierig sei, argumentativ eine Einigung darüber zu erzielen, welche Übel unserer Gesellschaft unerträglich und welche sozialen Reformen die dringlichsten sind. Dabei ist die Erfahrung zu beachten, daß in unterschiedlichen Wertsystemen die Schnittmenge

---

[75] Popper: Utopie und Gewalt. S.311

von Gemeinsamkeiten umso größer ist, je konkreter die Zwecke sind, d.h. je tiefer sie in der Hierarchie der Zwecke stehen. Diesen Umstand ausnützend, schlägt er vor, „daß vermeidbares menschliches Leid als das dringendste Problem der rationalen öffentlichen Politik anerkannt werden sollte, während die Förderung des Glücks nicht zu einem politischen Problem gemacht werden sollte: Das Suchen nach Glück sollte unserer privaten Initiative überlassen bleiben."[76]

Hier macht sich doch ein deutlicher Unterschied zwischen Popper und Albert bemerkbar. Für Popper gibt es in der Welt III einen Kern an gemeinsamen moralischen Vorstellungen, der einer rationalen Behandlung politischer Probleme zugrundegelegt werden kann und zumindest einen Minimalkonsens erlaubt. Eine solche Einschätzung moralischer Werte läßt sich dagegen bei Albert nicht erkennen.

2.3.5 Sichtweisen des Forschungsprozesses

Bei Popper erscheint die scientific community als ein Verein, der sich den Kampf um objektives Wissen zum Ziel gesetzt hat. Wie jeder Verein besitzt auch der Wissenschaftsverein eine Satzung, deren Kernsatz vom Falsifikationsprinzip gebildet wird und deren weitere Regeln die Anwendung dieses Prinzips sichern sollen. Im Rahmen dieser Satzung vollzieht sich dann das individuelle Forschungshandeln: Die einzelnen Wissenschaftler oder Wissenschaftlergruppen denken sich Hypothesen aus (auf welche Weise bleibt offen), sie bestimmen deren logischen Ort im Netz anderer, verwandter Hypothesen und sie geben die Hypothese den Angriffen der Empirie frei bzw. sorgen sich selbst um diese Überprüfung. Popper hat nun nicht nur die normativen Züge dieses Bildes betont, er hat zugleich behauptet, daß die Wissenschaft im wesentlichen getreu diesem Bilde ablaufe und abgelaufen sei. Gegen diese Behauptung sind jedoch erhebliche Einwände vorgebracht worden, die wir im folgenden kurz darstellen wollen.

Bei näherer Betrachtung des Wissenschaftsbetriebs wird man feststellen müssen, daß den meisten Naturwissenschaftlern der Gedanke, in eine Falsifikationsstrategie eingebunden zu sein, fremd ist. So besteht z.B. für viele der Forschungsalltag darin, Meßverfahren zu entwickeln

---

[76] Ebd. S.311

und zu verbessern, nicht um Hypothesen zu widerlegen, sondern um Natur- und Materialkonstanten genauer zu bestimmen. Dies ist ein enorm wichtiges Betätigungsfeld, bei dem es, wie gesagt, nicht um Falsifikation geht, da in der Regel gar keine Naturgesetze zur Diskussion gestellt werden. Auch dort, wo eigentlich Hypothesen im Experiment überprüft werden sollen, spricht die Empirie keine eindeutige Sprache. Meist ist es möglich, das fragliche Gesetz als Idealisierung empirischer Bedingungen anzusehen oder das Experiment bei einem negativen Ausgang als ungeeigneten Fall für eine Anwendung des Gesetzes zu bestimmen. So stimmen z.B. die klassischen Gasgesetze nicht, wenn man sie in einem uneingeschränkten Druck- und Temperaturbereich unter Zugrundelegung heutiger Meßmethoden streng überprüft. Aber natürlich kann man sich Meßtoleranzen so vorgeben, daß die Gesetze akzeptiert werden können. Kein Wissenschaftler würde ein solches Vorgehen als „Immunisierungsstrategie" bezeichnen und ablehnen.

Die Zweifel an der Brauchbarkeit des Popper-Kriteriums für deskriptiv-wissenschaftshistorische Zwecke wurden zuerst von Thomas Kuhn auf den Begriff gebracht (ihm folgten andere, z.B. I. Lakatos oder P. Feyerabend). Kuhn kontrastierte die Vorstellung vom linear verlaufenden wissenschaftlichen Fortschritt mit dem Bild einer durch scharfe Brüche gekennzeichneten Entwicklung. Für Kuhn, der seine Auffassung in dem Buch „Struktur wissenschaftlicher Revolutionen" niedergelegt hat, verläuft die wissenschaftliche Entwicklung in drei Phasen:

— In der ersten, der *vorparadigmatischen Phase* geht es darum, überhaupt eine Orientierung in der Empirie zu finden, sich einen brauchbaren Begriff vom Phänomen zu machen. Man hat es hier mit Fakten zu tun, die man nicht so recht versteht und die auch experimentell erst noch auf den Punkt gebracht werden müssen (d.h. man sucht noch nach sinnvollen Idealisierungen). In dieser Phase entstehen in der Tat konkurrierende theoretische Ansätze, die auf ihre Reichweite getestet werden müssen.

— Hat sich eine bestimmte theoretische Deutung ansatzweise durchgesetzt, so tritt die Wissenschaft in die Phase der Normalität. Jetzt gilt es, die Theorie anzuwenden und ihr zum Erfolg zu verhelfen. Ihr methodologischer Rahmen wird bei diesen Bemühungen hinsichtlich kommunikativer und institutioneller Strukturen als selbstverständlich akzeptiert: Es hat sich eine Teildisziplin herausgebildet, es gibt spezielle Zeitschriften, Tagungen, Fachausschüsse, Arbeitskreise etc. Kuhn nennt dies die *paradigmatische Phase*.

— Wenn im Verlauf der Forschung sich Fälle häufen, die eigentlich wie Anwendungsfälle aussehen, sich aber nicht mit den zur Verfügung stehenden Mitteln bewältigen lassen, dann werden Zweifel am Wert des Paradigmas laut, die Wissenschaft, genauer die Teildisziplin, gerät in eine *Krise*. Man steht wieder in einer vorparadigmatischen Situation, in der die Suche nach einem neuen Paradigma anläuft.

Kuhn hat nun darauf hingewiesen, daß für die Durchsetzung eines neuen Paradigmas sowohl interne als auch externe Gründe entscheidend sind. Das heißt, die Durchsetzung eines bestimmten Paradigmas kann sich zwar sehr wohl aus empirischen Gründen ergeben, es können aber auch externe Gründe, wie z.B. die Stärke von wissenschaftlichen Schulen oder der Einfluß aus Staat und Industrie, dafür ausschlaggebend sein, außerdem — und dieser Punkt ist besonders wichtig — können metaphysische Positionen Präferenzen für die eine oder andere Seite liefern. Popper hat zwar gerade die Bedeutung von metaphysischen Positionen für die Gewinnung von Hypothesen anerkannt, er hat aber bestritten, daß sie eine direkte Bedeutung im Kontext der Überprüfung erhalten würden. Das heißt, er würde den Fall, daß jemand eine theoretische Position gegen die Empirie mit metaphysischen Argumenten verteidigt, als irrationale Entgleisung betrachten. Tatsache ist aber, daß die Physiker — von Galilei bis zu den Hochenergiephysikern unserer Tage — sehr stark auf nicht-empirische Gründe bei der Bewertung von Theorien abstellen. Man denke z.B. an die treibende Kraft, die der Gedanke der theoretischen Einheitlichkeit und Einfachheit entwickelt hat.

Gegen die Einwände von Kuhn versuchte sich Popper mit dem Argument zu verteidigen, daß die „Normalitätsphase" eigentlich ein *degeneriertes Stadium* des Forschungsprozesses darstelle, das zwar faktisch zu beobachten sei, das aber für eine rationale Rekonstruktion des

Prozesses unerheblich sei.[77] Diese Verteidigung muß jedoch als mißglückt angesehen werden, denn Kuhn hat die Normalwissenschaft durchaus nicht als stumpfsinnige Routine charakterisiert. Normalwissenschaft betreiben bedeutet, unter der Vorgabe einer Theorie (z.B. klassische Mechanik, Elektrodynamik, Quantentheorie) zu versuchen, Probleme zu lösen, von denen man erwartet, daß sie in die Lösungsmenge der Disziplin gehören, die aber weder theoretisch noch experimentell simpel zu bewältigen sind. So sind viele Nobelpreise für Leistungen im Rahmen normalwissenschaftlicher Forschung vergeben worden, diese können also für den Gang der Wissenschaft keineswegs als irrelevant aufgefaßt werden.

2.3.6 Rationalität als lokaler Skeptizismus

Es soll hier nun nicht der Eindruck erweckt werden, daß die Kuhnsche Position in allen Punkten überzeugend sei. So hat z.B. sein Paradigma-Begriff nur vage Konturen, auch sind die historischen Fallstudien, auf denen er seine Theorie stützt, recht speziell und in ihren Darstellungen manchmal wissenschaftshistorisch anfechtbar. Jedoch wurde durch Kuhn der Blick dafür geschärft, daß das Falsifikationsprinzip als verständnisleitendes Prinzip für eine Rekonstruktion des Gangs der Wissenschaften ungeeignet ist. Dieses Ergebnis hat aber auch eine mittelbare Auswirkung auf die Einschätzung des Falsifikationsprinzips als eines normativen Prinzips: Wenn nämlich die Naturwissenschaften ihre Erfolge ohne Beachtung des Falsifikationsprinzips erzielt haben, dann muß man dem Anspruch, gerade dieses Prinzip verkörpere Rationalität schlechthin, doch mit einiger Skepsis begegnen!

Die Schwierigkeiten, in die Popper geraten ist, sind weder im Falsifikationsprinzip selbst, noch in wissenschaftshistorischen Fehldeutungen begründet, sondern in seinem unzureichenden Theoriebegriff. I.Lakatos[78] hat hier auf den entscheidenden Punkt aufmerksam gemacht: Es sei falsch, wenn man wie Popper alle Sätze einer Theorie unterschiedslos als „empirisch“ verstehe; vielmehr müsse man unterschei-

---

[77] Popper: Die Normalwissenschaft und ihre Gefahren. S.51-57

[78] Vgl. Lakatos: Falsifikation und die Methodologie wissenschaftlicher Forschungsprogramme. S.89–190

den zwischen den eigentlich empirischen Naturgesetzen und solchen Sätzen, durch die das *Programm der Theorie* und damit ihre Erklärungsaufgabe festgelegt werde. So kann man z.B. die Newtonschen Grundgesetze nicht auf die gleiche Stufe mit dem Pendelgesetz, dem Fallgesetz oder den Keplerschen Gesetzen stellen. Während letztere alle empirischen Charakter haben, legen erstere die Struktur der empirischen Gesetze in der Mechanik fest, d.h. sie bestimmen das *Forschungsprogramm* der Mechanik. Ein Forschungsprogramm kann aber nicht falsifiziert werden, es kann sich lediglich für Erklärungszwecke als mehr oder weniger tauglich erweisen. Damit ist aber eine pragmatische Kategorie angesprochen: nur unter Hinzuziehung dieser Kategorie läßt sich im Rahmen der Wissenschaftstheorie eine Grenze angeben, ab der man die Suche nach der Lösung eines Problems im Rahmen eines gegebenen Forschungsprogramms aufgeben und sich der Suche nach einem neuen, praktisch tragfähigeren Forschungsprogramm zuwenden soll.

Wie wir gesehen haben, kennt der kritische Rationalismus nur die deduktive Art der Begründung: d.h. er akzeptiert einen Satz als relativ zu anderen Sätzen begründet, wenn er aus diesen logisch folgt. Mit diesem Begründungsbegriff gerät man in das Münchhausen-Trilemma (Zirkel, infiniter Regreß, Dogmatismus). Den Ausweg aus diesem Trilemma sehen die kritischen Rationalisten in einer Position, die wir als „offenen Dogmatismus" bezeichnen möchten: Man bricht zwar sein Begründungsverfahren an einer bestimmten Stelle ab, hält aber diesen Abbruch für jederzeit revidierbar. Über die Art der Gründe, die zu einer Wiederaufnahme abgebrochener Begründungsverfahren führen, erfährt man von den kritischen Rationalisten wenig. Sie haben außerdem auch darauf verzichtet, zu klären, welche Formen der Kritik es gibt oder welche Mittel beim Begründen eingesetzt werden dürfen.

Dieser Verzicht läßt sich im Bereich der empirischen Wissenschaften wegen der realistischen Grundposition — der Idee des Wirklichen — wenigstens noch immanent plausibel machen: Wenn sich nämlich Behauptungen und gegen sie gerichtete kritisch gemeinte Einwände gleichermaßen auf die Empirie beziehen lassen, dann sorgt langfristig die Natur selbst als unabhängige Instanz für die Eliminierung der Irrtümer. Die Rationalität des Wissenschaftlers zeigt sich darin, daß er gegen diese natürliche Selektion keine Schranken aufbaut, sondern im Gegenteil ihr Wirken nach Kräften fördert. Da die Natur es also selbst an den Tag bringt, ob ein Argument eine kritische Funktion besitzt oder nicht, meint man, sich zusätzliche Unterscheidungen sparen zu können. Wenn wir jedoch den empirischen Bereich verlassen, dann verliert das fallibilistische Prinzip an Plausibilität. Den entscheidenden Grund dafür sehen wir darin, daß im Bereich des Ethischen oder Politischen von den kritischen Rationalisten keine *Idee des Guten* oder *Gerechten* anerkannt wird, die — vergleichbar der Idee des Wirklichen — eine Selektionsfunktion übernehmen könnte. Popper läßt zwar ein Verständnis der Geschichte der Naturwissenschaften als einer Annäherung an die Wahrheit zu, lehnt aber ein Verständnis der Menschheitsgeschichte als eine Annäherung an die Idee des guten Lebens oder der gerechten Gesellschaft entschieden ab: In Ethik und Politik gibt es keine unabhängige Instanz, die zumindest ex post Argumente als sachlich kritisch ausweisen und dem kritischen Geschäft eine Richtung geben würde.

Warum soll dann jedoch überhaupt Kritik geübt werden? Warum soll es rational sein, Positionen zur Disposition zu stellen? Wenn schon an irgendeiner Stelle der Begründungsprozeß abgebrochen werden muß, warum darf dann der einzelne nicht darauf bestehen, daß dies an einer ihm genehmen Stelle geschieht, da doch von der Fortführung einer Diskussion kein prinzipieller Fortschritt zu erwarten ist? Die kritischen Rationalisten haben auf diese Fragen keine überzeugenden Antworten. Weder sind sie in der Lage, zu sagen, wie eine „kritische Diskussion" ethischer Fragen auszusehen habe, noch können sie plausibel machen, daß ihre Bereitschaft, Kritik zu üben und anzuhören, schon einen Schritt hin zu größerer Gemeinsamkeit darstelle. Hier bleibt dann nur der schwache Trost Poppers, daß sich die angesprochenen Probleme wegen faktisch vorhandener Gemeinsamkeiten nicht in voller Schärfe zeigen werden.

Eine solche, letztlich resignative Lösung des Begründungsproblems ist nun allerdings nicht unvermeidlich. Dies läßt sich einsehen, wenn man bedenkt, daß das Begründungsgeschäft nicht nur eine formale Seite hat (auf die die kritischen Rationalisten abstellen), sondern auch eine pragmatische.[79] Wenn man sich nämlich auf einen Diskurs einläßt, dann verfolgt man in der Regel den Zweck, sich mit anderen, u.U. aber auch nur mit sich selbst, zu verständigen (daß man auch reden kann, um andere am Reden zu hindern oder sich in eine bestimmte Stimmung zu versetzen, soll hier nicht weiter beachtet werden). Man verbindet deshalb mit Behauptungen oder mit Aufforderungen den Anspruch auf Zustimmung. Solche Diskurse können nun entweder rein akademisch oder ernst gemeint sein. Im letzteren Falle sehen die Teilnehmer am Diskurs das zugrundeliegende Problem als das ihre an und verfolgen mit ihrer Rede den Zweck, einen Dissens im Hinblick auf Behauptungen oder einen Konflikt im Hinblick auf Aufforderungen zu beheben. Fassen wir nur die ernst gemeinten Diskurse ins Auge, so bekommen wir neben den formalen noch weitere Diskursregeln, die sich aus der dem Diskurs zugrundeliegenden Problemstellung rechtfertigen. Wir können also sagen, daß ein Teilnehmer an einem ernst gemeinten Diskurs seine Behauptungen den anderen Teilnehmern gegenüber auf der Basis einer *gemeinsamen Problemstellung* mittels den sich daraus ergebenden Begründungsregeln begründet — zur Erinnerung: die kritischen Rationalisten begründen einen Satz durch andere Sätze allein mittels einer deduktiven Begründungsregel!

Diese zusätzlichen *problembezogenen* Begründungsregeln liefern uns insbesondere Kriterien für die Rechtfertigung des Abbruchs der Begründungskette an einer bestimmten Stelle. Ein kleines Beispiel: Wenn man in manchen technischen Kontexten auch heute noch die klassischen Gasgesetze benutzt, obwohl man wesentlich genauere Gesetze zur Verfügung hat, dann tut man dies deshalb, weil die Verwendungszwecke keine höhere Genauigkeit erfordern. Wer etwa fordert, bei der Frage nach dem optimalen Reifendruck an seinem Auto müsse man auf die Beattie-Bridgeman-Gleichungen zurückgreifen, weil diese die Verhältnisse im belasteten Reifen am genauesten beschreiben, der ist nicht ein besonders kritischer Kopf, sondern der hat nicht richtig verstanden, um was es eigentlich geht.

[79] Zum Folgenden vgl. Gethmann/Hegselmann: Das Problem der Begründung zwischen Dezisionismus und Fundamentalismus. S.342-368; Gethmann: Letztbegründung als lebensweltliche Fundierung des Wissens und Handelns. S.268-302

Man kann nun nicht a priori beweisen, daß es zu jedem ernst gemeinten Diskurs auch Regeln gibt, die eine Begründungsbasis auszeichnen. Aber das spricht nicht dagegen, in jedem konkreten Falle danach zu suchen: schließlich hat sich das pragmatische Begründungsprogramm schon vielfach bewährt. Wir können uns also damit trösten, daß dort, wo die Diskurse ernst gemeint sind, die Begründungslage nicht so düster ist, wie die Darlegungen zum Münchhausen-Trilemma es vermuten lassen und dort, wo die Begründungslage düster ist, die Diskurse nicht ernst gemeint, sondern rein akademischer Natur sind.

Die Haltung der kritischen Rationalisten zur pragmatischen Begründung und zu problembezogenen Begründungsregeln ist ambivalent. Bei Popper lassen sich gelegentlich pragmatische Elemente ausmachen, z.B. bei seiner Fundierung des Wahrscheinlichkeitsbegriffs. Albert läßt dagegen den Unterschied zwischen einer ernst gemeinten und einer rein akademischen Diskussion nicht gelten — für ihn genügt der Umstand, daß sich der generelle Erfolg des pragmatischen Begründungsprogramm nicht beweisen läßt, um es abzulehnen. Zwar betont auch er die handlungsleitende Funktion der Realwissenschaften, aber letzten Endes ist für ihn diese Funktion nur ein nützliches Nebenprodukt.[80] Wissenschaft hat Erkenntnis um der Erkenntnis willen zu produzieren — wir fügen hinzu: Gott sei Dank tut sie das nicht immer!

2.4 Das pragmatische Fundament des Wissens

2.4.1 Einleitung

Wir haben in Abschnitt 2.1.3 gesehen, daß Argumentations- und Konsenstheorien einen ersten Schritt zur Kontextualisierung des Wissens bedeuten: Diese Theorien führen uns zu der Einsicht, daß Wissen letztlich nur über die Akzeptanz der mit Urteilen verbundenen Geltungsansprüche in einer Diskursgemeinschaft gebildet wird.

Auf die Frage, wann man denn Geltungsansprüche annehmen, wann verwerfen soll, geben uns die Argumentations- und Konsenstheorien zwar keine Antwort, wohl aber einen Hinweis darauf, in welcher Richtung die Antwort zu suchen sei: Ein Diskurs in einer Gruppe

---

[80] Das wird bei Albert immer wieder deutlich, vgl. seine Einleitung zu: Kritische Vernunft und menschliche Praxis oder sein jüngstes Buch: Kritik der reinen Erkenntnislehre

kommt vor allem dann sinnvoll in Gang, wenn sich ihren Mitgliedern gemeinsam ein Problem stellt — und nur wenn die Teilnehmer des Diskurses wissen, „um was es geht", können sie mitargumentieren und Geltungsansprüche sinnvoll kritisieren und verteidigen (natürlich lassen sich solche Problemsituationen auch fingieren; man befindet sich dann in — umgangssprachlich ausgedrückt — „akademischen" Diskursen). In einem solchen problemgenerierten Diskurs wird die Akzeptanz von Behauptungen oder Aufforderungen entscheidend davon abhängen, ob sich mit ihnen eine Lösung des Problems verbinden läßt. Und unter diesem Aspekt können wir Wissen jetzt näher charakterisieren als eine Menge *akzeptierter Behauptungen oder Aufforderungen*, denen ein *Problemlösungspotential* zu eigen ist.[81]

Nun läßt sich a priori keine abgeschlossene Problemtypologie entwerfen, jedoch lassen sich einige wichtige Problemklassen anführen: Zunächst können wir zwischen *technischen*, *ethischen* und *politischen* (sich aus sozialen oder politischen Konflikten ergebenden) Problemen unterscheiden. Die Lösung solcher *praktischer* Probleme liegt z.B. in der Angabe eines Verfahrens bzw. einer moralischen Norm oder eines staatlichen Gesetzes. Sodann kennen wir *theoretische Probleme*, wobei hier wieder solche eine besonders wichtige Rolle spielen, die sich durch die Angabe einer Erklärung lösen lassen. Die beiden genannten Problemtypen stehen in engem Zusammenhang: Praktische Probleme bedürfen zu ihrer Lösung häufig der theoretischen Stützung, andererseits lassen sich bestimmte theoretische Probleme nur bewältigen, wenn vorher praktische Probleme gelöst worden sind. Entsprechend diesen Überlegungen können wir zunächst auch zwischen praktischem und theoretischem Wissen unterscheiden. Da unsere methodologischen Überlegungen bislang meist um das theoretische Wissen gekreist sind, wollen wir auch jetzt die Frage einer pragmatischen Fundierung des Wissens an diesem Fall erörtern und uns dazu den zentralen Begriff der „Erklärung" etwas näher ansehen.[82]

[81] Nähere Ausführungen zum Wissensbegriff in Abschn. 3.7.2

[82] Vgl. hierzu Kötter: Reduktion und Vereinheitlichung; zur Frage praktischer Begründungen vgl. Abschn. 2.6

2.4.2 Der Begriff der „Erklärung"

In der Wissenschaftstheorie hat man sich lange Zeit allein auf die Suche nach formalen Kriterien konzentriert, die Argumente als Erklärungen auszeichnen könnten. Das bekannteste Ergebnis dieser Anstrengungen dürfte wohl das „*Hempel-Oppenheim-Schema*" sein, durch das die Struktur einer deduktiv-nomologischen Erklärung festgelegt wird.[83] In der Diskussion um dieses Schema und seine Erweiterungen geriet aus dem Blick, daß Erklärungen eigentlich immer Antworten auf Fragen sind, die sich in bestimmten Problemlagen stellen. Mit einer Erklärung wird nicht eine schlichte Information geliefert, die eine Wissenslücke schließt, wie es z.B. bei Antworten auf Fragen der Art „wie spät ist es?" oder „wo geht es zum Bahnhof?" der Fall ist. Erklärungen werden vielmehr in speziellen Situationen gegeben, die durch die Erwartung charakterisiert sind, daß mit der Erklärung ein bislang unbegriffener Sachverhalt in ein vorhandenes Wissen eingeordnet oder geläufigen Beurteilungen zugänglich gemacht wird. Diese Leistung wird in besonders augenfälliger Weise von *Kausalerklärungen* erbracht, die ja durch ein Gesetz oder eine Regel einen unverstandenen Sachverhalt mit bekannten und — im technischen Bereich — beherrschbaren Sachverhalten verknüpfen. Wenn auch Kausalerklärungen im Mittelpunkt wissenschaftstheoretischer Interessen stehen, so sind sie doch beileibe nicht die einzigen Erklärungsschemata. Wir kennen *teleologische (systemtheoretische)* und *funktionalistische*, *reduktionistische* und *analogisierende* Erklärungen. Für die Sozialwissenschaften sind daneben noch spezielle Erklärungsmuster für Handlungen von besonderer Bedeutung, wobei hier die Vielschichtigkeit des Erklärungsproblems besonders augenfällig wird.

Handlungserklärungen (oder -deutungen) stellen Handlungen als ein sinnvolles Geschehen dar, das heißt sie liefern uns Gründe für ihre Ausführung. Diese können manchmal in der Angabe von persönlichen Entscheidungsgründen bestehen, manchmal reicht aber auch ein Verweis auf eine Norm schon aus. Angenommen man sieht, wie jemand am Frühstückstisch einem anderen die Butter reicht: Dann ist diese

---

[83] Bei diesem Erklärungsschema wird ein zu erklärender Sachverhalt als Folgerung aus mindestens einem Gesetz sowie entsprechender Anfangs- und Randbedingungen gefolgert, vgl. Hempel: Aspects of Scientific Explanation. S.245–295

Handlung in der Regel mit dem Hinweis erklärt, daß der Handelnde gemäß den Regeln der Höflichkeit auf die Bitte seines Tischnachbarn hin tätig geworden sei. Erwidert jemand dagegen den Gruß eines anderen nicht und handelt damit *gegen* die Regeln der Höflichkeit, so müssen wir zur Erklärung dieser Unterlassung die individuellen Überlegungen des Betreffenden heranziehen, wobei natürlich nicht gesagt ist, daß die Auskünfte des Handelnden zu seinem Tun auch immer einsichtig sein müssen. Wo sie es nicht sind, bleibt das Handeln trotz der Einlassungen für uns letztlich unerklärlich. Solche normen- oder individuenbezogene Handlungserklärungen haben sowohl im Alltagsleben als auch in den Sozialwissenschaften ihren festen Platz.[84]

Die Vielzahl der Erklärungsmuster rührt daher, daß man das Wissen, welches man durch die Frage nach Erklärungen einfordert, in recht unterschiedlicher Weise verwenden möchte. Wenn ein Kranker nach einer Erklärung für bestimmte Symptome sucht, die ihm Beschwerden bereiten, dann möchte er häufig eine teleologische (oder funktionalistische) Erklärung haben, die es ihm ermöglicht, seine Beschwerden als Ausdruck einer bewältigbaren Krankheit zu verstehen; der behandelnde Arzt dagegen benötigt ein Wissen, das ihn zu therapeutischen Eingriffen befähigt, er ist deshalb an Kausalerklärungen interessiert. Erklärungen ganz anderer Art benötigt man, will man das Handeln eines Menschen moralisch oder rechtlich beurteilen. Kurz: Erklärungen müssen unterschiedlich ausfallen, je nachdem, ob man an der *Verfügung* über Sachverhalte interessiert ist oder an deren *Beurteilung*.

Eine Anbindung unseres Wissens an unsere Interessen wird dort geleugnet, wo man glaubt, die Vielfalt der Erklärungsmuster auf das der Kausalerklärung reduzieren zu können. Diese reduktionistischen Bemühungen werden damit gerechtfertigt, daß nur Kausalerklärungen gehobenen Ansprüchen an formaler Präzision gerecht werden können. Wer in diesem Geiste argumentiert, müßte dann allerdings auch den Umstand kausal erklären können, daß Menschen offensichtlich mit — in seinen Augen — defekten Erklärungen zufrieden sind. Eine solche „Erklärung" hätte die gesellschaftlichen bzw. individuellen Bedingungen aufzuzeigen, die notwendigerweise defekte Weisen der Erklärung

[84] Zu einer umfassenden Analyse der Erklären-Verstehen-Diskussion vgl. Schwemmer: Handlung und Struktur

hervorriefen. Was aber kausal erklärt ist, läßt sich durch bloßes Argumentieren nicht verändern;[85] dies bedeutet, daß die Vertreter eines monopolistischen Kausalerklärungsanspruchs den Boden der Argumentation verlassen müßten und sozialtechnisch die Beseitigung der Bedingungen voranzutreiben hätten, unter denen defekte Erklärungen auftreten. Damit wäre die Reduktion aber entgegen des eigenen Anspruchs nicht argumentativ erreicht, sondern sozialtechnisch erzwungen.

Dies mag genügen, um zu verdeutlichen, daß formale Argumente nicht ausreichen, um einen sinnvollen Erklärungsbegriff zu prägen. An die Stelle der formalen — oder vielleicht besser: in Ergänzung zu formalen — Kriterien müssen pragmatische Kriterien zur Beurteilung von Erklärungsleistungen treten. John Passmore hat in einem Aufsatz[86] drei solcher Kriterien genannt und gefordert, daß Erklärungen *einsichtig*, *angemessen* und *richtig* sein müssen. Wir dürfen diese Forderungen in allerdings nur lockerer Anlehnung an Passmore wie folgt erläutern.

1. Die Forderung nach der *Einsichtigkeit* von Erklärungen: Erklärungen müssen sich immer auf einen bereits vorhandenen Fundus an Wissen beziehen. In einer guten Erklärung wird der Wissensstand des Fragenden berücksichtigt und selbst dort, wo man sich auf das Wissen in seiner höchstentwickelten Form beziehen kann, also in den Wissenschaften, haben Erklärungen einen konservativen Charakter in dem Sinne, als sie dieses Wissen zwar erweitern aber nicht sprengen. Wo man auf Phänomene stößt, die sich nicht mehr durch Erklärungen in diesem Sinne in den Fundus bestehenden Wissens eingliedern lassen, wachsen die Zweifel der Wissenschaftler an der Tauglichkeit der Werkzeuge, die den Wissenserwerb ermöglichen sollen (also an Theorien und Methoden). Dieser Verlust an affirmativer Einstellung bringt eine Wissenschaft in die Krise, wie Thomas Kuhn zeigen wollte. Erst die Erfindung neuer Theorien und Methoden bereitet dann den Boden für neue, einsichtige Erklärungen.

---

[85] Es sei denn, man bestimmt sprachliche Äußerungen definitorisch zu Ursachen von Handlungen. Dies wäre aber eine unzulässige Trivialisierung des Problems

[86] Vgl. Passmore: Explanation in Everyday Life. S.105ff.

2. Die Forderung nach *Angemessenheit* von Erklärungen: Daß eine Erklärung *angemessen* sein soll, bedeutet nicht nur, daß die Erklärung die besonderen Umstände des Einzelfalls berücksichtigen muß, wie Passmore meint. Dieser Forderung wird in aller Regel mit größter Selbstverständlichkeit Rechnung getragen. Darüber hinaus muß eine gute Erklärung aber auch in Umfang und Tiefe in den Kontext passen, in dem sie gefordert wurde. Wer wissen möchte, warum er vor langen Autofahrten den Luftdruck in den Reifen seines Wagens etwas erniedrigen sollte, der möchte keine umfangreichen Ausführungen zur Gasdynamik und Elastizitätstheorie hören. Ihm wird es genügen, wenn er erfährt, welche Bedeutung für das Fahrverhalten des Wagens der Reifendruck hat, wie sich dieser nach dem klassischen Gasgesetz mit der Temperatur ändert und welche Folgen dies für die Geometrie des Reifenquerschnitts hat. Dieses Wissen ist ausreichend, um die technischen Handlungsforderungen als sinnvoll einzusehen. Wer allerdings mit Gasen unter hohen Drücken und Temperaturen zu tun hat, wird eine nicht mehr tolerierbare Abweichung von der klassischen Temperatur-Volumen-Druck-Relation feststellen und dafür dann eine Erklärung suchen. Diese Erklärung wird dann im ersten Schritt zeigen, daß auch das vom klassischen Gesetz abweichende Verhalten Ausdruck einer Regelmäßigkeit ist (man formuliert dann ein modifiziertes Gasgesetz) und im zweiten Schritt, warum reale Gase sich anders verhalten als ideale. Die alte und von Wissenschaftstheoretikern besonders gepflegte Vorstellung, daß umfassendere und präzisere Erklärungen immer und in jedem Fall die „besseren“ seien, läßt sich also bei genauerem Hinsehen so nicht aufrecht erhalten. Selbst wenn man Wissenschaft rein internalistisch betrachtet, muß man zugeben, daß Erklärungen nicht isoliert für sich stehen, sondern in eine Dynamik der Forschung eingebettet sind und hinsichtlich der Forschungsziele pragmatisch bewertet werden. So wird man also die Erklärung als angemessen akzeptieren, durch die man in die Lage versetzt wird, in gewünschter Weise zu handeln, sei es in alltäglichen oder wissenschaftlichen Kontexten.

3. Die Forderung nach der *Richtigkeit* von Erklärungen: Schließlich erwartet man von Erklärungen, daß sie *richtig* seien. Dieses Kriterium ist nun besonders heikel, da mit „richtig“ nicht einfach „wahr“ gemeint ist. Wir haben ja gerade gesehen, daß z.B. bei Handlungserklärungen durchaus die Eigendeutung der Handlung in Konkurrenz zur Fremddeutung geraten kann. Es macht in diesen Fällen keinen Sinn, die Eigendeutung als die eigentlich „wahre“ und damit richtige Erklärung der Fremddeutung vorzuziehen, selbst wenn man sie nicht begreifen kann — etwa nach dem Motto, daß jeder selbst am besten wissen müsse, was und warum er etwas tut. Gemessen an den Erwartungen, die man an Handlungserklärungen heranträgt, ist vielmehr die Erklärung richtig, die die Handlung aus Gründen verständlich erscheinen läßt, wobei eine Übereinstimmung zwischen Eigen- und Fremddeutung nicht vorausgesetzt werden muß. Aber auch in den Naturwissenschaften gibt es Probleme mit einer präzisen Fassung dieses Kriteriums. So muß in naturgeschichtlichen Zusammenhängen, etwa in der biologischen Evolutionslehre, eine „richtige“ Erklärung plausibel in dem Sinne sein, daß durch sie das empirische, von der Geschichte überlassene Material in einer Weise geordnet erscheint, welche mit unserem systematischen und experimentell gehärteten Wissen verträglich erscheint.[87] Man kann hier von *„historischer Richtigkeit“* sprechen. Und selbst in der Physik sind Erklärungen von konkreten Sachverhalten nicht in einem schlichten Sinne wahr, weil die Gesetze, die zu Erklärungen herangezogen werden, für ideale Sachverhalte formuliert worden sind und nur mit meßtechnischen Abstrichen auf den konkreten Fall übertragen werden können. Eine physikalische Erklärung ist nur dann richtig, wenn sich der empirische Fall noch als Konkretisierung des idealen Modells begreifen läßt und die Differenz zwischen den idealen Werten und den gemessenen innerhalb einer vorgegebenen Toleranz liegt (*empirische Richtigkeit*).

Die vorangegangenen Überlegungen lassen sich mit einem gewissen formalen Aufwand noch präziser darstellen, und in letzter Zeit hat

[87] Zum Status teleologischer und evolutionistischer Erklärungen vgl. Kötter: Kausalität, Teleologie und Evolution. S.3ff.

man sich im Umfeld der analytischen Wissenschaftstheorie dieser Aufgabenstellung näher angenommen. Aus der Erkenntnis heraus, daß eine Erklärung immer eine Antwort auf eine Frage ist, welche selbst in einen je bestimmten Problemkontext eingebunden ist, versucht man, eine allgemeine Theorie der „Warum-Fragen" zu entwickeln. Dazu identifiziert man in einem ersten Schritt eine Frage mit der Menge ihrer möglichen Antworten. In dieser Menge muß sich dann auch die der Situation angemessene befinden. Um sie herauszufiltern, müssen in einem zweiten Schritt Auswahlregeln formuliert werden, welche eine kontextgebundene Relevanzentscheidung erlauben. Wir möchten an dieser Stelle darauf verzichten, Einzelheiten näher auszuführen, da wir später mit der konstruktiven Wissenschaftstheorie noch ein im weitesten Sinne pragmatisches Wissenschaftstheoriekonzept ausführlich vorstellen werden.[88]

2.4.3 Einige philosophiehistorische Anmerkungen zur Pragmatik

Wenn auch die Pragmatik ein gewichtiges Thema in der gegenwärtigen philosophischen Diskussion bildet, so ist sie dennoch keine Entdeckung jüngster Zeit. Die durch die englische und französische Aufklärung sowie durch den deutschen Idealismus geprägte philosophische Tradition des 19. Jh. war stark kognitivistisch ausgerichtet und auch in ihrer praktischen Orientierung in erster Linie auf das Begreifen handlungsleitender Ideen konzentriert. Dieser, sich aus ganz verschiedenen Strömungen zusammensetzenden europäischen Bewußtseinsphilosophie erwuchs gegen Ende des 19. Jh. und zu Beginn unseres Jahrhunderts im amerikanischen Pragmatismus eine originelle Konkurrenz. Hat Kant den *Primat der praktischen Philosophie* gefordert, so die Pragmatisten den *Primat der Handlung*: „Handlung" wird zur fundamentalen Kategorie, auf die sich alle kognitiven Deutungen beziehen lassen müssen. Zu den führenden Vertretern des Pragmatismus gehören Ch.S.Peirce, W.James, J.Dewey und C.I.Lewis.[89]

---

[88] Für weitere Informationen sei auf die Reader von Pitt: Theories of Explanation und von Schurz: Erklären und Verstehen in der Wissenschaft verwiesen, in denen grundlegende Arbeiten zur modernen Erklärungstheorie abgedruckt sind

[89] Als einige wichtige Schriften zum Pragmatismus seien hier genannt: Peirce: Schriften I und II; Dewey: Wie wir denken; James: Der Pragmatismus; Martens (Hrsg.): Texte zur Philosophie des Pragmatismus

Mit hermeneutischer Großzügigkeit gesehen, lassen sich die Grundgedanken des klassischen Pragmatismus in drei Thesen zusammenfassen.[90]

1. *Instrumentalismusthese*: Da der Mensch sich allein über seine Handlungen mit der Welt auseinandersetzt, muß sich jede neue Erkenntnis über die Welt auch in einer Veränderung seiner Handlungsmöglichkeiten niederschlagen. Der Sinn von „Wissen" zeigt sich im praktischen Unterschied, der sich aus der Verfügung über korrektes oder fehlerhaftes Wissen ergibt: Korrekt gebildetes Wissen erlaubt ein erfolgreicheres Handeln als fehlerhaft gebildetes Wissen. Durch die Instrumentalisierung des Wissens bekommen alle Prozesse, die seine Gewinnung und Vermittlung zum Gegenstand haben, Handlungscharakter und lassen sich nach dem Schema der Zweckrationalität als mehr oder weniger nützlich bewerten.
2. *Fallibilismusthese*: Die Anbindung des Wissens an den praktischen Lebensvollzug impliziert, daß es kein „absolutes" Wissen geben kann. Wissen, das sich unter bestimmten Bedingungen als erfolgreich erwiesen hat, mag diese Eigenschaft unter anderen Bedingungen verlieren. Die Kategorie der Nützlichkeit erfordert es dann, solches Wissen auszuscheiden. Selbst die Sätze der Mathematik sind nicht von zeitloser Wahrheit, sondern müssen als offen für Revisionen angesehen werden, wobei sich solche Revisionen aufgrund einer Änderung des begrifflichen Aufbaus der Mathematik ergeben können, welche selbst wiederum durch Nützlichkeitserwägungen nahegelegt wird.
3. *These vom Primat der naturwissenschaftlichen Methode*: Die Erfahrung zeigt, daß uns die modernen Naturwissenschaften in besonderem Maße mit einem für die Naturbeherrschung geeigneten Wissen versorgt haben. Deshalb muß die naturwissenschaftliche Methode als ausgezeichnet geeignet für den Erwerb von Wissen schlechthin betrachtet werden. Auch diese Bewertung ist nicht dogmatisch — etwa im Sinne eines physikalistischen Bekenntnisses — zu verstehen, vielmehr wird mit dieser These nur

---

[90] Für eine knappe Darstellung der wesentlichen Gedanken des Pragmatismus vgl. Almeder: A Definition of Pragmatism

ausgedrückt, daß man gut daran tut, sich solange an den Naturwissenschaften und ihren Methoden zu orientieren, als man keine besseren Werkzeuge für die Auseinandersetzung mit der Natur zur Verfügung hat.

Diese drei Thesen,[91] die von den Pragmatisten natürlich in unterschiedlicher Form und mit unterschiedlicher Gewichtung vertreten wurden, lassen schon den problematischen Punkt dieser philosophischen Richtung erkennen: An die Stelle der Frage „Was ist Wissen?" tritt jetzt die Frage „Was ist Nützlichkeit?" Wurden die logischen Empiristen bei ihren Versuchen, eine Antwort auf die erstere Frage zu finden, in den *Physikalismus* geführt, so die Pragmatisten bei ihren Bemühungen um die zweite Frage in *Psychologismus* und *Biologismus*: Die Entscheidung über das, was nützlich für den Menschen ist, meinte man der Untersuchung seiner Natur entnehmen zu können. Diese Argumentation brachte dann die Gefahr mit sich, daß Wissen — diesmal solches aus der Biologie, insbesondere der Evolutionstheorie — dogmatisch ausgezeichnet werden mußte, um einer philosophischen Kategorie Sinn geben zu können.

Im Gegensatz zum angelsächsischen Sprachraum besitzen pragmatische Positionen bei uns keine große Tradition. Aus dem Umfeld der Wissenschaftstheorie müßte man H.Dingler erwähnen, der versucht hat, Mathematik und Physik als Hochstilisierungen alltagsweltlichen Handelns zu begründen; daneben könnte man eigentlich nur noch (den frühen) M.Heidegger nennen.[92] Heidegger wurde von einigen Kritikern der KI-Bewegung ins Gespräch gebracht[93] und da dies in den Vereinigten Staaten geschehen ist, ist es nicht überraschend, daß sein Name bald auch hier in den kritischen Auseinandersetzungen um den

---

[91] In dem in Anm. 8 genannten Aufsatz nennt Almeder noch weitere für den Pragmatismus charakteristische Thesen, die aber für unsere Zwecke nicht von Belang sind

[92] Entgegen einer ersten Vermutung ist Husserls „Lebenswelt" kein pragmatisches Konzept. Die „Lebenswelt" ist für Husserl die gegenüber allen wissenschafts- und kulturspezifischen Interpretationen invariante Wahrnehmungswelt. Was lebensweltlich — d.h. durch die vortheoretische Erfahrungsvernunft — erkannt wird, besitzt eine vorprädikative Evidenz und wird nicht erst durch handelnden Umgang als Gegenstand der Prädikation erzeugt

[93] Winograd/Flores: Understanding Computers and Cognition; Dreyfus/Dreyfus: Künstliche Intelligenz

Gang der Informatik aufgetaucht ist.[94] Wir wollen deshalb ganz kurz auf das Anliegen Heideggers eingehen.

Heidegger wollte eine alte Frage mit neuem Leben erfüllen: Läßt sich nach Kant noch Metaphysik im alten Geiste als die Untersuchung der Frage nach dem Sinn des Seins betreiben? Er ging dabei von der Überzeugung aus, daß diese Frage die ganze Philosophiegeschichte hindurch latent vorhanden war, ihre Aktualität lediglich durch kulturelle Traditionen mehr oder weniger verschüttet worden ist. Diese Traditionen sind also abzutragen, um zum Kern der Frage vordringen zu können. Man muß zurück zu dem Punkt, an dem sich die Frage das erste Mal gestellt hat. Dieses „zurück" hat dabei doppelte Bedeutung: Zum einen meint es eine Rückbesinnung auf die *Anfänge der Philosophie* bei den Griechen, zum anderen aber auch eine Besinnung auf die *menschliche Grundsituation*, in der sich eine solche Frage sinnvoll stellen kann. Wenn wir die Philosophie der Alten verstehen wollen, müssen wir unterstellen, daß es ein Band gibt, welches uns mit ihnen verbindet und dadurch die für das Verständnis erforderliche Gemeinsamkeit stiftet. Der Suche nach einer solchen kulturellen Invariante ist Heideggers Buch „Sein und Zeit" gewidmet. Ursprünglich sollte dieses Werk den ersten Teil einer größeren Arbeit bilden, in deren zweiten Teil dann die Entwicklung der Frage nach dem Sinn des Seins in der philosophischen Tradition nachzuzeichnen gewesen wäre. Dieser zweite Teil ist von Heidegger jedoch nicht mehr geschrieben worden. Es ist wichtig, sich klar vor Augen zu halten, daß Heidegger keine Erkenntnistheorie entwerfen wollte, wenngleich seine Untersuchungen natürlich auch erkenntnistheoretische Implikationen besitzen, von denen wir hier wenigstens einige erwähnen wollen.

Heidegger sieht die philosophischen Bemühungen unserer Geistesgeschichte wachsen auf dem Boden einer vorwissenschaftlichen und vorphilosophischen Erfahrung, welche der Mensch in den immer schon geschichtlich geprägten und sprachlich erschlossenen Kontexten seines konkreten Lebens macht. Für den Menschen gibt es kein schlichtes Erfassen der Gegenstände der Welt via Sinneseindrücke. Alle Anstrengungen der Sinne erfolgen im Rahmen einer *tätigen*

---

[94] Siehe z.B. Capurro: Die Herausforderung der Informatik für die praktische Philosophie. (Abschnitt 3: Die Informatik als hermeneutische Disziplin). S.348-350

Auseinandersetzung mit der Welt (Heidegger spricht hier vom „umsichtigen Besorgen"), wobei diese Auseinandersetzung immer in bestimmte Lebensformen eingebunden ist, in welche die Menschen allmählich hineinwachsen und die sie als vertraut und selbstverständlich annehmen (wir sind in die Welt „geworfen"). Diese Welt, in der wir unsere Zwecke bilden und durchsetzen, die Welt des „umsichtigen Besorgens", nennt Heidegger „*Werkwelt*". Das „Wesen" der Dinge in dieser Werkwelt erschließt sich durch ihren Bezug auf unsere Zwecke, d.h. Gegenstände werden *für uns zu etwas* durch den Umgang, den wir mit ihnen pflegen. Um diese unmittelbare Beziehung auszudrücken, in der der Mensch zu den Dingen der Werkwelt steht, sagt Heidegger, die Gegenstände seien für den Menschen „als Zeug zuhanden". Die Zuhandenheit zeigt sich im gebrauchend-hantierenden Umgang mit den Dingen, sie läßt sich natürlich auch sprachlich fixieren, wobei die Sprache dann zunächst nur den je gegebenen Verwendungszusammenhängen folgt. In diesem Sinne spricht Heidegger davon, daß wir mit der Sprache unsere Welt „auslegen", auf unsere Zwecke hin interpretieren.

Wie schwierig es ist, einen populären Zugang zu Heideggers Denken zu schaffen, zeigt sich an den einschlägigen Passagen des 1986 erschienenen Buches von Winograd/Flores.[95] Bei dem Versuch, den hermeneutischen Ansatz der Heideggerschen Philosophie zu erläutern, haben sie durch eine etwas ungeschickte Wahl ihrer Interpretationssprache und ihrer Beispiele fast den Eindruck erweckt, Heidegger hätte sich um eine kleine „Psychologie des Alltags" bemüht. Wenn sie die Termini „Geworfenheit" und „Auslegung" durch das Beispiel einer Geschäftskonferenz verdeutlichen wollen, so verfehlen sie die Pointe, die Heidegger setzen wollte. Daß Diskurse der Hermeneutik bedürfen, ist (fast) trivial. Nicht trivial ist, daß wir auch die Natur, die Technik und alle nichtsprachlichen Handlungen interpretieren. Diesen Umstand könnte man verdeutlichen an der Haltung, die der Landwirt gegenüber dem Wechsel der Jahreszeiten und dem Witterungsgeschehen einnimmt. Hier wird in typischer Weise das Naturgeschehen ausgelegt im Hinblick auf die eigene Tätigkeit, wobei zugleich deutlich wird, daß ein wissenschaftliches Verständnis der Na-

[95] Winograd/Flores: Understanding Computers and Cognition

turvorgänge nicht in jedem Fall verbesserte Handlungsmöglichkeiten impliziert.

Zu einer wissenschaftlichen Sicht der Dinge kommt man nach Heidegger auch nicht durch bloßes Absehen von den praktischen Bezügen, in denen wir uns jeweils befinden; durch bloßes Absehen wird noch kein neues Thema gesetzt. Man bedarf eines Anlasses, um den Blick auszurichten und dieser Anlaß wird durch eine Störung des vertrauten, umsichtigen Umgangs mit den Dingen gegeben: Wenn Gegenstände sich plötzlich als Mittel untauglich erweisen oder unvermutete Probleme (Widerfahrnisse) auf eine Lösung drängen, dann tritt der Mensch aus der ihm vertrauten Lebensform heraus und sieht die Gegenstände seiner Welt unter neuen Aspekten — er *objektiviert* die Welt. Heidegger sagt, daß in diesem Fall das „*Zuhandene*" zum „*Vorhandenen*" wird. Zur Wissenschaft kommen wir schließlich dadurch, daß wir dieser Objektivierung *Methode* geben. Wir wollen Heidegger auf diesem Weg hier nicht weiterverfolgen und an dieser Stelle unseren kleinen Exkurs mit zwei abschließenden Feststellungen abbrechen:

1. Sicher ist, daß Heidegger einen Primat des praktischen Handelns vor dem theoretischen Erkennen vertrat. Handeln wird nicht als Umsetzung von vorgängig theoretisch Erkanntem gedeutet. Insoweit wird Heidegger zurecht eine pragmatische Orientierung zugeschrieben.[96]

2. Daß die Philosophie Heideggers pragmatische Elemente wesentlich enthält, bedeutet nicht, daß sie sich umstandslos zu einer pragmatischen Erkenntnistheorie — etwa im Sinne der amerikanischen Pragmatik — spezialisieren ließe. Sicher hat er eine Abbildungstheorie der Erkenntnis treffend kritisiert — die Erläuterungen zu seiner Bestimmung von „Wahrheit als das Entdecken einer Seinsart des Daseins"[97] lassen jedoch erkennen, daß es ihm wohl gar nicht um den Entwurf einer eigenen, sorgfältig ausgebauten Wahrheitstheorie ging. Ob Heidegger viel für eine wissenschafts-

[96] Vgl. die hervorragenden Studien von Gethmann: Heidegger's Konzeption des Handelns in Sein und Zeit; und ders.: Heidegger's Wahrheitskonzeption in seinen Marburger Vorlesungen; sowie ders.: Dasein: Erkennen und Handeln

[97] Heidegger: Sein und Zeit. S.227

theoretische Analyse der Informatik hergeben wird, darf deshalb bezweifelt werden.

2.5 Die konstruktive Wissenschaftstheorie

> Für die Wissenschaftstheorie stellt sich die Aufgabe, die gegenwärtig wildwüchsig gewordenen Wissenschaften ... wieder in eine gesamte Ordnung einzubeziehen. Das heißt, sich die Sorge zu machen, wie das Gesamte des modernen Wissenschaftsbetriebs in eine Orientierung für unser Leben in dieser Welt einzuordnen ist.[98]

2.5.1 Die Idee „Wissenschaft“ : ein erneuter Anlauf

> Wenn wir heute das Nebeneinander oder den Pluralismus authentischer Lebensformen haben wollen - ‚Laßt viele Blumen blühen!‘ -, dann müssen wir gerade universale Prinzipien haben, die das Nebeneinander dieser verschiedenen Lebensformen möglich machen.[99]

> Ich glaube, daß jede Organisation, um zu überleben und Erfolg zu erzielen, in vieler Hinsicht feste Grundsätze haben muß, auf die sie ihre Politik und ihr Handeln begründet.[100]

Zum Betreiben einer Wissenschaft gehört mehr als das Aufstellen, Beweisen, Widerlegen oder Anwenden eines Systems von Sätzen. Sehen wir einmal von den spielerischen Formen der Wissenschaftsentwicklung ab, so steht *am Anfang wissenschaftlicher Bemühungen* die Artikulation von Problemen, die von allgemeinem Interesse sind oder werden können. Dieses „allgemeine Interesse“ bildet sich zunächst vor-theoretisch, d.h. in der Welt des Alltags mit ihrer Vielzahl von sozialen und technischen Problemen sowie traditionsvermittelten Erkenntnisinteressen. Stellen sich Probleme einer unbestimmten Zahl von Betroffenen und tauchen sie immer wieder auf, dann ergeben sich Aufgaben, die eine allgemeine - eben „wissenschaftliche“ - Lösung erfordern.

---

98 Lorenzen in Rötzer (Hrsg.): Denken, das an der Zeit ist. S.168
99 Apel in Rötzer (Hrsg.): ebd. S.54
100 Watson: IBM: Ein Unternehmen und seine Grundsätze. S.15

Da die Wissenschaften selbst eine z.T. recht lange Tradition besitzen, sind ihre Bezüge zu außerwissenschaftlichen Interessen nicht immer klar zu erkennen. Es ergibt sich deshalb für die Wissenschaftstheorie die Aufgabe, mit der Rekonstruktion von theoriestiftenden Problemstellungen auch die dahinterliegenden Meinungen und Interessen ans Licht zu ziehen und zu fragen, ob sich in diesem Zusammenhang die Ziele der gestellten Forschungsaufgaben rechtfertigen und verantworten lassen. Nur rationale Forschungsvorschläge, die erfolgversprechend und im Prinzip gegenüber jedermann vermittelbar sind, sollten in den Wissenschaften berücksichtigt werden. Ist ein solcher Vorschlag in seinen einzelnen Schritten prinzipiell von jedermann nachvollziehbar und hält er allgemein akzeptierten Begründungsregeln stand, so gilt er als „vermittelbar".

Letztlich läßt sich das Bemühen in den Wissenschaften nur dann rechtfertigen, wenn es der Bewahrung und Verbesserung menschlichen Lebens sowie der Weiterführung diesbezüglicher Bemühungen unserer Vorfahren dient. In diesem Sinne sollte für jedes wissenschaftliche Bemühen eine praktische Begründung verlangt werden, wobei vor der Offenlegung von Geldgebern und subjektiven Interessen nicht zurückgeschreckt werden darf. Der (intellektuellen) Verantwortung gegenüber den anderen Menschen dürfen wir uns nicht entziehen. Da man immer berücksichtigen muß, daß das von Menschen Erdachte von Menschen auch mißbraucht werden kann, müssen sich die Wissenschaften und die politische Öffentlichkeit überlegen, ob sie gewisse Forschungen - etwa auf dem Gebiet der Gentechnologie - unter den je gegebenen Verhältnissen weiter zulassen sollen und wenn ja, ob sich besondere Aufklärungspflichten der Öffentlichkeit gegenüber ergeben.

Die *zweite Stufe wissenschaftlicher Bemühungen* bildet das Lösen der gestellten Probleme. Die auf dieser Stufe notwendige kreative und konstruktive Tätigkeit kann zwar durch Theorien unterstützt, letztlich jedoch nur praktisch eingeübt und angeeignet werden. Die explizite Kenntnis und Berücksichtigung einschlägiger Theorien ist für ein erfolgreiches Problemlösen manchmal nicht einmal notwendig. Allerdings kann die Beachtung einschlägiger Theorien die Erfolgsaussichten dieser Bemühungen erheblich steigern.

Die *dritte Stufe wissenschaftlicher Bemühungen* bildet das Begründen und Dokumentieren der gefundenen Lösung. Hier geht es im Sinne des Lateinischen „informare“ darum, der gefundenen Lösung eine Form zu geben, sie begründend darzulegen und zu dokumentieren. Diese Formgebung wird sich an theoretischen Ansprüchen, häufig aber auch an den Erfordernissen einer maschinellen Ver- oder Bearbeitung der gefundenen Lösung orientieren müssen. Im ersten Fall geht es allein um das Aufstellen, Ordnen und Begründen eines Systems wahrer Sätze, wobei der Logik eine herausragende Bedeutung zukommt. Im zweiten Fall geht es auch um das Programmieren einer Maschine. In jedem Fall ist jedoch der Gebrauch der herangezogenen sprachlichen Ausdrucksmittel explizit zu reflektieren: sprachliche Ausdrucksmittel sollten die notwendige Kommunikation über die Begründung oder Nutzung einer Lösung nicht behindern oder verzerren.

Die *vierte Stufe wissenschaftlicher Bemühungen* bildet das Beurteilen einer Lösung, wobei die subjektiven bzw. gesellschaftlich-politischen Bedingungen, Interessen und Zwecke der über die Beurteilungsmacht verfügenden Instanzen von den für die Idee „Wissenschaft“ einzig relevanten transsubjektiven, argumentativ vertretbaren Beurteilungsmaßstäben unterschieden werden sollten. Nach J.Mittelstraß wird der moralischen Idee von Wissenschaft zuwidergehandelt, wenn sich Wissenschaftler ausschließlich an partikulären Zielsetzungen orientieren.[101] Zum Beispiel wäre es aus der Sicht einer Softwarefirma mit schwacher Kapitalbasis wünschenswert, wenn Universitäten bei der Entwicklung von Expertensystemen die erforderliche Prototyp-Entwicklung leisten könnten und die Softwarefirma gemeinsam mit den Entwicklern Erprobungen der Prototypen bei Pilotanwendern durchführen könnten, um daraus die Anforderungen an das endgültige Produkt sowie die Marktaussichten abzuleiten.[102] Inwieweit derartige Prototyp-Entwicklungen an den Universitäten noch mit der Idee „Wissenschaft“ vereinbar sind, müßte hierbei allerdings vorab geklärt werden: die von außeruniversitären Geldgebern geforderten Maßnahmen zum Schutze von Betriebsgeheimnissen könnten z.B. den Öffentlich-

[101] Vgl. Mittelstraß: Wissenschaft als Lebensform

[102] Vgl. Strunz: Anforderungen der Softwareindustrie an die Informatik. S.514

keitscharakter von Wissenschaft gefährden. Die Wissenschaft kann sich zwar nicht freimachen von subjektiven Bedingungen, Interessen und Zwecken, aber sie kann und sollte diese reflektieren, transzendieren und insofern zu einer Überwindung von Subjektivität und gesellschaftlicher Blindheit beitragen. Nach der hier vertretenen Idee „Wissenschaft" ist somit eine Kritik- und Orientierungsfunktion ein unverzichtbarer, konstitutiver Bestandteil jeder wissenschaftlichen Disziplin - auch einer Technikwissenschaft wie der Informatik.

Anzumerken ist noch, daß auch „(Gedanken-)Spielereien" in der Wissenschaftsentwicklung eine große Bedeutung zukam und auch weiterhin zukommt. Sicher werden bestimmte Forschungsstrategien häufig verfolgt, weil damit die Annahme einer intellektuellen Herausforderung verbunden ist und weniger, weil damit dem Wohl der Menschheit gedient werden könnte. Wir möchten dies weder leugnen noch verurteilen. Es ist schließlich gar nicht möglich jeden Schritt in der Forschungslandschaft einer Disziplin strikt an praktische Interessen zu binden: Forschen heißt auch Probieren und Suchen und bei solchem Vorgehen wären feste Zwecke nur hinderlich. Entscheidend ist jedoch, daß sich die *fundamentalen*, eine Disziplin umreißenden *Aufgabenstellungen* und *Zielsetzungen* (auch) praktisch rechtfertigen lassen. Aus dem Umstand, daß nicht *jedes* Forschungshandeln praktisch gerechtfertigt werden kann, darf man nicht schließen, daß *keines* gerechtfertigt zu werden braucht. Dieser Gedanke läßt erkennen, daß staatliches Reglement im Bildungs- und Forschungssektor in bestimmten Fällen statt zu erhöhter Rationalität zu institutioneller Unvernunft führen kann: „Selbstkontrolle im Rahmen einer aufgeklärten autonomen Verfassung von Forschung und Lehre ist, allein schon wegen der prinzipiellen Unkontrollierbarkeit wissenschaftlicher Verhältnisse durch den außerwissenschaftlichen Verstand, die gebotene Alternative."[103] Die geforderte Selbstkontrolle im Rahmen einer autonomen Verfassung von Forschung und Lehre kann jedoch nur bei einer hinreichenden Unversehrtheit eines aufgeklärten Wissenschaftlerethos zu den angestrebten rationalen Verhältnissen führen.

---

[103] Mittelstraß: Forschungsplanung aus wissenschaftstheoretischer Sicht. S.99

2.5.2 Zur Unterscheidung zwischen analytischer und konstruktiver Wissenschaftstheorie

> Vernunft als ein Programm der Reduktion von Geltungsansprüchen auf das durch Erfahrung und widerspruchsfreies Denken Ausweisbare bringt sich um die Möglichkeit einer Fundierung der Zwecke, um derentwillen Aufklärung überhaupt erst gerechtfertigt werden kann.[104]

Mit der skizzierten linguistischen und pragmatischen Wende in der modernen Erkenntnis- und Wissenschaftstheorie verbindet sich ein methodisches Programm, das uns auffordert, bei der Problembearbeitung und der Wissensbildung sprachliche und pragmatische Aspekte explizit zu berücksichtigen. Es ist klar, daß einem solchen Programm auch bei der Entwicklung und dem Einsatz von Programmen, Datenbanken und anderen wissenstechnischen Systemen eine grundlegende Bedeutung zukommt. Die Umsetzung dieses Programms läßt sich jedoch nicht „über das Knie brechen".[105]

Die moderne Wissenschaftstheorie wurde, wie wir gesehen haben, von Vertretern des Wiener Kreises begründet, die einerseits der traditionellen deutschen Philosophie sehr kritisch gegenüberstanden und andererseits im Zuge metatheoretischer Ausarbeitungen die empirischen Wissenschaften, vor allem die Struktur mathematisch-physikalischer Theorien, zu verstehen und erklären versuchten. In der Tradition dieser Wissenschaftsphilosophie, die nach der Emigration der Vertreter des Wiener Kreises während der Nazi-Zeit vor allem in den USA als *„analytische Wissenschaftstheorie"* weiterentwickelt wurde und in Deutschland nach dem Kriege insbesondere von W.Stegmüller in München eine Rückführung und Vertiefung erfuhr, geht es um eine Nachkonstruktion wissenschaftlicher Ergebnisse und insbesondere um eine Präzisierung bzw. Explikation vorgegebener Begriffe und Zusammenhänge. Die pragmatischen und hermeneutischen Aspekte von Erkenntnis und Wissen bleiben hierbei zunächst unberücksichtigt, die Ausarbeitung von Erkenntnis- und Wissenschaftskritik beschränkt sich auf eine logische Analyse und Nachkonstruktion des faktischen

[104] Frank in Rötzer (Hrsg.): Denken, das an der Zeit ist. S.122

[105] Siehe hierzu auch: Wedekind: Datenbanksysteme I. Eine konstruktive Einführung in die Datenverarbeitung in Wirtschaft und Verwaltung; Luft: Informatik als Technikwissenschaft; ders.: Informatik als Wissenstechnik; Beckstein: Zur Logik der Logikprogrammierung. Ein konstruktiver Ansatz

Sprachgebrauchs in den Wissenschaften. Sofern sich analytische Wissenschaftstheoretiker mit ethischen oder politischen Problemen beschäftigen, so interessieren sie sich nur für die Logik und Struktur von hierfür relevanten präskriptiven Aussagen, die sie analog zu den deskriptiven Aussagen in den Wissenschaften einer Nachkonstruktion unterziehen. Das Ideal der analytischen Wissenschaftstheorie - jedenfalls der traditionell orientierten - ist Exaktheit im logisch-mathematischen Sinne. Durch die Verwendung formaler Sprachen versucht sie den Einsatz der Umgangssprache zu erübrigen und die ihr innewohnenden Interpretationsspielräume zu vermeiden. Im Mittelpunkt steht hier der Umgang mit eindeutigen Formen nach strengen Regeln. Da nicht der Inhalt, das Gewicht, die Bedeutung der Ausgangsbedingungen und Ergebnisse der Wissenschaften im Vordergrund stehen, kann es im Rahmen der analytischen Wissenschaftstheorie letztlich auch nur um Begründung in einem eingeschränkten Sinne gehen: im wesentlichen verfügt man nur über ein deduktives Begründungsschema.

Die Fairness erfordert allerdings die Feststellung, daß die analytische Wissenschaftstheorie nicht so dogmatisch und eingleisig ausgerichtet ist, wie dies hier erscheinen mag. Das Bild, das wir hier skizziert haben, ist das des „standard view“ aus den sechziger und frühen siebziger Jahren, inzwischen hat sich auch diese philosophische Richtung weiterentwickelt. Wir haben oben schon auf die Bemühungen hingewiesen, pragmatische Gesichtspunkte in die analytische Theorie der Erklärung aufzunehmen und möchten an dieser Stelle wenigstens erwähnen, daß auch W.Stegmüller sich in seinen späteren Jahren vom „standard view“ abgesetzt hat. Für ihn sind z.B. Theorien nicht länger Mengen von konjunktional verbundenen empirischen Sätzen mit prognostischem Gehalt; eine Theorie ist vielmehr ein recht kompliziertes Gebilde, das sich aus formalen Struktursätzen, welche die mathematische Struktur der Theorie beschreiben sowie aus Modellen, die diese Struktur belegen, zusammensetzt. Von den möglichen Modellen sind in einer empirischen Wissenschaft natürlich nur diejenigen von besonderem Interesse, die sich erfolgreich empirisch deuten lassen. Im Rahmen dieses Ansatzes, den wir hier nicht weiter verfolgen wollen, lassen sich dann Unterscheidungen einer historisch orientierten Wissenschaftstheorie á la Th.Kuhn und I.Lakatos auf interessante Weise aufgreifen.[106] Wenn wir hier auf die schon etwas abgestandenen Positionen der analytischen Wissenschaftstheorie Bezug nehmen, so rechtfertigt sich dies allein aus der Erfahrung, daß gerade diese Vorstellungen bei Fachwissenschaftlern einigermaßen bekannt und weithin akzeptiert sind.

Im Rahmen der *konstruktiven Wissenschaftstheorie* geht man dagegen von vornherein davon aus, daß die Grundlagen der Wissenschaften in der Praxis der vorwissenschaftlichen Lebenswelt liegen und versucht deshalb nachzuweisen, daß wissenschaftliche Theorien Stützungen einer Praxis darstellen, die selbst sich immer schon als politisch verfaßte Praxis erweist. Mit Blick auf die wissenschaftstheoretische Tradition läßt sich sagen, daß das vom logischen Empirismus entwikkelte und von der analytischen Wissenschaftstheorie weitergetragene Programm einer Nachkonstruktion von Wissenschaftssprachen und wissenschaftlichen Theorien vom Konstruktivismus in einer pragmatisch gewendeten Weise weitergeführt wird. Nach P.Lorenzen unterscheidet sich die von ihm vertretene konstruktive von der analytischen Wissenschaftstheorie alten Schlages dadurch,

- daß sie im ersten Schritt versucht, die jeweiligen *Aufgaben der Wissensbildung* zu formulieren, und erst im Anschluß daran die bei der Aufgabenlösung zur Anwendung kommenden wissenschaftlichen Methoden als angemessen zu begründen und
- daß für den *ethischen und politischen Bereich* das Vorbild der „scientia" nicht akzeptiert wird.[107]

Die konstruktive Wissenschaftstheorie stellt sich die Aufgabe, die technische Praxis in einen Gesamtzusammenhang der Wissenschaften einzuordnen und hierbei das praktische Denken so zu berücksichtigen, daß es auf dem Weg der Wissenschaften vorangebracht werden kann. Den Wissenschaften wird nicht nur die Aufgabe zugeordnet, ein technisches Wissen so zu lehren und zu entwickeln, daß ein maßvoller Wohlstand — unter Berücksichtigung der ökologischen Probleme und

---

[106] Stegmüller wurde bei der Ausarbeitung des von ihm so genannten „structuralist view" von Sneed und dessen Buch: The Logical Structure of Mathematical Physics beeinflußt, vgl. Stegmüller: Theorienstrukturen und Theoriendynamik; ders.: The Structuralist View of Theories; ders.: Rationale Rekonstruktion von Wissenschaft und ihrem Wandel

[107] Vgl. Lorenzen: Lehrbuch der konstruktiven Wissenschaftstheorie. S. 9 und S. 228

der Entwicklungsprobleme der Dritten Welt — bewahrt bzw. möglich wird. Vielmehr kommt es auch darauf an, daß wissenschaftsgestützt eine politische Ordnung möglich wird, die einen stabilen Frieden, nicht nur ein labiles Gleichgewicht des Schreckens erzeugt. Dabei geht es zunächst erst einmal um die Beantwortung der Frage, mit welchen Grundbegriffen, mit welcher Zielsetzung und mit welcher Methode wir die Probleme angehen können, die aus dem Umstand herrühren, daß wir in einer pluralistischen Gesellschaft leben, in der die Menschenbilder und Lebensformen sehr verschieden und in begründbarer Weise höchstens nach Interessengruppen ausgeprägt sind. Die herrschende Meinung, nach der ein theoretisches Denken hier vergeblich sei, weil es zwischen den Interessengruppen ohnehin nur Machtkämpfe gebe, wird im Rahmen dieser Bemühungen kritisch daraufhin befragt, ob es sich dabei nicht nur um ein historisches, durch viel Gedankenlosigkeit zustande gekommenes Verständnis unserer Gegenwart handelt.

Mit einem traditionellen pragmatisch-hermeneutisch orientierten Ansatz teilt die konstruktive Wissenschaftstheorie ihre handlungs-, problem-, argumentations- und konsenstheoretische Sichtweise der Wissensbildung und die daraus resultierende Frontstellung gegenüber dem Szientismus. Methodisch unterscheidet sich die konstruktive Wissenschaftstheorie aber von vielen pragmatisch oder hermeneutisch orientierten Denkrichtungen (etwa solchen in der Nachfolge Heideggers) durch ihren Anspruch an einen sprachkritischen und methodischen Aufbau der Wissenschaften sowie durch eine nichtdogmatische Behandlung des Anfangsproblems wissenschaftlicher Bemühungen. Die Rekonstruktion sprachlicher Ausdrucksmittel geht hierbei vom vorwissenschaftlichen Sprachgebrauch aus — wobei Sprechen als Kommunikationshandeln verstanden wird — und versucht das Bewährte kritisch zu bewahren, d.h. nicht unter einer wilden „Kunstspracheneuphorie“ zu ersticken. Dabei ist sich der Konstruktivist bewußt,

- daß sich Erkenntnis und Wissen stets in den von ihm — mehr oder weniger gemeinsam mit anderen — geschaffenen Konstrukten und insofern in den konstruierenden Subjekten manifestieren und

- daß diese Konstrukte keine Abbildungen, Widerspiegelungen oder gar Kopien einer unabhängig von ihm existierenden Realität sein können.

Die Analyse der Umgangssprache und der faktisch benutzten Wissenschaftssprachen ist für Konstruktivisten kein Selbstzweck, sondern nur ein erster Schritt bei dem Bemühen, für die Fachwissenschaften verständliche, in ihrem Aufbau für jedermann nachvollziehbare Terminologien aufzubauen. Die bei dieser Analyse erzielbare Distanz zu unseren Sprachgewohnheiten — mit ihren vielen Sprachdummheiten — ist allerdings ein unverzichtbarer Schritt bei dem nachfolgenden Bemühen, über die Ziele von Wissenschaften einen argumentativ begründbaren, tragfähigen Konsens zu erarbeiten: „Die Forderung nach einer Begründung fachwissenschaftlicher Theorien als Stützen der — für das Leben, ja für das Überleben nötigen — vorwissenschaftlichen Praxis läßt sich erst erfüllen, wenn die sprachkritischen Mittel ... dafür konsequent eingesetzt werden."[108]

Der lebensweltlichen Ausrichtung der konstruktiven Wissenschaftstheorie wird häufig mit einer gewissen Reserve begegnet. Insbesondere wird der Grundannahme der Konstruktivisten, daß nämlich die Menschen ein wie immer geartetes Interesse an der Herstellung oder Aufrechterhaltung gemeinsamer Handlungskontexte haben, entgegengehalten, diese sei nicht zwingend, da man sich doch zumindest Menschen denken könne, die frei seien von derartigen Interessen. Solche Gestalten der akademischen Phantasie würde man in der Tat nicht von methodologischen Vorschlägen überzeugen können: Wer keine Probleme hat, braucht nicht nach Lösungen zu suchen. Aber aus dem Umstand, daß sich solche Unpersonen denken lassen, kann man keinen stichhaltigen Einwand gegen ein Begründungsprogramm gewinnen. Ein derartiger Skeptizismus ist nämlich so unspezifisch, daß seine kritische Stoßrichtung fruchtlos und belanglos bleiben muß. Nur wenn man akzeptiert, daß der pragmatische Akt des Begründens immer an eine Fragestellung gebunden ist, die sich aus einem spezifischen Problem ergibt, lassen sich sinnvolle kritische Einwände formulieren. Probleme aber hat man, sie lassen sich zwar ex post in ihrer Entstehung erklären und verstehen, sie treten aber nicht erst durch einen

---

[108] Lorenzen: Prinzipien einer politischen Ethik. S.162

eigenen Begründungsschritt in die Welt. Insoweit findet eine Begründungskette mit dem Aufweis des zu ihr gehörigen Problems zunächst ihr Ende. Sicherlich können Probleme technischer oder politischer Art selbst wieder zueinander in Beziehung gebracht werden, es gibt aber a priori keinen Anlaß zu der Vermutung, daß jedes Problem nur Ausdruck eines noch tieferliegenden Problems sei.

2.5.4 Methodische Schritte beim Aufbau wissenschaftlicher Terminologien

> Logik, Definitionen und symbolische Konstruktionen sind pragmatisch zu rechtfertigen. Das bedeutet, daß wir unsere Situation in der Welt verstehen müssen ... auch wenn wir keine Wörter haben, um es zu formulieren.[109]

2.5.4.1 Die elementare Prädikation

> Von besonderem Interesse ist, wie Menschen, die eine Sprache sprechen, entscheiden, welche Objekte, Ereignisse, Eigenschaften oder Relationen sie benennen. Ist die Menge der benennbaren Entitäten durch angeborene Charakteristika des kognitiven Apparates bestimmt oder können wir Menschen die Realität beliebig stukturieren und benennen?[110]

> When do we ascribe the status of being an individual thing to a piece of the world, since even the purely physical world can be carved up into pieces in arbitrarily many ways? I do not think there is a single neat answer, and there need not be: every kind of thing can have its own kind of reason for being a thing.[111]

Die Orientierung einer argumentativen Praxis am Konsens erfordert, daß zunächst Mißverständnisse ausgeräumt werden, die auf einer undisziplinierten Verwendung der Wörter beruhen. Will man vermeiden, daß man aneinander vorbeiredet, muß man sich auf eine methodische Klärung und Ordnung im Sprachgebrauch einigen. Die konstruktive Wissenschaftstheorie hat sich dieses Problems angenommen; sie muß sich dabei - wie jedes Programm, das den schrittweisen Aufbau einer Terminologie verfolgt - dem heiklen Problem des ersten Schrit-

---

[109] Lorenzen: Lehrbuch der konstruktiven Wissenschaftstheorie. S.177
[110] Freska: Cognitive Science - Eine Standortbestimmung. S.2
[111] Hayes: The Second Naive Physics Manifesto. S.29

tes stellen: kann nicht jeder Begründungsschritt wieder auf seine Begründung befragt werden, und muß nicht jede Einführung von Wörtern schon andere Wörter benutzen?

Da es auf der Hand liegt, daß sich erste sprachliche Unterscheidungen nicht durch Definitionen einführen lassen, konzentriert man sich im Rahmen der konstruktiven Wissenschaftstheorie auf solche Situationen, in denen sprachliche Handlungen stets mit der Ausführung nicht-sprachlicher Handlungen verbunden sind, insbesondere die Ausführung einer nicht-sprachlichen Handlung den Zweck einer sprachlichen Handlung bildet. Typische Beispiele hierfür sind Situationen, in denen eine Person eine andere durch Zuruf auffordert, eine Handlung nachzumachen. Werfe ich z.B. einem Kind einen Ball zu und fordere ich es durch den Zuruf: „Wirf!" auf, den Ball zu mir zurückzuwerfen, so hat dieser Imperativ den Zweck, das Kind zur Ausführung einer bestimmten Handlung zu bewegen.

Die Einführung erster sprachlicher Unterscheidungen an die Ausführung von Handlungen zu binden, hat zwei entscheidende Vorteile: Zum einen kann derjenige, der ein Wort einführen möchte, den „Gegenstand", auf den sich dieses Wort bezieht, selbst verfügbar machen (durch das Vormachen der Handlung), zum anderen läßt sich am Nachmachen der Handlung kontrollieren, ob die intendierte Unterscheidung verstanden worden ist. Solchen elementaren Lehr- und Lernsituationen begegnen wir in unserem Alltag ständig: bei der Kindererziehung ebenso wie bei der Einweisung in die Bedienung komplizierter Geräte und Maschinen oder bei der Erlernung einer Fremdsprache. In Anlehnung an den Sprachwissenschaftler K.Bühler nennt Lorenzen diese Form des Spracherwerbs „*empraktisches Lernen*".[112] Erwähnt werden muß noch, daß die Einführung eines Wortes nicht nur des positiven Beispiels bedarf, sondern auch des Gegenbeispiels. Nur im Zu- und Absprechen eines Wortes lernt man, welche Unterscheidung mit dem Wort angestrebt wird. Die explizite sprachliche Erschließung einer Lebenswelt beginnt also mit Handlungen, die ein Wort, genannt „*Prädikator*", einem Gegenstand zu- oder absprechen. Derartige Handlungen bezeichnen wir als Prädikationen und sprechen vom Prädizieren, wenn Prädikationen vorgenommen werden.

---

[112] Vgl. Lorenzen: Lehrbuch der konstruktiven Wissenschaftstheorie. S.20

Den Gebrauch von *Tatprädikatoren* lernen wir an Aufforderungen zur Ausführung oder Unterlassung von Handlungen. *Dingprädikatoren* bilden die Objekte von Tatprädikatoren.[113] Im Zuge des Prädizierens werden Gegenstände, die unter bestimmten Interessen oder Zwecken als gleichartig angesehen werden, unter einer gemeinsamen Benennung — dem Prädikator — zusammengefaßt.

Wenn wir nun an dieser Stelle unseren Blick kurz auf das Vorgehen beim Aufbau einer Datenbank richten, dann sieht es so aus, als gäbe es dort einen ähnlichen Vorgang, nämlich die Bildung von sog. „Objekttypen": „Alle gleichartigen Objekte der Miniwelt können unter einem gemeinsamen Oberbegriff, dem Objekttyp (OT), zusammengefaßt werden."[114] Dabei wird aber meist nicht hinreichend scharf — oft auch überhaupt nicht — zwischen der begrifflichen Ordnung der Phänomene einer „Miniwelt" (mit Hilfe von Prädikatoren) und der begrifflichen Ordnung einer datentechnischen Beschreibung dieser Miniwelt (mit Hilfe von „Objekttypen") unterschieden. Die begrifflich konstituierte „Miniwelt" fällt vom Himmel oder wird jedenfalls im Sinne des erkenntnistheoretischen Realismus als sprachunabhängig gegeben unterstellt. Eine explizite Verknüpfung von „Objekttypen" und (umgangs)-sprachlich bereits geordneter „Miniwelt" erscheint dann selbstverständlich nicht mehr als notwendig. Da aber, wie gesagt, die sprachliche Ordnung der Dinge nicht durch diese selbst generiert wird, sondern bestimmten Interessen gemäß erzeugt wird, muß der Konstrukteur von Objekttypen auch den Interessensbezügen seine Aufmerksamkeit schenken, um spätere Anwendungsprobleme zu vermeiden.

Ein gemeinsames Verständnis von Prädikatoren kann also dadurch gesichert bzw. kontrolliert werden, daß wir im Zweifelsfall zu dem zurückkehren, was wir in den jeweils zugeordneten Praxiszusammenhängen an nicht-sprachlichen Handlungen ausführen. Im Prinzip bedarf es hierbei keiner Beschreibung, welche bereits von anderen sprachlichen Handlungen Gebrauch macht. Zur Vergegenwärtigung von Lernsituationen können derartige Beschreibungen dennoch nützlich sein. Da diese durch den Eintritt in die beschriebene Situation

---

[113] Lorenzen, ebd. S.26-29

[114] Vgl. Kudlich: Datenbank-Design. S.17

überflüssig gemacht werden können, ist klar, daß man hier nicht in einen Zirkel gerät. Beschreibungen, die solche Einführungssituationen zum Gegenstand haben, werden „*epipraktisch*“ genannt.[115]

Natürlich liefert die bloße Benennung eines Dings oder einer Handlung nur eine recht grobe Ordnung unserer Welt. Feinere Unterscheidungen werden durch zusätzliche, an die Ding- oder Handlungsprädikatoren angefügte Prädikatoren, die sog. „*Apprädikatoren*“ erreicht. So können wir davon sprechen, daß ein Schrei laut oder leise sei, ein Rad langsam oder schnell rolle, ein Haus ein- oder mehrgeschossig sei. Mit den Apprädikatoren korrespondieren im Bereich des Datenbankentwurfs die „Attribute“ eines Objekttyps.

Um nach Einführung der Prädikatoren von den Einführungssituationen unabhängig zu werden, benötigt man *Eigennamen* oder *Kennzeichnungen*, die gewissermaßen an die Stelle des Vormachens bzw. der hinweisenden Geste treten und so die Gegenstände der Prädikation sprachlich repräsentieren. Mit ihrer Hilfe lassen sich jetzt Sätze bilden, z.B.

Peter π (bringen) (schnell) (Eimer mit) (Wasser) (in) ι(Haus)

In diesem Satz ist „Peter“ ein Eigenname, „ι(Haus)“ eine Kennzeichnung (mit „ι“ als Kennzeichnungsoperator), „bringen“ ein Handlungsprädikator[116] mit dem zugehörigen Handlungsapprädikator „schnell“, „Eimer mit“ ein mit Kasusmorphem versehener Dingprädikator, „Wasser“ ebenfalls ein Dingprädikator und „in“ eine lokale Kopula.[117] In der deutschen Umgangssprache lautet dieser Satz: „Peter bringt schnell einen Eimer mit Wasser ins Haus“.

Ein solcher Satz ist zwar sprachlich komplex, jedoch logisch elementar, da zu seiner Bildung keinerlei logische Partikel verwendet werden müssen. Anders als im logischen Atomismus versucht man in der konstruktiven Wissenschaftstheorie nicht, Sätze mit mehreren Prädikatoren und Apprädikatoren auf Sätze zu reduzieren, in denen jeweils

---

[115] Lorenzen: Lehrbuch der Konstruktiven Wissenschaftstheorie. S.20

[116] Es handelt sich in diesem Falle nicht um einen einstelligen, sondern um einen mehrstelligen Prädikator

[117] Werden Handlungsprädikatoren zugesprochen, so verwendet man die Tatkopula „π“, bei Dingprädikatoren die Seinskopula „ε“, das Absprechen wird durch „π'“ bzw. „ε'“ notiert

nur ein Prädikator vorkommt und die dafür mit logischen Partikeln verknüpft sind. Lorenzen weist mit Recht darauf hin, daß selbst dort, wo dies scheinbar möglich ist (z.B. bei dem Satz „Fido ε (Hund) (braun)" = „Fido ε Hund" $\wedge$ „Fido ε braun"), durch die Umformung der sprachlich wesentliche Unterschied zwischen Prädikator und Apprädikator verwischt werde: Allein mit logischen Mitteln läßt sich nämlich die Funktion der Apprädikatoren nicht oder nur mit großem technischen Aufwand einholen.[118] Wenn also gelegentlich die Form einer Elementaraussage durch e_1 , ... , $e_n\,\varepsilon$ p notiert wird, so ist „p" als schematischer Buchstabe zu interpretieren, der u.U. einen Komplex von Prädikatoren und Apprädikatoren repräsentiert, welcher durch die Kopula „ε" den Eigennamen e_i zugesprochen wird. Der mit solchen Sätzen verbundene Geltungsanspruch auf „Wahrheit" wird letztlich unter Berufung auf eine gemeinsame, in realen oder fiktiven Einführungssituationen geregelte Wortverwendung zu verteidigen sein. Lorenzen schreibt hierzu prägnant: „Ist der Gebrauch eines Prädikators in einer bestimmten Situation richtig, so ist die Aussage wahr, ist er unrichtig, so ist die Aussage falsch. Diese Einführung von ‚wahr' oder ‚falsch' erfordert also, daß man in solchen Streitfällen den faktischen Gebrauch der Prädikatoren, mit denen die umstrittenen Aussagen gebildet sind, expliziert - und zwar durch die Angabe der Regeln, denen die Sprecher bisher in ihrem Gebrauch de facto gefolgt sind und denen sie weiterhin folgen wollen."[119]

Mit unserer kleinen Skizze haben wir ein ausgefeiltes System sprachlicher Unterscheidungsmöglichkeiten nachgezeichnet, das von Paul Lorenzen als Rahmen für eine „*Orthosprache*" angesehen wird.[120] Dieser Name verführt leicht zu der Meinung, als würde mit dem System der Anspruch erhoben, eine universell gültige, d.h. für alle Sprachen einschlägige „*rationale Grammatik*" entworfen zu haben. Aber dies wäre ein Mißverständnis. Sicher sind die vorgeschlagenen Einteilungen in verschiedene Arten von Prädikatoren, Apprädikatoren, Kopulae etc. naheliegend in dem Sinne, daß man sich kaum eine Kultur vorstellen kann, in der Situationen, die Anlaß zu diesen Unterscheidungen geben, keine Rolle spielen würden. Aber es wäre dogma-

---

[118] Lorenzen: Lehrbuch der Konstruktiven Wissenschaftstheorie. S.51

[119] Ebd. S.41f.

[120] Ebd. S.22

tisch und würde dem Grundanliegen des Konstruktivismus widersprechen, wollte man die vorgestellten plausiblen Anfänge „kulturaprioristisch" umdeuten und behaupten, jeder Sprachaufbau müsse wegen einer festen Menge menschlicher Grundsituationen genau auf die vorgeschlagenen Unterscheidungen hinführen. Anliegen der konstruktiven Wissenschaftstheorie ist es, zu zeigen, wie man aus einem praktischen Lebens- und Handlungszusammenhang — dessen materiale Ausgestaltung zunächst gar nicht interessiert — zu ersten sprachlichen Unterscheidungen kommen kann; an den vorgestellten Situationen soll das Verfahren lediglich musterhaft demonstriert werden.

2.5.4.2 Prädikatorenregeln und Definitionen

Prädikatorenregeln und Definitionen können praktische Unbestimmtheiten beim Gebrauch von ein- und mehrstelligen Prädikatoren — und daraus resultierende Mißverständnisse — verringern. Mit *Prädikatorenregeln* der Form

$$x \; \varepsilon \; p \Rightarrow x \; \varepsilon \; q \text{ bzw.}$$

$$x \; \varepsilon \; p \Rightarrow x \; \varepsilon' \; q$$

wird die Zulässigkeit eines Übergangs von einer Aussage „x ist p" zu einer Aussage „x ist q" — bzw. von „x ist p" zu „x ist nicht q" — geregelt. Der Aufstellung und Annahme derartiger semantischer Normierungen für den Gebrauch von mehreren bis dahin bloß exemplarisch bestimmten Prädikatoren geht Lebenserfahrung im üblichen Sinne des Wortes voraus.

Mit Hilfe von Prädikatorenregeln - synonym hierzu sind die Benennungen „*semantische Normierung*" und „*material-analytische Normierung*" - kommen wir zu *Termini*, d.h. zu Prädikatoren, die nicht nur exemplarisch bestimmt sind.[121] Prädikatorenregeln definieren die Zulässigkeit bzw. Nicht-Zulässigkeit von Generalisierungen wie zum Beispiel von „x ist ein Pferd" zu „x ist ein Säugetier". Damit solche Generalisierungen nicht in Widerspruch zu anderen Konventionen stehen, dürfen innerhalb eines terminologischen Systems einem Begriff auf der generelleren Sprachebene nur solche Apprädikatoren (Eigen-

[121] Vgl. Lorenzen: Lehrbuch der konstruktiven Wissenschaftstheorie. S.182

schaften) beigeordnet werden, die auch für alle ihm zugeordneten spezielleren Begriffe gelten. Ein Pferd muß zum Beispiel all die Eigenschaften besitzen, die apprädikativ erfaßt dem generelleren Begriff „Tier" zukommen. Eine Prädikatorenregel der Form

$$x \, \varepsilon \, p \Rightarrow x \, \varepsilon \, q$$

ist demnach nur dann zulässig, wenn gilt: Jeder Apprädikator der sich q beiordnen läßt, kann gleichermaßen auch p beigeordnet werden. Damit eine durch ein System von Prädikatorenregeln gegebene Terminologie T konsistent ist, müssen also die exemplarischen und die terminologischen Bestimmungen eines jeden Prädikators von T miteinander verträglich sein. Terminologische Festlegungen erlauben es, daß bei der Begründung von Elementarsätzen nicht mehr ausschließlich auf exemplarische Bestimmungen zurückgegriffen werden muß.

Um die Tragweite von Prädikatorenregeln etwas näher zu beleuchten, wollen wir sie in Beziehung setzen zu den bekannten Grundsätzen zum Aufbau einer Terminologie, die das Deutsche Institut für Normung in seinen DIN-Normen 2330 niedergelegt hat: Prädikatorenregeln entsprechen in DIN 2330 den „unvollständigen Inhaltsdefinitionen", bei denen im Unterschied zu den „vollständigen Inhaltsdefinitionen" mindestens ein „einschränkendes Merkmal" weggelassen wurde, und die man daran erkennt, daß die beiden Seiten der „Definitionsgleichung" nicht vertauschbar sind. Ein Beispiel für eine „unvollständige Inhaltsdefinition" ist die Prädikatorenregel: „Jeder Gegenstand, der eine Schraube ist, ist auch ein Verbindungselement."[122] Da nicht jedes Verbindungselement auch eine Schraube ist, sind die beiden Seiten dieser „Definitionsgleichung" nicht vertauschbar.

Unter der Voraussetzung, daß der Gebrauch der logischen Partikel bereits eingeführt wurde, können Prädikatorenregeln

$$x \, \varepsilon \, p \Rightarrow x \, \varepsilon \, q \text{ und } x \, \varepsilon \, p \Rightarrow x \, \varepsilon \, r$$

mit gleichem Vordersatz $x \, \varepsilon \, p$ zu

$$x \, \varepsilon \, p \Rightarrow x \, \varepsilon \, r \wedge x \, \varepsilon \, q$$

zusammengefaßt werden.

---

[122] DIN 2330. Begriffe und Benennungen. Allgemeine Grundsätze. S.8

Analoges gilt für Prädikatorenregeln

$$x\ \varepsilon\ p \Rightarrow x\ \varepsilon\ q \text{ und } x\ \varepsilon\ r \Rightarrow x\ \varepsilon\ q$$

mit gleichem Nachsatz $x\ \varepsilon\ q$, die zu

$$x\ \varepsilon\ p \wedge x\ \varepsilon\ r \Rightarrow x\ \varepsilon\ q$$

zusammengefaßt werden können.

Während Prädikatorenregeln die Zulässigkeit des Übergangs von einer Elementaraussage zu einer anderen regeln, führt eine *explizite Definition* dagegen einen neuen Prädikator ein. Sie hat die Form

$$e_1\ , \ldots , e_n\ \varepsilon\ p \leftrightharpoons A(e_1\ , \ldots ,e_n),$$

wobei $A(e_1, \ldots ,e_n)$ eine aus Elementaraussagen und logischen Partikeln zusammengesetzte Aussage ist und p der neu eingeführte Prädikator. Eine explizite Definition ist eine Norm, die die *Austauschbarkeit* von Aussagen mit einem neuen Prädikator p durch eine logisch komplexe Aussage garantiert, die p nicht enthält. In DIN 2330 werden derartige Definitionen, bei denen eine Angabe von „Merkmalen" den Inhalt eines Begriffs kennzeichnet, als „Inhaltsdefinitionen" benannt, deren Konstruktion darin besteht, „den bekannten Oberbegriff und die einschränkenden Merkmale anzugeben, die den zu definierenden Begriff kennzeichnen und ihn von den anderen Begriffen derselben Reihe unterscheiden."[123] Als zweite Art von Definition führt DIN 2330 die „Umfangsdefinition" an, bei der „alle unter einen Begriff fallenden Gegenstände angegeben werden"; anders ausgedrückt meint dies: Die „gedankliche Zusammenfassung von individuellen Gegenständen zu gedachten, allgemeinen Gegenständen, führt zu Denkeinheiten, die als ‚Begriffe' bezeichnet werden können."[124] Damit dieses Vorgehen nicht zirkulär wird, muß man voraussetzen, daß sich Gegenstände und Eigenschaften strikt trennen lassen: Gegenstände dürfen keine Eigenschaften sein und vice versa - eine Voraussetzung, die gleichbedeutend ist mit der Annahme, daß den Gegenständen „an sich" eine je feste Menge von Eigenschaften zukommt und die Bildung des Durchschnitts derartiger Mengen die für den Begriff relevanten Merkmale liefert. Damit wird aber, sicher unbeabsichtigt, die Position eines extremen Realismus eingenommen, dessen Problematik wir weiter oben schon

---

[123] DIN 2330: Begriffe und Benennungen. Allgemeine Grundsätze. S.8

[124] Ebd. S.2

kritisch erörtert haben.[125] Nach dem von uns skizzierten Vorschlag lassen sich derartige Ausflüge in metaphysische Gefilde vermeiden.

Mit Prädikatorenregeln und expliziten Definitionen können wir den Gebrauch von Prädikatoren explizit vereinbaren und so zu den ersten *Termini einer wissenschaftlichen Terminologie* gelangen. Wer allerdings meint, eine empirische Wissenschaft lasse sich nur auf dem Boden expliziter Definitionen exakt fundieren, gibt sich trügerischen Hoffnungen hin. Definitionen können keine Präzision liefern, die über jene hinausreicht, welche schon im Vokabular des Definiens steckt. Und diese wiederum läßt sich nur in soweit sichern, als auf elementare Einführungssituationen zurückgegangen werden kann. Insofern kann terminologische Normierung nur auf Regeln bzw. Normen eines Sprachgebrauchs hinweisen, ihn jedoch nicht durch Definitionen vollständig explizit machen. Daß z.B. eine Reihenfolge eine „sequentielle oder eine zyklische Anordnung von Objekten“[126] ist, kann letztlich nicht zirkelfrei definiert, sondern nur in Form von „Sprachspielen“ praktisch (z.B. beim Zählen von Objekten) gezeigt werden.

Im weitesten Sinne ist eine *Definition* jede Art der Feststellung oder Festsetzung einer Zeichenverwendung. Insofern ist die Definitionslehre nicht nur ein unverzichtbarer Bestandteil der Wissenschaftstheorie, sondern auch einer lebenspraktischen Argumentationstheorie, die letztlich auf die griechische Logiktradition zurückgeht und uns dort bereits in Platons Dialogen und der „Topik“ des Aristoteles begegnet.

Festzuhalten ist, daß die Bedeutung von Wörtern — einschließlich der nichtlogischen Konstanten einer formal-logisch beschriebenen wissenschaftlichen Theorie — mit Hilfe des „praktischen Teils“ einer Sprache (den direkt mit nicht-sprachlichem Handeln verbundenen Wörtern) und terminologischen Regeln abgesichert und insofern bestimmt werden kann. Es ist eine formalistisch verkürzte Sichtweise, wenn z.B. P.Hayes betont, daß die Bedeutung der Zeichen einer formalen Sprache nur über „Axiome“ und eine hierdurch definierte Menge mög-

---

[125] Vgl. hierzu auch Kötter/Luft: Sprachpragmatische Aspekte der Terminologie- und Wissensgewinnung

[126] DIN 44300, Teil 1, Informationsverarbeitung. Begriffe. Allgemeine Begriffe

licher Modelle bzw. „Welten" bestimmt werden kann.[127] Das von P.Hayes erkannte Problem, daß bei einer modelltheoretischen Sichtweise durch die Hinzunahme von „Axiomen" (bzw. Frames, Scripts, Demons oder MOPS) nicht ausgeschlossen werden kann, daß eine Theorie im Zuge einer Herbrand-Interpretation über weiter nichts Aussagen macht als über die zu ihrer Darstellung benutzten Symbole, stellt sich im Zuge des konstruktiven Aufbaus der Wissenschaften erst gar nicht: Hier ist Syntax immer mit Semantik *und* Pragmatik verbunden.

2.5.4.3 Abstraktion und Ideation

Definitionen und Prädikatorenregeln sind für den Aufbau einer wissenschaftlichen Terminologie unerläßlich, die Frage ist nur, ob sich mit ihrer Hilfe tatsächlich alle für eine Wissenschaft grundlegenden Termini einführen lassen. Bei der Darstellung des logischen Empirismus haben wir schon gesehen, daß sich der Gedanke, theoretische Begriffe mittels expliziter Definitionen auf Wörter der elementaren Beobachtungssprache zurückzuführen, nicht durchhalten läßt. Dieses Problem stellt sich in analoger Weise auch bei einem pragmatisch orientierten Aufbau einer Wissenschaftssprache. Durch das hier vorgestellte Verfahren der expliziten Definition kann man die Sprachebene der elementaren Prädikation nicht verlassen. Schon einfache abstrakte Ausdrücke wie „das Insekt", „die Zahl 4", „das (Wort-)Symbol ‚while'" oder „die Menge der natürlichen Zahlen" lassen sich nicht durch Definitionen aus elementar eingeführten Prädikatoren gewinnen. Solche *Abstrakta* begegnen uns zunächst dort, wo in Elementaraussagen anstelle des Eigennamens ein Allgemeinbegriff gesetzt wird, z.B. in: „Die Zahl 4 ist gerade" oder „Die Kuh ist ein Paarhufer". Die in solchen Aussagen zum Ausdruck gebrachten Behauptungen lassen sich nicht exemplarisch einlösen, d.h. man würde ihren Sinn verfehlen, wollte man sie an einzelnen Individuen demonstrieren. Traditionell gesprochen geht es in diesen Aussagen um das, was bleibt, wenn man von den individuellen Besonderheiten der Gegenstände absieht. Diese Redeweise ist allerdings etwas unglücklich, denn ein solches „Absehen" wäre nur dann ein sinnvolles Unterfangen, wenn man einen

---

[127] Vgl. Hayes: The Second Naive Physics Manifesto. S.12

vollständigen Überblick über die je einem Gegenstand zukommenden Eigenschaften hätte. Nur in diesem Falle ließe sich konkret aufzählen, was weggelassen wird. Wie wir gesehen haben, ist eine solche vollständige Erfassung der Merkmale eines Gegenstands nicht möglich, ja angesichts der pragmatischen Gebundenheit aller Unterscheidungen an praktische Kontexte ist nicht einmal eine möglichst „vollständige“ Erfassung der Merkmale sinnvoll anzustreben.

In der konstruktiven Wissenschaftstheorie hat man deshalb auch einen anderen Weg eingeschlagen, um zu Abstrakta zu gelangen: Man geht nicht über das *Weglassen*, sondern über das *positive Hervorheben* von Merkmalen, d.h. man schlägt vor, über Dinge in abstrakter Weise dann zu reden, wenn man sie hinsichtlich bestimmter Merkmale sprachlich als gleichartig behandelt. Dazu muß man zunächst eine Äquivalenzrelation für Prädikatoren oder Aussagen festlegen und sich anschließend auf solche Redeweisen beschränken, die invariant bezüglich dieser Äquivalenzrelation sind. An zwei Beispielen wollen wir erläutern, was damit genauer gemeint ist.

Zunächst sei die Rede vom *„Begriff“* rekonstruiert. Wie wir gesehen haben, wird ein Prädikator exemplarisch eingeführt und durch Prädikatorenregeln in das bereits zur Verfügung stehende Vokabular eingegliedert. Angenommen, wir haben einen Prädikator p und ein zugehöriges System von Prädikatorenregeln R. Wenn wir nun p durch einen neuen Prädikator q ersetzen, das Prädikatorenregelsystem aber beibehalten, so sagen wir, daß q synonym zu p sei. Wie man sich leicht überzeugen kann, ist Synonymität eine reflexive, symmetrische und transitive Relation, damit also eine Äquivalenzrelation. Von Prädikatoren, die in dieser Relation zueinander stehen und damit inhaltsgleich (oder intensional gleich) sind, sagen wir, sie stellen den gleichen „Begriff“ dar. So gesehen bezieht sich die begriffliche Rede nicht auf eine neue Sorte von — abstrakten — Gegenständen, mit ihr wird lediglich zum Ausdruck gebracht, daß über konkrete Dinge in eingeschränkter Weise geredet wird. In der Notation der formalen Logik können wir diesen Gedanken so ausdrücken:

$$\bigwedge_x [p \sim x \rightarrow (A(p) \leftrightarrow A(x))]$$

(umgangssprachlich: Für alle zu p äquivalente Prädikatoren x gilt, daß in Aussagen A(p) der Prädikator p stets durch einen synonymen ersetzt werden kann und umgekehrt, ohne daß sich der Wahrheitswert der Aussage ändert.)

Natürliche Sprachen verfügen meist nicht über besondere Mittel, um eine abstrakte Redeweise anzuzeigen. Gelegentlich können wir im Deutschen die abstrakte Rede durch hinweisende Wörter (sog. *Abstraktoren* wie „Zahl“, „Symbol“, „Begriff“ oder „Sachverhalt“) deutlich machen, ihre Verwendung wird in der Umgangssprache allerdings nicht in jedem Falle toleriert. Zum Beispiel lassen wir es zu, anstelle von „die 4 ist gerade“ zu sagen „die Zahl ‚4‘ ist gerade“, um den abstrakten Sinn auszudrücken; wollten wir den abstrakten Sinn der Aussage „Die Kuh ist ein Paarhufer“ unmißverständlich ausdrükken, dann müßten wir sagen „Die unter den Begriff ‚Kuh‘ fallenden Tiere sind Paarhufer“ - und diese Ausdrucksweise würde man als gekünstelt ablehnen. Nebenbei bemerkt wurde durch solche Sprachgebräuche die Diskussion um eine leistungsfähige Abstraktionstheorie in der Vergangenheit erheblich belastet.

Als zweites Beispiel sei noch die Rede über „*Zahlen*“ kurz erläutert. Wenn wir sagen „die Zahl ‚4‘ ist gerade“, dann behaupten wir eine arithmetische Aussage, die insoweit abstrakt gemeint ist, als es auf die Repräsentation der Zahl durch eine bestimmte Ziffer nicht ankommt: Die Ziffern „4“ und „IV“ stellen in arithmetischen Aussagen die gleiche Zahl dar. Ähnlich wie im Falle des Begriffs deutet der Ausdruck „Zahl“ also eine invariante Redeweise an, der eine entsprechend konstruierte Äquivalenzrelation zugrundeliegen muß. Die Frage ist also, hinsichtlich welcher Merkmale „Ziffern“ gleich sein sollen. Zur Beantwortung dieser Frage besinnen wir uns darauf, daß jedes Zählzeichensystem auf Regeln zur Ausführung von Zählhandlungen beruht: Wir haben eine Anfangsregel, schematisiert durch:

$$\Rightarrow |$$

und eine Fortsetzungsregel

$$m \Rightarrow m\,|\,.$$

Als Ergebnis solcher Konstruktionen erhalten wir Strichlisten, denen wir dann bestimmte Zeichen, die Ziffern, zuordnen können. Zur Festlegung der Äquivalenzrelation beziehen wir uns nun auf dieses Konstruktionsschema und sagen: zwei Ziffern sind äquivalent, wenn sie konstruktionsgleiche Strichlisten bezeichnen.

Wichtig ist, daß jeder Abstraktion ein ganz bestimmter Zweck zugrunde liegt, der durch den entsprechenden Abstraktor angezeigt wird:

- Will man über Prädikatoren invariant bezüglich ihrer Synonymität sprechen, so redet man über *Begriffe*,
- will man über Ziffern invariant bezüglich ihrer Konstruktionsgleichheit arithmetische Aussagen machen, so redet man über *Zahlen*,
- will man über Aussagen invariant bezüglich bedeutungserhaltender Umformungen sprechen, so redet man über *Sachverhalte*,
- will man über Zeichen Aussagen machen, die invariant bezüglich ihrer materiellen Ausprägung sind, so redet man über *Symbole*,
- will man über arithmetische Terme invariant bezüglich werterhaltender Transformationen sprechen, so redet man über *Funktionen*,
- will man über Aussageformen invariant bezüglich logischer Gleichheit sprechen, so redet man über *Mengen*[128]
- will man über Kommunikationshandlungen (wie z.B. Behauptungen, Aufforderungen, Fragen) sprecher-, hörer- und darstellungsinvariant sprechen, so redet man über *Daten.*[129]

Diese Beispiele mögen zur Verdeutlichung genügen.

Da die konstruktive Abstraktionstheorie kein formales Verfahren zur Kennzeichnung der Abstraktionsstufe eines Terminus kennt, können Inkonsistenzen konstruiert werden, wenn das Abstraktionsschema mit Termini verschiedener Abstraktionsstufen belegt wird.[130] Chr.Thiel hat allerdings zurecht darauf verwiesen, daß damit kein wirkliches Problem verbunden ist.[131] Die Pointe des konstruktiven Ansatzes liegt ja gerade darin, auf eine formale Ontologie zu verzichten, in deren Rahmen, ausgehend vom schlechthin Konkreten, Schichten des Abstrakten aufgebaut werden. Das Abstraktionsschema darf deshalb nur im Zusammenhang mit einer inhaltlich bestimmten Redeweise ver-

---

[128] Einzelheiten zum Mengen- und Funktionsbegriff finden sich bei Lorenzen: Differential und Integral und ders.: Lehrbuch der konstruktiven Wissenschaftstheorie. S.148ff.

[129] Auf die für uns sehr wichtige Unterscheidung zwischen „Daten" und „Informationen" werden wir im Abschnitt 3.7.2 noch ausführlich zu sprechen kommen

[130] Vgl. Siegwart: Zur Inkonsistenz der konstruktivistischen Abstraktionstheorie

[131] Vgl. Thiel: Geo Sigwarts Szenario

wendet werden, durch welche festgelegt wird, was als „konkretes" Fundament zur Bildung von Abstraktionen dienen kann. Die Invarianzbedingungen, über die Abstraktionsschritte vollzogen werden, sind dabei immer theoriespezifisch zu begründen.Dadurch ist eine Verwechslung der Sprachebenen, welche zu Inkonsistenzen führen könnte, im Prinzip ausgeschlossen.

Mittels Prädikatorenregeln, Definitionen und Abstraktionen sind nicht alle Termini rekonstruierbar, die in der Mathematik und den Naturwissenschaften eine Rolle spielen[132]; dies soll uns noch ein kurzer Blick auf die (synthetische) Geometrie zeigen. Zunächst können wir feststellen, daß sich auch die Geometrie abstrakter Redeweisen über räumliche Figuren bedient. So nennt man z.B. zwei Dreiecke ähnlich, wenn sie konstruktionsgleich sind (wobei also von ihrer Größe abgesehen wird) - sie stellen dann die gleiche *geometrische Form* dar. Der Relation „konstruktionsgleich" sind wir schon beim Aufbau der Arithmetik begegnet, allerdings waren dort die konstruierten Gegenstände (die Zählzeichen) unproblematisch in dem Sinne, als ihre Herstellung und ihr Gebrauch empragmatisch eingeübt werden kann. Die Gegenstände der Geometrie, aus denen z.B. Dreiecke konstruiert werden, also Punkte und Geraden, können dagegen nicht empraktisch eingeführt werden, sie stellen vielmehr selbst schon ideale Gebilde dar. Pointiert kann man sagen, daß in der Geometrie *abstrakt über ideale Gebilde gesprochen* wird. Die Frage ist jetzt, wie man das „Ideale" an den Elementarformen der Geometrie rekonstruieren kann.

In der konstruktiven Wissenschaftstheorie löst man dieses Problem, indem man nicht mit den geometrischen Konstruktionen selbst beginnt, sondern mit Konstruktionen, die ihren Sitz in einer lebensweltlichen Praxis der Bearbeitung von Körpern und ihren Oberflächen haben. Durch eine solche Praxis wird man mit Vorschriften vertraut gemacht, deren Befolgung es erlauben, an realen Körpern bestimmte Eigenschaften herzustellen. Man lernt so z.B. ein Brett „glatt" zu hobeln, zwei Körper zu feilen und zu schmirgeln, bis sie „aufeinander passen" oder durch Schleifen eine „scharfe Kante" an einem Körper zu erzeugen. Diese Tätigkeiten und ihre Zwecke lassen sich empraktisch ein-

---

[132] Auf die terminologischen Besonderheiten der Sozialwissenschaften können wir hier leider nicht eingehen

üben, auch wenn sie natürlich etwas komplizierter sind als die Herstellung von Strichlisten.

Entscheidend ist nun, daß wir im Rahmen dieser handwerklichen Praxis eine neue Redeweise erlernen, nämlich eine *fingierte Rede*. Wenn man z.B. jemanden auffordert, ein Brett „ganz glatt“ zu hobeln, dann meint man damit nicht, er solle eine bestimmte Zahl von Hobelzügen ausführen, vielmehr soll er solange hobeln, bis eine Fortführung dieses Verfahrens keine Verbesserung mehr bringen würde. Damit verweist diese Rede auf einen idealen Zustand der Oberfläche, in welchem diese keine Unebenheiten mehr aufweist und der durch technische Verfahren so gut wie möglich realisiert werden soll. Allgemein läßt sich feststellen, daß in jeder handwerklichen Herstellungsnorm und in jedem technischen Konstruktionsplan von derart fingierten Gegenständen und Eigenschaften die Rede ist, man also in diesen Zusammenhängen von - unvermeidlichen - Realisierungsmängeln absieht. Da mit dieser Rede nicht nur auf Regeln Bezug genommen wird, die sprachliche und nichtsprachliche Zeichen betreffen, sondern auf Regeln zur Herstellung von Gegenständen mit bestimmten Eigenschaften, wäre es unglücklich, wollte man auch in diesem Zusammenhang von Abstraktion reden. In der konstruktiven Wissenschaftstheorie spricht man hier deshalb von *Ideation*: Eine ideative Rede ist eine fingierte Rede, durch die unterstellt wird, daß Gegenstände die in Herstellungsnormen beschriebenen Eigenschaften in *vollkommener Weise* besitzen.

Durch eine ideative Rede über die Oberflächeneigenschaften von Körpern erhält man Aussagen über sog. protogeometrische Formen. Mit Hilfe dieses Vokabulars kann man dann die Elementarformen der Geometrie „Punkt“, „Gerade“ sowie die geometrischen Grundrelationen „liegt auf“, „ist senkrecht zu“ und „liegt zwischen“ durch Definitionen gewinnen. Jede geometrische Figur läßt sich dann aus zwei Anfangspunkten und Grundkonstruktionen (Verbindungsgerade, Lot und Winkelhalbierende) herstellen. Ein Formprinzip legt schließlich fest, daß die Sätze der Geometrie nur über solche Eigenschaften der konstruierten Figuren handeln, die *größeninvariant* sind. Dies ist dann das oben schon angedeutete *Abstraktionsprinzip der Geometrie*.

Der Aufbau der Geometrie muß hier lediglich angedeutet bleiben, er ist von P.Lorenzen und R.Inhetveen bis in alle Einzelheiten durchgeführt worden.[133] Wir möchten an dieser Stelle aber noch einmal darauf hinweisen, daß das Verfahren der Ideation nicht auf die Einführung geometrischer Termini beschränkt ist. Es gehört unverzichtbar zu den Meßtheorien, durch die quantitative Begriffe (z.B. Länge, Dauer) eingeführt werden und spielt darüberhinaus überall dort eine Rolle, wo nicht über natürlich vorfindliche Eigenschaften geredet wird, sondern über technisch herzustellende.[134] Damit ist das Ideationsverfahren gerade für die Natur- und Technikwissenschaften von überragender Bedeutung.

Diese kurze Skizze des konstruktiven Ansatzes sollte zeigen, daß die Anstrengungen zu einer methodischen Fundierung der Wissenschaften durchaus Erfolg haben können. Sie soll aber auch deutlich machen, daß dieses Unternehmen selbst generationenübergreifend ist, getragen und angestoßen sowohl vom Gang der Wissenschaften als auch von dem der Philosophie. So wie der Konstruktivismus zum einen die Vorstellung O.Neuraths, daß wir nie „ab ovo" mit dem Aufbau einer Wissenschaftssprache anfangen können, sondern uns dabei immer in der Situation desjenigen befinden, der sein Schiff auf hoher See umbaut, aufgenommen und pragmatisch vertieft hat, so hat er auf der anderen Seite M.Heideggers Gedanken von der pragmatischen Orientierung an der Werkwelt aufgenommen und ihm eine auf die Wissenschaften gerichtete Fortführung gegeben.

Konstruktive Bemühungen um die methodische Fundierung einer Fachwissenschaft (wie in unserem Falle der Informatik) können und sollen zu einer Kritik des etablierten Wissenschaftsbetrieb führen; auch deshalb kann dieses Unternehmen nur generationenübergreifend erfolgreich sein — insbesondere dann, wenn die Kräfte der ersten Generation nur zur Entwicklung der notwendigen Wissenschaftskritik und zur Ausarbeitung einer tragfähigeren Perspektive der Wissenschaft ausreichen.

---

[133] Vgl. Lorenzen: Elementargeometrie; Inhetveen: Konstruktive Geometrie

[134] Vgl. auch Kötter: Technische Rationalität und rationale Heuristik

2.5.5. Der „radikale Konstruktivismus“ - eine Radikalisierung der konstruktiven Wissenschaftstheorie?

In den letzten Jahren hat sich eine wissenschaftstheoretische Strömung ins Gespräch gebracht, die beansprucht, endlich „aus dem herkömmlichen Szenario der Epistemologie“[135] herauszuführen: der sog. radikale Konstruktivismus.[136] Da dieser Name vermuten lassen könnte, es handle sich um eine Weiterführung von Gedanken, die im Rahmen der konstruktiven Wissenschaftstheorie entwickelt worden sind, sei hier kurz auf diesen Ansatz eingegangen, um Mißverständnissen vorzubeugen.

In seiner kritischen Stoßrichtung wendet sich der radikale Konstruktivismus vor allem gegen den metaphysischen Realismus und die mit ihm verbundenen abbildungstheoretischen Vorstellungen. Die dabei vorgebrachten Argumente zeigen durchaus Berührungspunkte mit der konstruktiven Wissenschaftstheorie sowie mit pragmatischen Richtungen der Erkenntnistheorie: Wissen soll sich nicht durch seine strukturelle Übereinstimmung mit der Wirklichkeit auszeichnen lassen, sondern durch seine praktische Bewährung. E.v.Glasersfeld führt dazu aus:

> Ganz allgemein betrachtet, ist unser Wissen brauchbar, relevant, lebensfähig (oder wie immer wir die positive Seite der Wertungsskala nennen wollen), wenn es der Erfahrungswelt standhält und uns befähigt, Vorhersagen zu machen und gewisse Phänomene (d.h. Erscheinungen, Erlebnisse) zu bewerkstelligen oder zu verhindern. Wenn es diesen Dienst nicht erweist, wird es fragwürdig, unverläßlich, unbrauchbar und schließlich als Aberglaube entwertet.[137]

Bei der Erläuterung dessen, was man unter „Bewährung“ genau zu verstehen habe, gehen v.Glasersfeld und seine Mitstreiter allerdings nicht darauf ein, wie im Prozeß sprachlicher Verständigung Kriterien entwickelt und eingesetzt werden, an denen sich Geltungsansprüche

---

[135] v.Glasersfeld: Wissen, Sprache und Wirklichkeit. S.212

[136] Neben dem erwähnten Buch von E.v.Glasersfeld sei zur Einführung vor allem auf die beiden Aufsatzbände von S.J.Schmidt: Der Diskurs des Radikalen Konstruktivismus sowie: Kognition und Gesellschaft hingewiesen. In dem zweiten Aufsatzband findet sich auf S.24-41 eine von Peter Janich verfaßte ausführlichere Darstellung des Radikalen Konstruktivismus aus der Sicht des Erlanger Konstruktivismus

[137] v.Glasersfeld: a.a.O. S.202

bewähren müssen. Sie deuten vielmehr kommunikative Prozesse biologisch um und beschreiben sie (in starker Anlehnung an J.Piaget) in Analogie zu organischen Entwicklungsvorgängen, d.h. Geltungsansprüche werden interpretiert als Organismen, die, rückgekoppelt mit ihrer Umwelt, ums Überleben kämpfen.

Es ist natürlich eine ernstzunehmende Aufgabe, die biologische Seite unseres Erkennens aufzuklären und z.B. zu untersuchen, wie Sinneseindrücke verarbeitet werden, wie unser Gedächtnis funktioniert und wie — ganz allgemein — das Gehirn die physischen Organisationsleistungen zustande bringt, die mit dem korrespondieren, was wir „Erkenntnis" nennen. Aber zu diesen Themenstellungen wollen die radikalen Konstruktivisten unmittelbar nichts beitragen. Für sie stellen die moderne Biologie und Nachrichtentechnik Quellen einer Heuristik dar, von deren Fruchtbarkeit für die Erkenntnistheorie sie zutiefst überzeugt sind. Wie eine solche heuristische Übertragung aussieht, sei an einem Text beispielhaft gezeigt, in dem E.v.Glasersfeld sich zum Thema „Kommunikation" äußert:

> In der Kommunikation ‚überlebt' das Ergebnis einer Interpretation und wird als die Bedeutung angesehen, wenn es in der begrifflichen ‚Umwelt' Sinn ergibt, die der Interpret aus dem situativen Kontext und seiner vorausgegangenen Erfahrung ableitet. Die einschränkenden Bedingungen einer begrifflichen Umwelt sind natürlich weit weniger konkret und festgelegt als Temperatur- und Feuchtigkeitsskalen, Geschwindigkeiten, Fortpflanzungsraten usw., die zu den Faktoren gehören, welche das Überlebenspotential eines Organismus definieren. Auch wenn also die begrifflichen Bedingungen oft sehr dunkel sein mögen, sind sie es nichtsdestoweniger, die festlegen, ob ein Wort oder ein Satz sinnvoll in das Gewebe einer Interpretation eingepaßt werden kann oder nicht und ob diese Interpretation paßt oder nicht. Es muß hier besonders hervorgehoben werden, daß diese einschränkenden Bedingungen weder im Bereich der Evolution noch in dem der Interpretation die konkreten Eigenschaften der Elemente bestimmen, die in den zugemessenen Raum passen oder passen könnten. Die Bedingungen eliminieren lediglich das, was nicht hinein paßt.[138]

Nun können sich metaphorische Darstellungen, wenn sie glücklich gewählt sind, als äußerst nützlich erweisen, z.B. indem sie den Blick öffnen für bislang verborgene Aspekte, Forschungsrichtungen an-

---

[138] v.Glasersfeld: a.a.O. S.219

deuten oder einfach zur Stützung unseres Gedächtnisses beitragen. Wir meinen allerdings nicht, daß dem radikalen Konstruktivismus in dieser Hinsicht ein großer Wurf gelungen ist. Vielmehr sieht es so aus, als seien mit neuem Vokabular erkenntnistheoretische Positionen aufpoliert, die man schon im älteren amerikanischen Pragmatismus — etwa im Rahmen einer biologischen Interpretation des Nützlichkeitsbegriffs bei James — vorfinden konnte. Die dort vorgebrachten kritischen Argumente haben hier in gleicher Weise Gültigkeit.

2.6 Die Frage nach Orientierungswissen und Verantwortung

> In der Universität wird es dann offiziell: Theorie und Praxis sind geschieden, die Ethik ist verbannt, und die Moral auf ihre eigenen Füße gestellt. In jedem Fach gibt es Theoretiker und Praktiker, die einander nichts zu sagen haben. Wissenschaft ist wertfrei, braucht also keine Ethik, verträgt überhaupt keinen Maulkorb; und moralisch einwandfrei verhalten wir uns sowieso.[139]

2.6.1 Einleitung

> Vernunft als ein Programm der Reduktion von Geltungsansprüchen auf das durch Erfahrung und widerspruchsfreies Denken Ausweisbare bringt sich um die Möglichkeit einer Fundierung der Zwecke, um derentwillen Aufklärung überhaupt erst gerechtfertigt werden kann.[140]

Die Kraft der Argumente, die die Dynamik der modernen Technikwissenschaften steuert, beruht nicht auf spezifisch technischen Rationalitätskriterien: Es sind keine technischen Fragen im eigentlichen Sinn zu beantworten, wenn darüber zu entscheiden ist, welche Techniken wirtschaftlichen Erfolg versprechen, wie weit die Rationalisierung in unserer privaten und gesellschaftlichen Praxis zu treiben oder wie die Arbeitsverteilung zwischen Menschen und Maschinen zu gestalten ist. Nicht nur technikwissenschaftliche Möglichkeiten, sondern auch (traditionelle) Lebensformen sowie ein damit zusammenhängendes Orientierungswissen entscheiden über die Art der Antwort auf derartige Fragen: Da das technische Effizienzprinzip nur formal bestimmt ist,

---

[139] Siefkes: Ohne eine Theorie der Informatik keine Ethik für Informatiker, ohne eine Ethik der Informatik keine Theorie für Informatiker. S.38

[140] Frank in Rötzer (Hrsg.): Denken, das an der Zeit ist. S.122

entscheidet das Orientierungswissen des Ingenieurs über die Konkretisierungen der Constraints seiner fachlichen Bemühungen; und da diese „Nebenbedingungen“ stets auch anders und insbesondere weiter spezifiziert werden können, läßt sich zu jeder optimalen technischen Lösung stets ein als besser bewertetes Optimum spezifizieren.

Um einer totalen Verantwortungsverwässerung zu begegnen und „dem Fatalismus einer sich ausbreitenden Mentalität von unverschuldeter Verantwortungslosigkeit zu entgehen“[141], wird von Technikwissenschaftlern eine erhöhte Aufmerksamkeit und ein geschärftes Bewußtsein für Verantwortlichkeiten gefordert. Dieser Forderung kann aber nur Rechnung getragen werden, wenn neben dem technischen (Verfügungs-)Wissen auch ein ökonomisches, politisches und ethisches (Orientierungs-)Wissen gebildet wird, das Orientierungs- und Verantwortungsfragen jeweils problembezogen in *begründeter Weise* zu beantworten vermag. Hinreichend klar scheint jedoch nur zu sein, daß das wachsende Tempo technikwissenschaftlicher Innovationen nicht wie von selbst ein (sozial-)utopisches Schlaraffenland bringt, sondern auch unübersehbare (ökologische) Schäden einerseits, Risiken für den (sozialen) Frieden andererseits.

Orientierungswissen beseitigt Orientierungsdefizite, wobei J.Mittelstraß zwischen theoretischen und praktischen Orientierungsdefiziten unterscheidet.[142] *Theoretische* Orientierungsdefizite lassen sich oft relativ einfach mit Hilfe von Experten, Büchern oder neuen Medien (einschließlich Datenbanksystemen oder anderen wissenstechnischen Systemen) beheben; *praktische* Orientierungsdefizite erfordern dagegen einen praktischen Sachverstand und eine (exemplarisch geschulte) Urteilskraft. Häufig erfordert die Begründung von Orientierungswissen auch moralische Argumente, die sich unmittelbar auf unsere Handlungen, auf deren Zwecke oder auf die den Zwecksetzungen vorgelagerten Lebensformen beziehen können. Hierfür sind — in gewisser Analogie zu den oben behandelten Methodenlehren wissenschaftlichen Argumentierens — im Rahmen der Ethik Methodenlehren entwickelt worden, deren wichtigste Ergebnisse wir im Abschnitt 2.6.3

---

[141] Lenk: Können Informationssysteme moralisch verantwortlich sein? S.249

[142] Vgl. z.B. Mittelstraß: Technik und Vernunft. S.40

sehr grob zu skizzieren versuchen;[143] und mit unseren Ausführungen zur Argumentations- und Konsenstheorie des Wissens, zum pragmatischen Fundament des Wissens sowie zur konstruktiven Wissenschaftstheorie sollte klar geworden sein, daß auch die Geltungsansprüche präskriptiver Aussagen argumentativ im Diskurs untersucht und begründet werden können.

Jede dem Vernunftgedanken verpflichtete Technikwissenschaft sollte sich also auch einem wissenschaftlichen Diskurs über ihr Orientierungswissen stellen — oder schärfer formuliert: Nur um den Preis von Vernunft läßt sich die Bildung von Orientierungswissen aus einer Technikwissenschaft ausgrenzen. Nicht eine hierdurch überforderte Ethik und praktische Philosophie, sondern die Technikwissenschaften selbst sind im Rahmen problemspezifischer supradisziplinärer Bemühungen für den Aufbau und die Lehre eines Orientierungswissens zuständig, mit dem sich ihr Gang bei der Vermehrung von Verfügungswissen vernünftig gestalten und rechtfertigen — und insofern auch verantworten läßt. Wenn keine argumentativ begründeten Zwecke und Handlungsregeln mehr die gesellschaftlichen Verhältnisse bestimmen, sondern nur noch die Wirkungen einer einmal in Gang gesetzten gesellschaftlichen Praxis, so muß nach J.Mittelstraß leider von einem *Wiedereintritt in die Naturgeschichte* und von einem *ideologischen Selbstverständnis* der Gesellschaft und ihrer Individuen gesprochen werden.

---

[143] Nach weitverbreiteter Meinung liegen moralische Argumentationen jedoch außerhalb des Bereichs rationaler und intersubjektiver Wissensbildung: moralische Argumentationen gelten, das meint man bereits dem Verlauf der Menschheitsgeschichte entnehmen zu können, weder als begründbar noch als lehrbar. Daran ist zweifellos richtig, daß die Ethik allein keine hinreichend stabile Fundierung eines friedlichen Zusammenlebens liefern kann; hierzu bedarf es insbesondere auch eines funktionierenden Rechtswesens. Dieses bietet aber wiederum keine Prinzipien, nach denen man das eigene Leben gestalten und formen könnte. Schon allein deshalb bleibt die Frage nach einer tragfähigen Ethik weiterhin beantwortungsbedürftig

2.6.2 Ökonomische und politische Aspekte

> Die Diskussion hat ihren Sinn, wenn sie begriffliche Klarheit fördert, wo Verstand nötig ist, wenn sie zeigt, wo Probleme liegen, und wenn sie neben einem passenden Theorie- und Wissenschaftsbegriff auch neue und hoffnungsvolle Sichtweisen und Leitlinien erbringt. Besonders aber hat sie ihren Sinn darin, die Befürchtungen zu bannen, indem sie sie beherrschbar macht, indem sie sie zur Sprache bringt.[144]

Orientierungswissen und Verantwortung kann nur in dem Maße sinnvoll eingefordert werden, wie Entscheidungsfreiheiten gegeben sind: Wenn äußere Zwänge quasi wie in einem Gefängnis ein bestimmtes Verhalten abverlangen, so gibt es weder für ein handlungsrelevantes Orientierungswissen noch für die Wahrnehmung von Verantwortung Freiräume. Auch nach Bernd Mahr besteht eine Verantwortungsbeziehung (zwischen einem Subjekt, einem Objekt und einer Instanz, gegenüber der das urteilende und handelnde Subjekt in bezug auf das Objekt verantwortlich ist) dann nicht mehr, „wenn das urteilende und handelnde Subjekt seine Autonomie verloren hat, denn dann gibt es keine Entscheidungsmöglichkeiten mehr, die eine Begründung verlangen."[145]

Bezieht man diese Überlegung nun auf technische Berufsfelder so ist zu bedenken, daß diese im allgemeinen im Bereich von Wirtschaftsunternehmen liegen. Die Frage nach einer spezifischen, die vertraglichen Pflichten übersteigenden Verantwortlichkeit wird sich bei technischen Berufen deshalb nur dann sinnvoll stellen lassen, wenn die Entscheidungen in Wirtschaftsunternehmen nicht vollständig durch ökonomische Argumente determiniert sind: Nur wenn eine Unternehmensethik (bzw. Unternehmensmoral)[146] möglich ist, ergeben sich in Wirtschaftsunternehmen Spielräume für Orientierungswissen und Verantwortung.

Nach der die Wirtschaftswissenschaften dominierenden *Theorie der Marktwirtschaft* besitzen die Akteure in einem marktwirtschaftlichen System im Hinblick auf ihr ökonomisches Handeln kaum Freiheiten:

---

[144] Mahr: Zur Diskussion um die Verantwortung in der Informationstechnik. S.360

[145] Ebd. S.357

[146] Zur Terminologie: Mit *Ethik* meinen wir die Methodenlehre des moralischen Argumentierens, mit *Moral* den Gegenstand dieses Argumentierens, also die sich unmittelbar auf unser Handeln und unsere Haltungen beziehenden moralischen Normen

Im Idealfall der vollständigen Konkurrenz sorgt allein der Wettbewerbsdruck dafür, daß die Unternehmer jeweils das „Richtige“ tun und d.h., sie suchen unter den technisch effizienten Produktionsprozessen (unter Berücksichtigung relevanter Gesetze und Rechtsprechungen) diejenigen heraus, die ihnen bei gegebenen Marktpreisen optimalen Gewinn liefern. Ein Spielraum für Orientierungswissen und verantwortliches Handeln scheint in diesem Szenario im wesentlichen nur auf der gesamtwirtschaftlichen Ebene gegeben zu sein, d.h. die Frage nach Orientierungswissen und Verantwortung scheint sich nur noch auf der staatsbürgerlichen Ebene zu stellen. Für die „Entsorgung“ schädlicher Nebenwirkungen des marktwirtschaftlichen Systems — insbesondere im sozialen, gesundheitlichen und ökologischen Bereich — werden deshalb auch primär staatliche bzw. internationale Rahmenrichtlinien gefordert. Beschränkt auf einzelne Unternehmen scheint ein Handeln, das ökonomische Anforderungen nicht hinreichend berücksichtigt, Unternehmen in die Verlustzone zu bringen — und damit deren Überleben zu gefährden. Ein Zustand, in dem Unternehmer Handlungsspielräume hinsichtlich ihrer Gewinnziele haben — wo also ein Spielraum dafür existiert „die konfliktrelevanten Auswirkungen des Gewinnprinzips bei der Steuerung der konkreten Unternehmensaktivitäten zu begrenzen“[147] — wird im Rahmen der Theorie der Marktwirtschaft gesamtwirtschaftlich als ineffizient bezeichnet. Demnach eröffnen nach dem theoretischen Selbstverständnis der Marktwirtschaft erst Marktfehler unternehmerische Handlungsspielräume. Wenn jedoch die Unternehmensethik von Marktfehlern lebt, so scheint man vor einem Dilemma zu stehen: wer für Ethik ist, muß sich gegen Effizienz aussprechen, wer für Effizienz ist, gegen Ethik.[148]

Sieht man die Entwürfe zur Unternehmensethik[149] etwas genauer an, dann entschärft sich allerdings dieses Dilemma. In den meisten Fällen geht es hier nämlich um die Ablösung eines auf kurze Fristen und

---

[147] Steinmann/Löhr: Einleitung in dies. (Hrsg.): Unternehmensethik, S. 10

[148] Vgl. Kötter: Fundierungsprobleme einer Unternehmensethik im Rahmen der neoklassischen Gleichgewichtstheorie. Deshalb will auch Homann die Ethik vornehmlich auf der Ebene der wirtschaftlichen Rahmenregeln ansiedeln, vgl. Homann/Blome-Drees: Wirtschafts- und Unternehmensethik

[149] Vgl. Steinmann/Löhr (Hrsg.): Unternehmensethik

monetäre Größen fixierten Entscheidungskalküls durch ein diskursives Verfahren, bei dem die Interessen der durch die unternehmerische Handlung Betroffenen *vor* der Entscheidung berücksichtigt werden sollen. Begründet erscheint ein solches kooperatives Vorgehen schon allein dann, wenn sich dadurch ein sog. Kooperationsgewinn ergibt, der z.B. in der Vermeidung von sozialen Reibungsverlusten und dadurch bedingten (Krankheits-)Kosten, in der Verbesserung der Motivation und des Engagements der Beschäftigten, im besseren Image, im angenehmeren Betriebsklima oder ganz allgemein in einer wettbewerbsfähigeren Unternehmenskultur liegen kann. Aber bei einer solchen Begründung reduziert sich die „Unternehmensethik" auf eine Theorie der rationalen Bewältigung von Unternehmenskonflikten bzw. auf eine Theorie rationaler Unternehmenskultur. Begründungstheoretisch gesehen handelt es sich bei der „Unternehmensethik" also um eine Erweiterung des traditionellen Rationalitätsschemas.[150] Die Durchsetzung dieser erweiterten ökonomischen Rationalität wird auch heute noch durch kurzfristige Gewinninteressen, durch geistige Trägheit und tradierte Lebensformen erschwert oder gar verhindert. Damit stellt sich dann aber die Frage, ob viele unserer wirtschaftlichen Schwierigkeiten nicht eher Folgen eines irrationalen, als eines unmoralischen Handelns sind.

Die vom ethischen Sozialismus nahegelegte Forderung, politische Regelungen der Ökonomie prinzipiell überzuordnen, muß sich mit der These auseinandersetzen, daß das marktwirtschaftliche System die vom internationalen Kapital „ausgebeuteten" Arbeitnehmer und Volkswirtschaften immer noch besserstellen kann als eine staatlich gelenkte Wirtschaft mit ineffizienter Produktion: wenn wenig erwirtschaftet wird, so gibt es auch wenig zu verteilen. Außerdem setzt vernünftiges Handeln — insbesondere auch beim Bemühen um die Lösung politischer Probleme — hinreichend gebildete Bürger und damit erhebliche Investitionen in Bildungsinstitutionen (Schulen, Lehrer, Forschungseinrichtungen, Ausbildungsbeihilfen, ...) voraus, die zuerst einmal erwirtschaftet werden müssen. Demnach eröffnet erst eine effizient funktionierende Wirtschaft Spielräume für eine Reform des marktwirtschaftlichen Systems: Ökonomie, Politik und Ethik sind auf kompli-

---

[150] Vgl. Kötter: Moralisch wirtschaften - ein Lehrstück?

zierte Weise miteinander verschränkt. Ein Superprinzip, das diese schwierigen Zusammenhänge allgemein regeln würde, vermögen wir nicht zu erkennen.

Nach David Parnas sind Wissenschaftler dazu „moralisch verpflichtet, der Gesellschaft bei den vor uns liegenden komplexen Entscheidungen unsere Informationen anzubieten.“[151] Obwohl aufgrund der Dynamik ihres Faches (in einer sich sehr schnell verändernden Welt) nicht wenige Wissenschaftler bereits bei ihrem Bemühen um eine verantwortliche Erfüllung traditioneller wissenschaftlicher Verpflichtungen an Grenzen ihrer Leistungsfähigkeit stoßen, fordert Parnas zusätzlich:

> Die Anstrengungen der Wissenschaftler, der Öffentlichkeit Wissenschaft zu vermitteln, müssen ununterbrochen und dauerhaft sein.[152]

Parnas fordert also, die partei- und machtpolitisch geprägte Bildung der Öffentlichkeit durch ein sachkundiges Engagement der Wissenschaftler zu ergänzen. Bei der Frage nach den — das kritisch-intellektuelle Aufzeigen von Problemlagen überschreitenden — Problemlösungs-Beiträgen von Wissenschaftlern hat Parnas allerdings nur im Bereich unserer technischen Probleme auf beachtenswerte Grenzen hingewiesen:

> Viele Wissenschaftler fördern absichtlich den Eindruck, daß sie Zauberer seien. ... Förderung wird oftmals den Wissenschaftlern zuteil, die dramatische Versprechungen machen, anstatt diejenigen zu fördern, die offen die Grenzen der Technologie aufzeigen und schrittweise Verbesserungen anstreben.[153]

Doch auch und primär bei den politischen Aspekten der Probleme unserer modernen Industriegesellschaft sollten wir die Grenzen wissenschaftlicher Bemühungen beachten und uns deshalb zunächst einmal als schlichte Mitbürger um (ggf. auch nur sehr kleine, weil „nur“ persönlich vollzogene!) schrittweise Verbesserungen bemühen, anstatt „dramatischen Versprechungen“ bezüglich den Möglichkeiten einer verbesserten Bildung der politischen Öffentlichkeit zu vertrauen. Auch sollten die von Parnas als „einäugig“ bezeichneten Technikwissen-

---

[151] Parnas: Die Verantwortung der Wissenschaftler in einer sich verändernden Welt. S.24; vgl. zu diesem Thema auch die ausgezeichnete Untersuchung von Höffe: Moral als Preis der Moderne

[152] Parnas: ebd. S.23

[153] Ebd. S.22

schaftler im Hinblick auf die immer notwendiger werdende wissenschaftliche Politikberatung selbst in einem „Land der Blinden" nicht zu „Königen" hochstilisiert werden. Denn in einer Welt, in der uns die Probleme zunehmend weniger den Gefallen tun, sich disziplinär oder spezialistendienlich zu definieren, brauchen wir — nicht nur für die Politikberatung! — in zunehmendem Maße Wissenschaftler, „die spezielle mit generellen Kompetenzen zu verbinden vermögen, die transdisziplinär denken und forschen, die dem Auseinanderfallen des Wissens und der Kompetenzen wieder mit synthetischer Kraft begegnen, über die weder der Spezialist noch der Generalist allein verfügen. Der Spezialist nicht, weil er sich gegenüber dem Ganzen isoliert, der Generalist nicht, weil er die Bausteine des Ganzen nicht kennt."[154] Nur ein schlichtes „Lernen aus der Praxis" reicht für die notwendige „ganzheitliche" Wissensbildung jedoch nicht aus: Wenn auch in der Technik und insbesondere bei den Informatik-Anwendungen Interdisziplinarität sowie „ganzheitliches Denken" gefragt ist und nicht fachborniertes Spezialistentum, so sollten Technikwissenschaftler nicht nur verstärkt und ständig aus der „ganzheitlichen" Praxis zu lernen versuchen. Hinterfragt werden muß vielmehr auch und primär die Ausbildung zum fachbornierten Spezialistentum an unseren Schulen und Hochschulen, bei der für die Entwicklung „genereller Kompetenzen" kaum Freiräume bleiben und/oder diesbezüglich vorhandene Begabungen bei weitem nicht die Förderung erfahren, die dem fachbornierten Spezialistentum zukommt. Da ein Bemühen um „generelle Kompetenzen" im Rahmen eines wissenschaftlichen Studiums allerdings auch und primär auf die Vermittlung eines wissenschaftlichen Fachwissens angewiesen ist, stehen wir auch an dieser Stelle wiederum vor einem schwer auflösbaren Dilemma, diesmal zwischen Disziplin und Selbstbeschränkung einerseits, Freiheit und „generellen Kompetenzen" andererseits.

---

[154] Mittelstraß: Die Freiheit der Forschung und die Verantwortung des Wissenschaftlers, S.8

2.6.3 Ethische Aspekte

> Die Tatsache, daß von verschiedenen Individuen durchaus verschiedene, miteinander unvereinbare Forderungen als „Stimme des Gewissens" erlebt werden können, schließt die Möglichkeit aus, das Phänomen des Gewissens als eine unkorrigierbare, das Individuum transzendierende Entscheidungsinstanz aufzufassen.[155]

Bei der moralischen Begründung von Handlungen sollten im Rahmen einer „geschickten" Argumentation nicht nur die quasi natürlichen Gegebenheiten der jeweiligen Situation, die aus Tradition und Erfahrung erwachsenen Überzeugungen und moralischen Gemeinplätze sowie die Vorstellungen über die voraussichtlichen oder vermuteten Handlungsfolgen maßgebend sein, sondern auch die Ethik.[156] Die moralische Beurteilung von Handlungen in konkreten Situationen ist jedoch zu unterscheiden von den Begründungen moralischer Urteile in der Ethik. Während sich erstere auf eine praktisch geschulte Urteilskraft stützt, zu der vor allem eine sichere Einschätzung der jeweils bestehenden Situation gehört, ist die Ethik als Methodenlehre ein theoretisches Bemühen.

Beim theoretischen Bemühen um eine tragfähige Ethik stellt sich zunächst die Aufgabe, zwischen Holzwegen der Ethik und kritisch-argumentativ nachvollziehbaren Wegen unterscheiden zu lernen. Nach G.Patzig fällt dabei zunächst vor allem die Verwirrung der Begriffe auf und die Herrschaft von Vorurteilen, die sich als unbezweifelbare Wahrheiten stilisieren. Nach seiner Auffassung ist deshalb die wichtigste Aufgabe der Philosophie, einer solchen Verwirrung entgegenzuwirken.[157] In diesem Sinne ist z.B. sein Hinweis zu verstehen, daß ein Glaube an die Existenz eines das gute Handeln gebietenden Gottes nicht zwingend ist und selbst dieser Glaube noch keinesfalls die Bereitschaft einschließen muß, theologisch-moralische Normenkataloge als Offenbarung des Willens Gottes anzusehen. Deshalb muß eine theonome Begründung moralischer Prinzipien auf den Kreis derer

---

[155] Patzig: Ethik ohne Metaphysik. S.63

[156] Nur bei den bloß technischen oder zweckrationalen Begründungen sind ethische Argumente überflüssig

[157] Vgl. Patzig: a.a.O. S.65

eingeschränkt bleiben, die die jeweiligen theologischen Voraussetzungen dieser Begründung akzeptieren.

Dogmatische Positionen, die einen ethischen Diskurs über das rechte Handeln verhindern, gibt es selbstverständlich auch im profanen Bereich. Von Bedeutung sind hier vor allem reduktionistische Ansätze, in deren Rahmen versucht wird, die Grundlagen unseres Handelns ausschließlich in der biologischen Natur des Menschen zu verankern. Ob eine Moral gut oder schlecht ist, entscheidet sich danach nicht nach ethischen, sondern nach biologischen Kriterien: an die Stelle von „Glück" und „Gerechtigkeit" treten „Selbsterhaltung" und „Arterhaltung" als zentrale Begriffe. Die Entwicklung des Individuums wie die von soziopolitischen Gemeinschaften wird als eingebunden gesehen in einen unablässigen Kampf ums Dasein.

Jeder dogmatische Ansatz ist mit einem Exklusivitätsanspruch ausgestattet und hat insoweit auch gegen die Macht des Faktischen zu kämpfen. Soweit in der Soziobiologie der soeben erwähnte reduktionistische Ansatz vertreten wird, wird man durch die Tatsache, daß Menschen zu allen Zeiten und in allen Kulturen sowohl das Streben nach einem erfüllten Leben als auch die Erfahrung begierdefreien Wohlwollens gegenüber anderen Menschen kennen, in einen Erklärungsnotstand gebracht: Warum bedarf es eines biologisch sinnlosen kulturellen Überbaus, um der biologisch sinnvollen Natur die Bahn zu brechen?

Ginge es in der Ethik allein um die Vermeidung des Krieges aller gegen alle und damit um die Wahrung des sozialen Friedens, so könnten die dabei auftretenden Probleme im Rahmen einer allgemeinen Theorie der rationalen Konfliktbewältigung geklärt werden. Ethik wäre somit zwar nicht auf Biologie, wohl aber auf Soziologie und Ökonomie reduziert. Nun geht es aber in der Ethik nicht, zumindest nicht primär um die Bewältigung von Konflikten; vielmehr ist für sie seit der Antike die Frage nach der Verbindung von einem moralisch richtigen, gerechten Handeln und einem glücklichen, gelungenen Leben sinnstiftend. Dies gilt auch für die Moderne und läßt sich schön an John St.Mill, dem Begründer der utilitaristischen Ethik[158], de-

---

[158] Vgl. Mill: Utilitarismus, insbes. Kap. II und IV; Sidgwick: The Methods of Ethics, insbes. book IV

monstrieren. In Auseinandersetzung mit Bentham und in Rückgriff auf antike Traditionen hat Mill versucht, einen anspruchsvollen, auf den ganzen Lebensverlauf bezogenen Glücksbegriff zu konzipieren: Konnte ein Mensch seine „Berufungen“ verwirklichen und den Anforderungen, die die Lebensumstände an ihn stellten, gerecht werden, dann hat er ein glückliches, ein gelungenes Leben gelebt. Wer also nach Glück strebt, tut dies unter der Perspektive des gesamten Lebensverlaufs, er reflektiert in seiner Handlungsplanung sowohl seine Lebensziele wie auch seine bisherige Lebensgeschichte. Wenn sich auch im Laufe der Zeit die nähere Bestimmung dessen, was „Glück“ meint, gewandelt hat — geblieben ist die Vorstellung, daß Glück etwas mit der autonomen Gestaltung des eigenen Lebens zu tun haben muß.[159] Und beim Streben nach Autonomie kommt der Vernunft die Aufgabe zu, eine weitgehende Unabhängigkeit von den Gegebenheiten der Welt sicherzustellen — was aber zugleich heißt, daß die natürlichen Beschränkungen des Lebens erkannt und anerkannt werden müssen.

Die Beschäftigung mit den anthropologischen Bedingungen des Strebens nach Glück läßt erkennen, daß der Mensch nicht nur von tierischen Begierden getrieben und mit deren rationaler Steuerung beschäftigt ist. Er hat auch die Fähigkeit, seinen Mitmenschen mit einer natürlichen Sympathie zu begegnen. Bei dieser Sympathie handelt es sich um ein *interesseloses Wohlwollen*, um eine Zuneigung, die Menschen Anteil nehmen läßt am Geschick anderer und in die sich keine Begierde mischt.[160] Diese Empfindung der Sympathie ist insoweit natürlich, als sie sich nicht erst im Anschluß an rationale Überlegungen einstellt. Es handelt sich jedoch nicht um einen Instinkt, der in entsprechenden Situationen ein bestimmtes Verhalten auslöst, sondern um eine Haltung, die einzunehmen der Mensch zwar eine Veranlagung hat, die sich aber nicht ohne weiteres einstellt, sondern im Rahmen kulturspezifischer Traditionen geweckt und gefördert werden muß — sie muß praktisch vorgelebt oder literarisch vermittelt werden. Wer diese Haltung nicht kennt, wer jeden Menschen nur nach seinen Zwecken nutzt, der muß im eigentlichen Sinne als asozial gelten, mit ihm über das Gute argumentieren zu wollen ist voraussichtlich sinnlos.

---

[159] Vgl. Forschner: Über das Glück des Menschen

[160] Vgl. hierzu auch Smith: The Theory of Moral Sentiments; Hume: Untersuchung über die Prinzipien der Moral

Uns scheint deshalb Robert Spaemann einen entscheidenden Punkt getroffen zu haben, wenn er sagt, daß die Bemühungen der Ethik nur insoweit als vernünftig begreifbar sind, als sie sich mit der natürlichen Sympathie des Menschen anderen gegenüber treffen.[161] Die Reflexion auf diese Haltung verhilft uns zu der Erkenntnis, daß man vielleicht den eigenen Vorteil, keinesfalls jedoch sein Glück in einer Welt finden kann, die beherrscht ist von Gewalt, Leid und Not; und diese Erkenntnis muß als Bedingung dafür gelten, daß eine Diskussion über moralische Prinzipien und ihre ethische Fundierung überhaupt erst in Gang kommen kann.

Diese Überlegungen begründen das utilitaristische Prinzip von J.St. Mill, welches sinngemäß[162] lautet: Handle so, daß durch die Folgen deiner Handlung das Glück der Betroffenen maximiert wird! Zu beachten ist bei diesem Prinzip, daß zu den Betroffenen stets auch der Handelnde selbst gehört, ein Utilitarist somit kein Altruist ist. Außerdem zeigt es die Wechselwirkung von Ethik und Ökonomie, da das Streben nach Glück nur auf ökonomisch bereitetem Boden wachsen kann. Entscheidend ist dabei weniger, daß ein gelungenes Leben auch wirtschaftliche Güter erfordert, sondern daß die geforderte Autonomie nicht umsonst zu haben ist: Die Ausbildung unserer Möglichkeiten und Grenzen erfordert den Einsatz erheblicher materieller Güter. Und wenn wir allen Menschen das Streben nach Glück zugestehen, dann stehen wir vor der Frage, ob die erforderlichen Vorleistungen auch tatsächlich erwirtschaftet werden können und wenn ja, wie die hierfür erforderlichen Aufwendungen und Opfer zu verteilen sind.

Neben dem utilitaristischen Prinzip nimmt in der neueren Ethik-Diskussion der *kategorische Imperativ* von I.Kant eine herausragende Stellung ein. Er lautet in seiner geläufigsten Form: „Handle nur nach derjenigen Maxime, durch die du zugleich wollen kannst, daß sie ein allgemeines Gesetz werde."[163] Während also Mill den Weg zur Autonomie über die bewußte Ausformung menschlicher Bedürfnisse und Haltungen ebnet, führt er bei Kant über das formale Vermögen der Vernunft. Denn Autonomie zeigt sich für Kant dort, wo der Mensch

---

[161] Vgl. Spaemann: Das Natürliche und das Vernünftige

[162] Im Gegensatz zu Kant hat Mill keine kanonische Fassung seines Prinzips überliefert

[163] Kant: Grundlegung zur Metaphysik der Sitten. S.51

als Herr im Sinne eines Gesetzgebers über das eigene Leben verfügt; und wie bei jedem aufgeklärten Gesetzgeber müssen die materialen Bestimmungen (das sind die Maximen[164]) einem Verfassungsgrundsatz (das ist der kategorische Imperativ) gehorchen, der die universelle Rechtmäßigkeit garantiert. Im Idealfall ist das höchste Glück ein Leben, in dem sich die gewählten Maximen zwanglos dem kategorischen Imperativ fügen.

Bei Kant und Mill wird die Ethik also durch methodologische Prinzipien bestimmt, die moralische Diskurse leiten sollen. In gewisser Weise kann man auch im Gebot der Nächstenliebe, wie wir es aus dem Neuen Testament kennen, ein solches Prinzip sehen — wenn wir es seiner religiösen Sinnstiftung entkleiden.

Wie ethische Prinzipien in der Begründung konkreter moralischer Forderungen zusammenwirken, ist eine nicht ganz einfache Frage. Auch wenn eine starke Vermutung dafür spricht, daß die oben erwähnten Prinzipien im Ergebnis keine große Divergenz aufweisen werden, so hat man zunächst einmal die Schwierigkeit zu überwinden, daß sich das utilitaristische Prinzip auf *Handlungen*, der kategorische Imperativ auf *Maximen* und ein richtig verstandenes Gebot der Nächstenliebe auf *Handlungen und Maximen* bezieht. Jedenfalls liefert uns die Ethik — deren weitere Konkretisierung wir hier nicht leisten wollen und können[165] — keinen Kalkül, mit dem sich moralische Probleme schematisch lösen und insbesondere die Frage nach dem glücklichen Leben einfach beantworten ließe. Sie gibt uns jedoch in einem ersten Schritt eine Terminologie an die Hand, mit der wir wichtige Unterscheidungen im Hinblick auf die notwendige Kritik oder Fundierung moralischer Argumente treffen können; und in einem zweiten Schritt liefert sie uns — über die Rückbesinnung auf die argumentations- und konsenstheoretische Einlösung von Geltungsansprüchen — Regeln, nach denen wir moralische Diskurse führen sollten. So verstanden will uns also die Ethik — in gewisser Analogie zur Wissenschaftstheorie — davor bewahren, bei moralischen Diskursen

[164] Maximen im Sinne Kants sind allgemeine Lebensregeln, wie z.B.: „Begegne deinen Mitmenschen ohne Hinterlist!"

[165] Vgl. hierzu neben den genannten Titeln noch Tugendhat: Vorlesungen über Ethik. Von seiten der Informatik ist insbes. zu erwähnen Wedekind: Gibt es eine Ethik der Informatik?; Rampacher: Ethisch-gesellschaftliche Grundlagen einer innovativen Informatik

unbedachte terminologische Unterscheidungen zu treffen und relevante Gesichtspunkte zu übersehen oder zu unterdrücken. Der methodologisch wesentliche Unterschied zwischen technischen und moralischen Diskursen könnte demnach „nur“ noch darin gesehen werden, daß der Wahrheits- bzw. Konsensfindung bei technischen Diskursen die Idee des möglichst effizienten funktionellen Verfügens über eine hergestellte Wirklichkeit zugrundeliegt, während es im Falle moralischer Diskurse die Ideen der Universalisierbarkeit von Maximen und eines erfüllten, glücklichen Lebens sind.

3. Perspektiven der Informatik

Nicht das Handeln, sondern gerade das *Nicht-Handeln*, die Möglichkeit, Handlungsketten zu unterbrechen, um „nachdenklich" die Wirkungen eigenen und fremden Handelns und die zukünftigen Wirkungen fortgesetzten Handelns zu erwägen, macht uns in erster Linie zu dem, was wir der Idee nach und auf die Gattung bezogen sind: vernünftige Wesen.[166]

3.1 Einleitung

Mit der Sprachschöpfung „Informatik" und dem folgenden Aufbau wissenschaftlicher Studiengänge, Fachbereiche und Forschungsabteilungen hat sich die Informatik schnell, teuer und auf den ersten Blick erfolgreich mit einer Vielzahl von Teilgebieten vom Betriebssystembau bis zur Künstlichen Intelligenz etabliert.[167]

Solange die Verarbeitung der symbolischen Träger von geistigen Artefakten ausschließlich von Menschen durchgeführt wurde, fand diese in den Wissenschaften — abgesehen von der Mathematik und mathematischen Logik — nur eine mehr oder weniger stiefmütterliche Behandlung. Zwar wurden schon lange vor dem Erscheinen von elektronischen Rechenmaschinen — z.B. im Rahmen von numerischen Berechnungen, formalen Beweisen und der Buchhaltung — Zahlen, Daten, Funktionen und Formeln nach vorgegebenen Kalkülen, Algorithmen oder Schemata quasi maschinell bearbeitet; doch erst nach der Erfindung programmierbarer elektronischer Rechenmaschinen wurde die maschinelle Verarbeitung geistiger Artefakte zum Gegenstand *wissenschaftlicher* Bemühungen.

Allerdings wurde bereits während des Zweiten Weltkriegs und kurz danach eine „Unternehmensforschung und Systemanalyse" entwickelt, auf der die Maschinisierung geistiger Arbeit in den Unternehmen und staatlichen Verwaltungen meist auch heute noch beruht. Aber zunächst setzten die Unternehmen nach Joseph Weizenbaum „die ersten Computer nur dafür ein, um den Tabellierungsprozeß zu 'automatisieren', d.h., um genau dieselben Operationen wie früher durchzuführen, nur daß sie jetzt automatisch und wahrscheinlich mit geringerer Fehlerquote abliefen."[168] Der entscheidende Übergang von der schlichten Ersetzung von Tabelliermaschinen zu effizienteren und universell pro-

---

[166] Mittelstraß: Versuch über den sokratischen Dialog. S.139

[167] Coy: Informatik - Eine Disziplin im Umbruch? S.1

[168] Weizenbaum: Die Macht der Computer und die Ohnmacht der Vernunft. S.57

grammierbaren symbolischen Maschinen begann erst, „als die Fähigkeiten des Computers auf den bereits erstellten Bezugsrahmen der Unternehmensforschung und Systemanalyse projiziert wurden.“[169] Die von Systemanalytikern in Angriff genommenen Probleme der Maschinisierung geistiger Arbeit wurden dabei immer komplizierter und konzentrierten sich schließlich auf die Maschinisierung der Wissensverarbeitung.

Den praktischen Hintergrund für die Maschinisierung geistiger Arbeit bilden primär ökonomische Anforderungen:

- Es kann keinen ernstzunehmenden Zweifel daran geben, daß die Arbeit ein zentraler Anlaß und wesentlicher Zielpunkt der Software-Entwicklung und des Einsatzes von Computern ist.[170]
- Die Technisierung der körperlichen Arbeit findet ihr Pendant in der Technisierung der geistigen Arbeit; die Geistestechniken kulminieren in der Erfindung symbolischer Maschinen.[171]

Entstehung und Wachstum der Informatik haben also einen gesellschaftlichen Hintergrund: die Informatik hat einerseits vom ökonomisch-politischen Hintergrund der Maschinisierung geistiger Arbeit entscheidende Impulse erfahren, andererseits hat sie fundamentale Umwälzungen in der Arbeitswelt und Gesellschaft erst ermöglicht — und dieser Entwicklungsprozeß ist noch längst nicht zu einem Abschluß gekommen.

Der Einsatz menschlicher Arbeitskraft erfuhr mit Hilfe von symbolischen Maschinen bereits gewaltige Umwälzungen. Dabei geht es nicht nur um die Befreiung von stumpfsinniger Routine, sondern auch um den Verlust von Arbeit, die den Menschen durchaus auch Spaß zu machen scheint und sie gesundheitlich keineswegs ruiniert. Die deutliche Erhöhung der Leistungsfähigkeit symbolischer Maschinen bei gleichzeitigem Rückgang ihrer Preise führte zu ihrer Verbreitung in den verschiedensten Anwendungsgebieten, nicht nur für die Berechnung mathematischer Funktionen, die Texterstellung und -verarbeitung sowie die Maschinisierung herkömmlicher (betrieblicher) Daten- und

---

[169] Ebd.

[170] Nake: Der Anteil der Arbeit an der Theoriebildung der Informatik. S.119

[171] Krämer: Symbolische Maschinen, Computer und der Verlust des Ethischen im geistigen Tun. S.336

Wissensverarbeitung, sondern auch zu neuen Möglichkeiten und Formen geistiger Arbeit in Produktion, Handel, Verwaltung und Entwicklung:

> Es wurde deutlich, daß der Computer nicht nur ein passives Organisationsmittel ist, wie etwa Karteikarten oder Aktenordner, sondern weit darüber hinauswächst und den gesamten Ablauf von Arbeiten umstrukturiert und manche Tätigkeiten für den Menschen voll übernimmt.[172]

Nach Winfried Brauer ist „the integration of computers into complex sociotechnical systems ... the major source of power and also a big problem“[173] und nach Walter Volpert zielen die modernen „Informationstechnologien“ darauf ab, die noch verbliebene geistige Arbeit „in den Griff der Rationalisierung und Maschinisierung“[174] zu bekommen. Aus der Sicht von Arbeitnehmern, die sich um den zukünftigen Wert ihrer Arbeit und Fertigkeiten sorgen müssen, stellt die Informatik somit keinesfalls nur nützliche Werkzeuge zur Verfügung. Jedoch sollte bei der Frage nach Arbeitsplätzen nicht übersehen werden, daß die Informatik nicht nur herkömmliche geistige Arbeit maschinisiert, sondern auch neue Dimensionen geistigen Arbeitens eröffnet: Gegenstand der Informatik ist nicht nur die „Maschinisierung von Kopfarbeit,“[175] denn als Wissenstechnik eröffnet sie auch völlig neuartige Möglichkeiten für den technischen Umgang mit geistigen Artefakten; beim Problemlösen können maschinen-gestützt nicht nur sehr komplexe Suchräume effizient bearbeitet werden, sondern auch sehr umfangreiche und komplex strukturierte Wissensbestände.

Doch als Wissenstechnik gesehen, erscheint die Informatik nicht mehr so wertfrei, wie es das weitverbreitete Selbstverständnis von einer wertfreien Struktur-, System- oder Ingenieurwissenschaft nahelegt. Dies zeigt auch ein Blick auf die Informatik-Förderung, die nüchtern nur unter dem Aspekt der wirtschaftlichen Zukunftssicherung betrach-

---

[172] Thome: Betriebs- und Wirtschaftsinformatik an deutschsprachigen wissenschaftlichen Hochschulen. S.5

[173] Brauer: The New Paradigm of Informatics. S.15

[174] Vgl. Volpert: Menschliches Expertentum und maschinelle „Expertensysteme“. S.4

[175] Dieser Ausdruck wurde von Frieder Nake entsprechend dem Marx'schen Begriff der Maschinisierung von Arbeit gewählt. Systemanalytiker analysieren bei ihrem Bemühen um eine „Maschinisierung von Kopfarbeit“ selbstverständlich nicht das, was neuronal in den Köpfen von Menschen „gespeichert“ ist, sondern gesellschaftliche (Arbeits-)Systeme mit ihren Kommunikationsstrukturen und Wissensbeständen

tet werden soll, weshalb im Bereich der Forschung und Entwicklung eine Kapazität zu entwickeln ist, die den Anforderungen des künftigen internationalen Wettbewerbs entspreche:[176] Die Förderung und Entwicklung der Informatik wird nahezu ausschließlich getragen von wirtschaftlichen Zielsetzungen — und die weitverbreitete begriffliche Desorientierung in der Informatik findet eine gewisse Erklärung in der Notwendigkeit, wissenschaftlichen Vorhaben jeweils eine solche Namensgebung und sprachliche Ausrichtung zu geben, die ihnen auch die gewünschte Förderung zuteil werden läßt. Die Aufrechterhaltung wissenschaftlicher Handlungs- und Freiräume scheint von Informatik-Forschungsgruppen einen — vorsichtig ausgedrückt — sehr frcizügigen Umgang mit Benennungen und Sprachgebräuchen zu erzwingen. Wir werden darauf noch etwas näher zu sprechen kommen.

Wenn wir Forderungen nach einer Reform der Informatik kritisch aufgreifen und mit einer Sichtweise der Informatik als Wissenstechnik in einigen Punkten konstruktiv umzusetzen versuchen, müssen wir auch kurz die vorherrschenden Informatik-Perspektiven behandeln. Dabei kann es uns selbstverständlich weder um eine umfassende Geschichtsschreibung der Informatik noch um eine vollständige oder detaillierte Auseinandersetzung mit ihren vielfältigen Institutionen sowie technischen und praktischen Perspektiven gehen. Vielmehr sollen einige der vorherrschenden Informatik-Perspektiven nur soweit ausgeleuchtet werden, daß verstehbar wird, warum wir Forderungen nach einer Reform der Informatik für notwendig halten und dazu mit einer Sichtweise der Informatik als Wissenstechnik einige konstruktive Vorschläge entwickeln.

---

[176] Vgl. Bundesministerium für Forschung und Technologie: Konzeption der Bundesregierung zur Förderung der Entwicklung der Mikroelektronik. S.7

3.2 Zur Notwendigkeit einer anwendungsbezogenen Informatik

> Nun weiß jeder, daß der Computer wirklich in alle Bereiche unseres Lebens eingedrungen ist, so daß diese Anwendungen zahllos sind. Es fängt an mit der Datenverarbeitung in Wirtschaft und öffentlichen Verwaltung ...[177]

3.2.1 Die Vorschläge von E. Grochla

> Analysen von Berufsprofilen zeigen sowohl in der Bundesrepublik Deutschland als auch in anderen Industrieländern eine Ausweitung des Anteils der auf Informationsverarbeitung bezogenen Tätigkeiten vor allem im Dienstleistungssektor. Darüber hinaus wird auch von vielen Beschäftigten in anderen Sektoren der Volkswirtschaft, besonders in der industriellen Güterproduktion und in der Warendistribution, die Beherrschung informations- und kommunikationstechnischer Hilfsmittel erwartet.[178]

Bereits mehrere Jahre vor der Einrichtung eines Studiengangs Informatik (im WS 67/68 im Rahmen des Mathematik-Studiums an der TU München) wurde 1963 von E.Grochla das „Betriebswirtschaftliche Institut für Organisation und Automation an der Universität zu Köln" (kurz BIFOA) gegründet. Dieses Institut hat den infradisziplinären Grundlagencharakter einer allgemeinen Informatik und die Notwendigkeit zur Einbringung eines Grundlagenwissens in die verschiedenen Anwendungsgebiete der neuen Maschinen deutlich zu vermitteln versucht: entgegen der Meinung des BMWF-Fachbeirats hat es in seinem zweiten Memorandum „Betriebsinformatik und Wirtschaftsinformatik als notwendige, anwendungsbezogene Ergänzung zu einer allgemeinen Informatik" allerdings vergeblich betont,

- daß für die wissensgebietsspezifischen Anwendungen der neuen Maschinen durchaus besondere Studiengänge notwendig sind,
- es eine Illusion sei zu hoffen, daß die in die programmiersprachlichen Grundlagen von Maschinen-Anwendungen eingeführten Absolventen eines betriebswirtschaftlichen Studiengangs zur betriebsindividuellen Gestaltung von Nutzungsmöglichkeiten für die neuen Maschinen befähigt seien, und

---

177 Rechenberg: Was ist Informatik. S.14

178 Wissenschaftsrat: Empfehlungen zur Informatik an den Hochschulen. S.9

- sich die Förderung der Informatik auch am Bedarf an anwendungsorientierten Informatikern (z.B. an betriebswirtschaftlichen Systemanalytikern und Systemplanern) orientieren sollte.[179]

Neben einer *allgemeinen Informatik*, die sich mit den allgemeinen Bedingungen für die (Weiter-)Entwicklung der neuen Maschinen beschäftigt, lassen sich bei diesem Memorandum nach der von Rainer Bischoff skizzierten Geschichte der Wirtschaftsinformatik zwei Typen von *speziellen Informatiken* bilden:

> Typ 1: Spezielle Informatiken, die sich an unterschiedlichen technologischen Funktionen und Elementen von Informationssystemen orientieren.
>
> Typ 2: Spezielle Informatiken, die sich an dem unterschiedlichen Anwendungsbezug realer Informationssysteme ausrichten.[180]

Entsprechend den speziellen Informatiken vom Typ 2 sollte anwendungsorientierten Informatikern im Rahmen eines Studiums der Betriebsinformatik eine besondere Befähigung vermittelt werden für

- die systematische Analyse betrieblicher Informations- und Kommunikationsbeziehungen,
- die Klärung des Informationsbedarfs, der im Rahmen einer rationalen Gestaltung betrieblicher Entscheidungen, Arbeitsabläufe und Maschinensteuerungen benötigt wird, und
- die Entwicklung betrieblicher Anwendungskonzeptionen für die maschinelle Verarbeitung geistiger Artefakte.

Den Hintergrund dieser Forderung bildete die Einsicht, daß in nahezu allen Betrieben, Organisationen und Institutionen in zunehmendem Maße anwendungsorientierte Informatiker benötigt werden, die

- technische und betriebliche Abläufe systematisieren, strukturieren und mit Hilfe symbolischer Maschinen rationalisieren,
- innovative Verfahren zum Einsatz von symbolischen Maschinen für eine möglichst automatische Überwachung oder Steuerung der verbleibenden „Restarbeit" entwickeln oder

---

[179] Vgl. Grochla: Zweites Memorandum

[180] Bischoff: Wirtschaftsinformatik an Fachhochschulen. S.99

- Innovationen für eine effiziente Nutzung von symbolischen Maschinen in herkömmlichen Maschinen und technischen Systemen entwickeln.

Im Rahmen seiner Vorschläge für eine anwendungsbezogene Informatik stellte bereits E.Grochla die Menschen mit ihrem jeweiligen Wissen und Wollen in den Vordergrund — und nicht „die Probleme geeigneter Sprachen und zweckorientierter Darstellung von Informationen ... im Bezug auf maschinelle Informationsprozesse."[181] Damit sich die Gruppe der Anwendungsspezialisten und die Gruppe der Maschinen- und Technologiespezialisten nicht mehr oder weniger verständnislos gegenüberstehen, sondern gemeinsam an der Programmierung von symbolischen Maschinen und/oder der Entwicklung vorgelagerter Spezifikationen arbeiten können, wurde bereits damals für beide Gruppen eine gemeinsame wissenschaftliche Grundlage in Form einer infra- bzw. supradisziplinären *allgemeinen Informatik* gefordert. Eine Ausrichtung auf spezielle Zwecke hin erfordert nach dem Grochla-Memorandum *spezielle Informatiken*, einerseits mit Schwerpunkt auf den technologischen Funktionen von symbolischen Maschinen (gemeinsam mit den diesbezüglich relevanten ingenieur- und naturwissenschaftlichen Grundlagen), andererseits mit Schwerpunkt auf einem der vielen Anwendungsgebiete symbolischer Maschinen.

Von den fünfzig im Rahmen des Überregionalen Forschungsprogramms Informatik nach 1968 geschaffenen Forschungsgruppen lassen sich jedoch nur die Forschungsgruppe von Peter Mertens an der Universität Erlangen-Nürnberg und die von Hartmut Wedekind an der TH Darmstadt der Betriebsinformatik zurechnen. Die informelle Aussage des Bundesministeriums für Forschung und Technologie, die Angewandte Informatik zu fördern, sobald die erste Phase des Aufbaus einer „Kerninformatik" abgeschlossen sein würde, wurde nicht eingehalten: Nach dem Abschluß des Aufbaus der „Kerninformatik" standen für eine angemessene Förderung der Angewandten Informatik zunächst keine Finanzmittel mehr zur Verfügung.[182]

---

[181] Vgl. Grochla: a.a.O. S.547

[182] Vgl. Mertens/Wedekind: Entwicklung und Stand der Betriebsinformatik. S.516

Nach D.P.Pressmar muß auch heute noch bedauert werden, daß Repräsentanten der Wirtschaftswissenschaften von der Mitwirkung beim Aufbau der Informatik praktisch ausgeschlossen waren. Allerdings haben nicht nur die politisch Verantwortlichen die Angewandte Informatik unzureichend berücksichtigt, „auch den wirtschaftswissenschaftlichen Gesellschaften und Vereinigungen kann der Vorwurf nicht erspart bleiben, viel zu spät in den wissenschaftspolitischen Meinungsbildungsprozeß im Hinblick auf die Betriebsinformatik eingegriffen zu haben."[183] Obwohl Unternehmen in aller Welt bereits in der zweiten Hälfte der fünfziger Jahre mit elektronischer Datenverarbeitung befaßt waren und in den Stellenanzeigen in den sechziger Jahren vermehrt der Wunsch nach DV-Kenntnissen bei Betriebswirten auftauchte, bauten die betriebswirtschaftlichen Lehrstuhlinhaber nur vereinzelt DV-Lehrveranstaltungen in ihr Lehrangebot ein — und von den deutschen staatlichen Stellen wurden Mathematiker, Naturwissenschaftler, Kybernetiker und Ingenieure dazu berufen, die Informatik zu begründen und auszugestalten, obwohl bereits in den Anfängen der Nutzung von DV-Systemen sicher mehr als 90% der Kapazität an maschineller Datenverarbeitung zur Bewältigung betriebswirtschaftlich-administrativer Aufgaben eingesetzt wurde. Die staatliche Förderung der Informatik konzentrierte sich nicht auf die wissenschaftliche Stützung und Weiterentwicklung der praktisch (und d.h. vor allem betriebswirtschaftlich) benötigten Maschinisierung der Daten- und Wissensverarbeitung, sondern auf den Informatik-Aufbau an mathematischen und technischen Fakultäten — nicht selten mit dem Ziel einer quasi naturwissenschaftlichen Erforschung von „Gesetzen der Informationsverarbeitung" und deren technischen Nutzung mittels „informationsverarbeitender Maschinen", wobei das Informationsverarbeitungs-Paradigma der Kybernetik von N.Wiener einen herausragenden Stellenwert einnahm. Wissensgebiets-spezifische Anwendungen für die neuartigen Maschinen mit ihren komplexen Programmier- und Betriebssystemen wurden im Vergleich dazu zunächst nur wenig gefördert.

---

[183] Pressmar: Abgrenzung der Berufsbilder in der Betriebsinformatik. S.30

3.2.2 Zur Entwicklung der Betriebs- und Wirtschaftsinformatik

> Die Integration der Informatik in die wirtschaftswissenschaftlichen Studiengänge ist weit fortgeschritten und vielgestaltig. Umgekehrt gehören die Wirtschaftswissenschaften neben den Ingenieurwissenschaften zu den im Informatikstudium am häufigsten gewählten Nebenfächern.[184]

Im Rahmen einer von Mathematikern dominierten „Kerninformatik", in der das Informatik-Studium sehr nahe an der Mathematik und weit entfernt von den Praxisproblemen der betrieblichen Daten- und Wissensverarbeitung angesiedelt war, konnte sich die Betriebs- und Wirtschaftsinformatik erst nach 1978 entfalten, als innerhalb der Gesellschaft für Informatik der Fachausschuß „Betriebliche Anwendungen der Datenverarbeitung" gegründet wurde. Zusammen mit der 1975 gegründeten „Wissenschaftlichen Kommission Betriebsinformatik im Verband der Hochschullehrer für Betriebswirtschaft e.V." hat dieser GI-Fachausschuß in der Folgezeit eine Vielzahl gut besuchter öffentlicher Kongresse veranstaltet und mitgestaltet. Schließlich wurden auch an einigen wirtschaftswissenschaftlichen Fakultäten bei Neubesetzungen Lehrstühle für die Betriebs- oder Wirtschaftsinformatik umgewidmet oder auch neu eingerichtet: im Rahmen eines wirtschaftswissenschaftlichen Studiums wurde nun auch Betriebs- oder Wirtschaftsinformatik wählbar, d.h. zusätzlich zu einem klassischen Studium der Betriebswirtschaftslehre oder verwandter Gebiete wird eine Einführung in die Technik und Funktionsweise von symbolischen Maschinen, deren Programmier-, Datenhaltungs-, Betriebs- und Anwendungssysteme sowie deren Einsatz in Industrie, Handel und öffentlicher Verwaltung geboten.[185] Allerdings wurde die institutionelle Öffnung der Wirtschaftswissenschaften in Richtung auf die Informatik nach D.B.Pressmar mitunter nur halbherzig vollzogen, was sich auch daran zeigt, daß an manchen Universitäten Professuren für Betriebsinformatik nur in den nachrangigen Besoldungsgruppen C2 und C3 eingerichtet oder vorgesehen wurden.[186] Die institutionellen Verankerungen an den Hochschulen, unter den Hochschullehrern für Betriebswirtschaft und in der Gesellschaft für Informatik sollen nach Mertens/-

---

[184] Wissenschaftsrat: a.a.O. S.41

[185] Vgl. z.B. Thome: a.a.O. S.6

[186] Vgl. Pressmar: a.a.O. S.30

Wedekind jedoch den Schluß erlauben, daß sich die Betriebsinformatik einerseits ihre Position im Rahmen der Betriebswirtschaftslehre und andererseits auch im Rahmen der Informatik sowohl in wissenschaftlicher als auch praktischer Hinsicht erobert hat.[187]

Unter Betriebs- bzw. Wirtschaftsinformatik wird heute im allgemeinen die Wissenschaft von der Anwendung der maschinellen Daten- und Wissensverarbeitung in Wirtschaft und öffentlicher Verwaltung verstanden, deren Aufgabe es ist, „Gestaltung, Funktionsweise, Erstellung, Anwendung und Betreibung betrieblicher Informationssysteme zu untersuchen und darzustellen."[188] Nach P.Mertens sind der Hauptgegenstand der als Zweig der Angewandten Informatik angesehenen Betriebsinformatik „der Entwurf und die Einführung von computergestützten Administrations-, Dispositions-, Informations- und Planungssystemen"[189]; und für A.-W.Scheer ist die Wirtschaftsinformatik „die Wissenschaft von der Entwicklung und Implementierung betriebswirtschaftlicher computergestützter Informationssysteme."[190] Dabei geht es jedoch nicht um Informationssysteme, die nach dem kybernetischen Informationsverarbeitungs-Paradigma analog zur Informationsverarbeitung in den Gehirnen oder Nervenzellen von Lebewesen Informationen verarbeiten, sondern darum, mit Hilfe von betriebswirtschaftlichen Anwendungssystemen für symbolische Maschinen die auf den unterschiedlichen Handlungsebenen eines Betriebs jeweils benötigten Wissensbestände möglichst korrekt und effizient verfügbar zu machen.

Der Gegenstand der Betriebsinformatik reicht von kleinen Arbeitsplatzcomputern (z.B. für Textverarbeitung) bis hin zu den weltumspannenden, integrierten Computernetzen multinational tätiger Unternehmen und Organisationen, wobei organisatorische, softwarespezifische, investitionspolitische und personalpolitische Aufgabenstellungen im Vordergrund stehen.[191] Die Untergliederung der Betriebsinformatik kann einerseits funktional erfolgen entsprechend der Unterschei-

---

187 Vgl. Mertens/Wedekind: a.a.O. S.517

188 Vgl. Pressmar: a.a.O. S.31

189 Mertens in Schneider (Hrsg.): Lexikon der Informatik und Datenverarbeitung. S.654

190 Scheer: Wirtschaftsinformatik. S.1

191 Vgl. Pressmar: a.a.O. S.31/32

dung zwischen betrieblichen Funktionalbereichen wie Forschung/Entwicklung, Absatz, Beschaffung/Lagerhaltung, Produktion, Finanzierung/Rechnungswesen, andererseits institutionell entsprechend der Unterscheidung zwischen Produktions-, Handels-, Verkehrs-, Bank- oder Verwaltungsbetrieben. Die Einteilung in Administrations-, Dispositions-, Management-, Informations- und Planungs- und Entscheidungssysteme geht von der Art der maschinell zu unterstützenden Arbeit aus:

- *Administrationssysteme* beziehen sich auf mehr oder weniger banale betriebliche Vorgänge, wie z.B. das Adressenschreiben oder Tabellendrucken;
- *Dispositions-, Management- und Informationssysteme* sollen Führungskräften die Informationsgewinnung und -verarbeitung erleichtern,
- *Planungs- und Entscheidungssysteme* sollen erforderliche Planungen erleichtern und Entscheidungsfindungen unterstützen.

In der betrieblichen Praxis existiert also eine angewandte Informatik:

> Computergestützte Administrations-, Dispositions-, Planungs- und Informationssysteme werden in der Praxis auf jeden Fall entworfen und eingeführt. Wenn die theoretischen Grundlagen einer systematischen Lehre und Forschung nicht verfügbar sind, dann geschieht das in vielen Fällen eben ad hoc.[192]

Die Frage, ob die Wirtschaftsinformatik eine Wissenschaft ist oder nur eine Kunstlehre darstellt, ist nach L.J.Heinrich und F.Roithmayr jedoch noch nicht sachverständig diskutiert worden, denn in den Lehrbüchern der Wirtschaftsinformatik sehen sie weiter nichts als eine Sammlung von produktbezogenen Fakten und Rezepten.[193] Eine grundlagenbezogene, theoretische Fundierung der Wirtschaftsinformatik muß nach ihrer Einschätzung erst noch erbracht werden — und an dem beklagenswerten Tatbestand einer Fixierung der Wirtschaftsinformatik auf Praxis- oder Systemberichte hat sich bis heute leider kaum etwas geändert. Der FB 5 Wirtschaftsinformatik der Gesellschaft für Informatik scheint sich zwar von einer interdisziplinären „Bindestrich-

[192] Mertens/Wedekind: a.a.O. S.510/511
[193] Vgl. Heinrich/Roithmayr: Wirtschafts-Lexikon. S.XII

Informatik" zu einer „autonomen Informatik" für die Wirtschaft zu entwickeln, nicht nur im FA 5.1 „Management der Anwendungsentwicklung und -wartung", sondern auch im FA 5.2 „Informationssystem-Architekturen" und im FA 5.3 „Informationsmanagement". Durch eine tragfähigere theoretische Fundierung scheinen sich diese „autonomen" Bemühungen in der Wirtschaftsinformatik allerdings nicht auszuzeichnen — beispielsweise sollen im Rahmen „evolutiv entwickelbarer" betrieblicher Informationssysteme und einer „ganzheitlichen Modellierung" betrieblicher Sachverhalte die methodologischen Grundlagenprobleme der Wirtschaftsinformatik gelöst werden. Nur noch die Aktivitäten des FA 5.4 „Anwendungssysteme" und des FA 5.5 „Betriebliche Kommunikations- und Informationssysteme" scheinen sich auf das Selbstverständnis einer „Bindestrich-Informatik" zu beschränken, wie es auf beispielhafte Weise im FB 6 „Informatik in Recht und öffentlicher Verwaltung" zum Ausdruck kommt.

Hinreichend klar ist aber geworden, daß die Erkenntnisobjekte der Wirtschaftsinformatik Informations- und Kommunikationssysteme im Sinne von *Mensch-Aufgabe-Technik-Systemen* sind sowie Methoden und Werkzeuge für deren Planung, Entwicklung und Betrieb. Unter „Menschen" werden hierbei Personen verstanden, „die in verschiedenen Rollen an der Gestaltung von Informations- und Kommunikationssystemen beteiligt sind (Organisator, Systemplaner, Benutzer, Programmierer usw.), die derartige Systeme betreiben (Management, Anwender, DV-Personal, Benutzer usw.) oder die - ohne selbst unmittelbar an deren Gestaltung oder Betrieb beteiligt zu sein - von ihrer Existenz wesentlich berührt werden (Betroffene)."[194] Und die zu erfüllenden Aufgaben sind z.B. Administrations-, Dispositions- und Planungsaufgaben in den verschiedenen betrieblichen Funktionalbereichen. Da jede der drei Komponenten des Erkenntnisobjekts der Wirtschaftsinformatik Gegenstand anderer Wissenschaften ist und deren bloße Zusammenfassung im Sinne einer Addition unter dem gemeinsamen Dach von Informations-, Führungs- und Kommunikationssystemen noch keine eigenständige Wissenschaft ausmacht, richtet sich das Interesse der Wirtschaftsinformatik weniger auf diese Komponenten als auf ihre gegenseitigen Beziehungen. Den Gegen-

---

[194] Ebd. S.XIII-XIV

stand der Wirtschaftsinformatik bilden damit Mensch-Aufgabe-, Mensch-Technik- und Aufgabe-Technik-Beziehungen sowie Methoden für die Planung entsprechender Systeme.[195] Neben dem funktionalen Zweck von Führungs-, Kommunikations- und Informationssystemen sollte die Wirtschaftsinformatik also auch den jeweiligen personalen, sozialen und organisatorischen Kontext berücksichtigen.[196] Der Wirtschaftsinformatiker soll analysieren und erklären können, was im Beziehungszusammenhang zwischen den Komponenten von Mensch-Aufgabe-Technik-Systemen passiert, sowie Ideen, Methoden und Konstruktionslehren für eine bessere Gestaltung dieser Beziehungen entwickeln. Schwerpunktmäßig sollte sich das, was die Wirtschaftsinformatik erklären will, wofür sie Gestaltungsempfehlungen entwickelt und was sie in der Wirtschaftsinformatik-Ausbildung pflegt, „auf der Ebene der logischen Betrachtung von Information und Kommunikation bewegen und die Ebene der physischen Realisation nur als kasuistisch vermitteltes Ergänzungswissen umfassen."[197] Oder mit unseren Worten: die physikalisch-ingenieurwissenschaftlichen Grundlagen der maschinellen Daten- und Wissensverarbeitung sind für Wirtschaftsinformatiker von ebenso nachgeordneter Bedeutung wie die physischen Träger von Daten, Informationen und Wissensbeständen.

Nach J.Schwarze und anderen Fachvertretern der Betriebswirtschaftslehre reicht es jedoch nicht aus, die Fragen und Probleme der betrieblichen Daten- und Wissensverarbeitung einem Fach Betriebsinformatik zu übertragen. Vielmehr sollte sich die Betriebswirtschaftslehre selbst intensiv mit den neuen Techniken auseinandersetzen und den Rahmen der betriebswirtschaftlichen Forschung und Lehre in Richtung einer neuen betriebswirtschaftlichen Funktion „Information und Kommunikation" interdisziplinär erweitern.[198] Die These, daß eine als Grundlagendisziplin verstandene Informatik in alle betriebswirtschaftlichen Bereiche integriert werden muß, teilen u.a. auch H.Müller-Mer-

[195] Vgl. ebd. S.XIV

[196] Vgl. hierzu auch Bischoff: a.a.O. S.4

[197] Heinrich/Roithmayr: a.a.O. S.XV; vgl. hierzu auch Müller-Merbach: Gestaltungsaufgabe und Intelligenzunterstützung

[198] Vgl. Schwarze: Daten- und Datenbankorientierung in der Betriebswirtschaftslehre. S.52/53

bach und H.Winkler[199] — und bezüglich der notwendigen Integration der Betriebsinformatik in die Betriebswirtschaftslehre sei ein großer Teil der Betriebsinformatiker an den Hochschulen der Ansicht, daß durch Druck aus der Praxis und von Studierenden nach einem Generationswechsel eine Durchdringung aller traditionellen Fachgebiete der Betriebswirtschaftslehre mit den jeweils relevanten Aspekten der modernen Wissens-, Informations- und Kommunikationstechniken zu erwarten ist. Damit sollte klar geworden sein, daß in der Betriebswirtschaftslehre weder mit (Cobol-)Programmierkursen noch mit Programmsystemen für die Entwicklung, den Betrieb oder die Anwendung betriebswirtschaftlicher Informationssysteme das notwendige Wissen über die neuen technischen Möglichkeiten vermittelt werden kann.

Die wirtschaftlichen Anwendungen der Informatik werden in der Gesellschaft für Informatik heute in einer großen Breite bearbeitet, wobei — wie schon gesagt — sogar ein Trend zu einer „autonomen" Wirtschaftsinformatik erkennbar ist. Den Gegenstand der Wirtschaftsinformatik dokumentiert darüber hinaus einerseits ein *„Lexikon der Wirtschaftsinformatik"*, in dem unter der Mitherausgeberschaft von W.König, H.Krallmann, A.-W.Scheer, D.Seibt, P.Stahlknecht, H.Strunz, R.Thome und H.Wedekind ein Überblick über das Gebiet der Wirtschaftsinformatik gegeben wird,[200] andererseits ein im Auftrag des Arbeitskreises Wirtschaftsinformatik an Fachhochschulen herausgegebener Studienführer *„Wirtschaftsinformatik an Fachhochschulen"*.[201] Dieser Studienführer enthält neben einer systematischen Darstellung aller Fachhochschul-Studiengänge der Wirtschaftsinformatik auch Angaben zur Geschichte, zu den Aufgaben und Zielen der Wirtschaftsinformatik, zu den Berufs- und Tätigkeitsfeldern des Wirtschaftsinformatikers sowie zum Praxisbezug der Fachhochschul-Forschung.[202]

---

[199] Vgl. Müller-Merbach: Eine informationsorientierte Betriebswirtschaftslehre; Winkler: Aspekte der Ausbildung in der Betriebsinformatik

[200] Vgl. Mertens (Hrsg.): Lexikon der Wirtschaftsinformatik. 2. Auflage

[201] Vgl. Bischoff: a.a.O.

[202] 1990 hat die GI Empfehlungen zur Integration der Wirtschaftsinformatik in wirtschaftswissenschaftliche Studiengänge gegeben, vgl. GI-Empfehlungen: Wirtschaftsinformatik

3.2.3 Zu weiteren anwendungsbezogenen GI-Aktivitäten

Alle Anwendungswissenschaften haben den Zweck, aufbauend auf einem theoretischen Fundament der Beurteilung und Gestaltung der Lebenswelt zu dienen. In nur wenigen Anwendungswissenschaften wurde und wird allerdings das Hauptinteresse auf die Gestaltung gelegt. Das sind die Ingenieurwissenschaften und Teile der Informatik.[203]

Die Notwendigkeit einer anwendungsbezogenen Informatik wird von der Gesellschaft für Informatik heute nicht nur im Rahmen ihres Fachbereichs 5 „Wirtschaftsinformatik" gesehen, sondern auch

- im Fachbereich 1 (Künstliche Intelligenz), insbesondere in der Fachgruppe 1.04 (Bildverstehen) sowie in den Fachausschüssen 1.3 (Natürliche Sprache) und 1.5 (Expertensysteme)[204],
- im Fachbereich 2 (Softwaretechnologie und Informationssysteme), insbesondere in den Fachausschüssen 2.3 (Ergonomie in der Informatik) und 2.5 (Rechnergestützte Informationssysteme),
- im Fachbereich 4 (Informationstechnik und technische Nutzung der Informatik), wobei Anwendungen der neuen Maschinen berücksichtigt werden in der Fachgruppe 4.01 (Robotersysteme) sowie in den Fachausschüssen 4.1 (Graphische Datenverarbeitung), 4.2 (Entwerfen, Projektieren und Fertigen), 4.4 (Echtzeitverarbeitung), 4.5 (Simulation), 4.6 (Umweltschutz), 4.7 (Medizin) und 4.9 (Integrierte Publikations- und Dokumentationssysteme),
- im Fachbereich 6 (Informatik in Recht und öffentlicher Verwaltung),
- im Fachbereich 7 (Ausbildung und Beruf), insbesondere im Rahmen der Fachgruppe 7.0.1 (Intelligente Lehr-/Lernsysteme)
- sowie im Fachbereich 8 (Informatik und Gesellschaft), wobei besonders beachtenswert sind die Fachgruppen 8.3.1 (Informationstechnik in Büro- und Verwaltungsarbeit) und 8.3.2 (Informationstechnik in der industriellen Arbeit).

---

[203] Müller-Merbach: Gestaltungsaufgabe und Intelligenzunterstützung. S.2

[204] Vgl. hierzu z.B. auch die Kapitel „Sprachverarbeitung", „Bildverstehen" sowie „Expertensysteme, Planen und Problemlösen" in Görz (Hrsg.): Einführung in die künstliche Intelligenz. S.367-828

Allerdings zeigt bereits diese Auflistung, mit welch unterschiedlichem Stellenwert sich die Informatik-Anwendungen innerhalb der GI etabliert haben. Warum pflegt und fördert die GI beispielsweise ihre interdisziplinären Verbindungen mit der Fertigungstechnik, der Medizin und der Sprachverarbeitung/Linguistik nicht analog zu den Fachbereichen 5 und 6 im Rahmen von Fachbereichen? Und die beim FA 4.2 angesiedelte Unterstützung des Entwerfens, Projektierens und Fertigens durch die Informatik gehört vermutlich eher zur Fertigungstechnik als zur (sich disziplinär nicht völlig ausufernd verstehenden) Informatik. Analoge disziplinäre Probleme bestehen vermutlich auch bei der Unterstützung der Medizin im FA 4.7 (Informatik in der Medizin) sowie bei der Unterstützung der Sprachverarbeitung und Linguistik im FA 1.3 (Natürliche Sprache).

Bei den *GI-Empfehlungen* zur Integration der Informatik in Studiengänge an wissenschaftlichen Hochschulen werden die folgenden Stufen unterschieden:[205]

1. Der fachspezifische Einsatz von Informatik-Systemen beschränkt sich auf Aufgaben, bei deren Lösung diese unverändert und ohne eine Kenntnis ihrer internen Architektur und Funktionsweise genutzt werden können. Eine systematische Einführung in die fachspezifischen Anforderungen an und Gestaltungsmöglichkeiten für diese Systeme findet hierbei ebensowenig statt wie eine Einführung in die Methoden der Programmierung, Datenmodellierung und Wissensrepräsentation.
2. Mit Hilfe eines von der Informatik übernommenen Grundlagenwissen, das unter dem Stand eines Nebenfachs bzw. Wahlpflichtfaches Informatik liegt, sollen Methoden der Informatik bei der Lösung fachspezifischer Programmieraufgaben angewandt werden können. Im Unterschied zur 1. Stufe soll den Studierenden ein Wissen vermittelt werden, mit dem sie eigenständig Informatik-Systeme für die Lösung fachspezifischer Probleme spezifizieren und programmieren können.

---

[205] Vgl. o.V.: GI-Empfehlungen: Empfehlung zur Integration der Informatik in Studiengänge an wissenschaftlichen Hochschulen. S.168

3. Studium der Informatik als Neben- oder Wahlpflichtfach entsprechend der Empfehlung des Fakultätentages Informatik vom 11.11.1983 für das Nebenfach bzw. Wahlpflichtfach Informatik.
4. Gleichgewichtiges Studium der Informatik, wie es z.B. im Rahmen der Betriebs- und Wirtschaftsinformatik angestrebt wird.

Mit diesen Empfehlungen wird also zum Ausdruck gebracht, daß eine wissensgebiets-spezifische (Weiter-)Entwicklung der neuartigen Informatik-Systeme angestrebt wird. Nicht hinreichend beantwortet wird dabei allerdings die Frage, welche Verfahren im Rahmen welcher Methodologien mit welchen Grundbegriffen bei diesen wissensgebiets-spezifischen System-Entwicklungen zur Anwendung kommen sollen — und in welchem Fach das diesbezüglich relevante Grundlagenwissen in der Forschung und Lehre berücksichtigt werden soll.[206]

3.3 Das erste DV-Förderungsprogramm der Bundesregierung, die GAMM/NTG-Empfehlungen von 1968 und die Institutionalisierung von Informatik-Studiengängen

> Im Prinzip obsiegt also die Algebra auf der ganzen Linie; sie steckt die (theoretische) Informatik in die Tasche, könnten wir sagen, oder weniger salopp: Die Algebra steht im Dienst der Informatik, die Informatik wird dabei selbst Gegenstand der Algebra.[207]

Bis 1967/68 stellt die Informatik in der Bundesrepublik eine Wissenschaft in statu nascendi dar, deren Wissenschaftler sich im wesentlichen aus der Mathematik, der Physik und der Elektro- bzw. Nachrichtentechnik rekrutieren. Obwohl seit etwa 1954 Rechenmaschinen nicht nur für die Berechnung mathematischer Funktionen, sondern auch im Rahmen der betriebswirtschaftlichen Datenverarbeitung nützliche Anwendungen fanden, nahmen die betriebswirtschaftlichen Institute und Lehrstühle - mit Ausnahme des schon erwähnten betriebswirtschaftlichen Instituts für Organisation und Automation an der Universität zu Köln - die neuen technischen Möglichkeiten kaum zur Kenntnis.

---

[206] Erwähnt sei schließlich noch, daß die GI-Empfehlungen zur Integration der Informatik in nichttechnische Studiengänge (ohne BWL) an Fachhochschulen Vorschläge enthalten, die auf Verwaltungsstudiengänge sowie Studiengänge des Sozial- und Bibliothekswesens zugeschnitten sind

[207] Bauer: Informatik und Algebra. S.20

Die Etablierung einer eigenständigen Fachdisziplin Informatik zeichnete sich 1967 mit dem „Programm für die Förderung der Forschung und Entwicklung auf dem Gebiet der Datenverarbeitung für öffentliche Aufgaben" des damaligen Bundesministers für wissenschaftliche Forschung ab:

> Nach Verabschiedung des ersten Datenverarbeitungsprogramms der Bundesregierung im Jahre 1967 erarbeitete ein Beirat aus Mathematikern, Physikern und Elektrotechnikern ein Konzept, nach dem an Universitäten mit mathematischen und elektrotechnischen Fakultäten Diplomstudiengänge nach dem Vorbild der amerikanischen „Computer Science" eingerichtet werden sollten. Der Beirat formulierte einen Kanon von Pflicht- und Wahlfächern für den neuen Studiengang und prägte in Anlehnung an die in Frankreich eingeführte Bezeichnung „informatique" den Fachnamen „Informatik".[208]

Dieses erste staatliche DV-Förderungs-Programm sollte auch dazu dienen, der Nachfrage in Wirtschaft und Staat nach DV-Spezialisten nachzukommen: Nach K.Mainzer war die Wirtschaft daran interessiert, die Last der Ausbildung für den Bereich der automatisierten Datenverarbeitung von den Anwendern und Herstellern zu staatlichen Institutionen verlagern zu können. Bereits bestehende Ausbildungsgänge - wie z.B. mathematisch-technischer Assistent und Organisationsprogrammierer - sollten durch eine Ausbildung an wissenschaftlichen Hochschulen ergänzt bzw. ersetzt werden.[209]

An der TU München wurde im WS 1967/68 nach Vorarbeiten von H.Piloty und R.Sauer ein Studiengang Informatik im Rahmen des Mathematikstudiums eingerichtet und an der Universität Erlangen-Nürnberg konnte ab dem WS 1969/70 nach erfolgreichen Bemühungen von W.Händler am „Institut für Mathematische Maschinen und Datenverarbeitung" (kurz: IMMD) eine primär mathematisch ausgerichtete Informatik an der Technischen Fakultät studiert werden: Eine gemeinsame Stellungnahme des Fachausschusses Informationsverarbeitung der GAMM (Gesellschaft für Angewandte Mathematik und Mechanik) und des Fachausschusses 6 der NTG (Nachrichtentechnische Gesell-

---

[208] Wissenschaftsrat: a.a.O. S.7

[209] Vgl. Mainzer: Entwicklungsfaktoren der Informatik in der Bundesrepublik Deutschland. S.151

schaft) hatte für einen eigenständigen Informatik-Studiengang plädiert.[210] Die Lehrinhalte dieser neuen wissenschaftlichen Disziplin sollten nach diesen GAMM/NTG-Empfehlungen eine geeignete Symbiose darstellen aus

- *allgemeinwissenschaftlichen Grundlagenfächern* wie der (angewandten) Mathematik, der Physik und der Logik (allerdings beschränkt auf Boole'sche Algebra und Schaltlogik),
- einer *Theoretischen Informatik*, die die Automatentheorie und Theorie der formalen Sprachen, die Berechenbarkeits- und Komplexitätstheorie, die nachrichtentechnische Informationstheorie und die Codierungstheorie umfaßt,
- einer *Systemorientierten Informatik*, die die Theorie und Praxis der digitalen Speicher, E/A-Geräte, Schalt- und Rechenwerke sowie der Rechnerorganisationen/-architekturen, der Programmiersprachen und Compiler, der Betriebssysteme und Datenverwaltungssysteme, der Programmierung und Datenmodellierung sowie der Schnittstelle Mensch-Maschine umfaßt und
- einer *Anwendungsorientierten Informatik* mit der Datenverarbeitung in Wirtschaft und Verwaltung sowie der Prozeßautomatisierung als Gegenstand.

Als Nebenfächer wurden Wirtschaftswissenschaften, Mathematik, Physik, Elektrotechnik, Verfahrenstechnik, Biologie und Linguistik empfohlen. Die Hinwendung zu den Nebenfächern ergab sich einerseits aus den möglichen Anwendungsgebieten der neuen Maschinen sowie den daraus resultierenden neuen wissenschaftlichen Problemstellungen, andererseits aus einer stark wachsenden Nachfrage auf dem Arbeitsmarkt nach anwendungs-geschulten Informatikern. Aus der Hinwendung zu den Anwendungsgebieten und Nebenfächern der Informatik entwickelten sich Forschungs- und Lehrbereiche, die mit Betriebs-, Wirtschafts-, Verwaltungs- und Rechtsinformatik, mit Ingenieur-Informatik, mit Medizininformatik, mit linguistischer Informatik sowie mit Mustererkennung bezeichnet werden. Da die wichtigsten Anwendungen der neuen Maschinen im Bereich der Rationalisierung

---

[210] Vgl. o.V.: Gemeinsame Stellungnahme...zu den Empfehlungen des BMWF zur Ausbildung auf dem Gebiet der Datenverarbeitung (20.6.1968)

von Wirtschaft und Verwaltung liegen, ergab und ergibt sich vor allem im Bereich der Wirtschafts- und Verwaltungsinformatik eine starke Nachfrage nach anwendungs-geschulten Informatikern.

Daß in den neuen Maschinen in Form von Programmen und Dateien/-Datenbanken die symbolischen Träger von Wissensbeständen verarbeitet werden, d.h. die mit dem Wissensbegriff verknüpften geisteswissenschaftlichen Disziplinen Logik (im umfassenden philosophischen Sinn) und Wissenschaftstheorie Grundlagenfächer der Informatik sind, blieb bei der Informatik-Institutionalisierung unberücksichtigt. Allerdings wurde vor allem von Frieder Nake und Wolfgang Coy zu berücksichtigen versucht, daß die Informatik der wissenschaftlichen Stützung einer Praxis dient, in deren Zentrum die Rationalisierung und Automatisierung geistiger Arbeit steht sowie die maschinelle Verarbeitung diesbezüglich relevanter geistiger Artefakte.

Ausgangspunkt und Leitlinie des neuen Forschungs- und Lehrprogramms im Fach Informatik war das von der US-dominierten Association for Computing Machinery (ACM) 1968 herausgegebene „*Curriculum for Computer Science*“, das in praktischer Hinsicht eine neuartige Produktlinie und in theoretischer Hinsicht die Mathematik ins Zentrum der Informatik rückte. Dabei wurde betont, daß die neue Produkt-Wissenschaft einerseits eine mathematische Disziplin, andererseits aber nicht schlicht ein Zweig der Mathematik sei.[211] Daß in der Informatik primär Fähigkeiten, Orientierungen und Methoden des Mathematikers benötigt werden,[212] ließ sich zwar mit dem Hinweis auf das US-amerikanische Vorbild leicht behaupten. Begründet wurde dies aber damit, daß sich die *Informatik als „exakte Geisteswissenschaft“* analog zur Mathematik (und im Unterschied zu den herkömmlichen Ingenieurwissenschaften) nur mit immateriellen, mit physikfreien Erfindungen befaßt.[213] Daß im Zentrum dieser immateriellen Erfindungen die geistige Arbeit von Menschen steht (sowie die Kommunikations-Handlungen, gesellschaftlichen Systeme, Wissensbestände und Probleme, auf die sich diese Arbeit bezieht), blieb bei

---

[211] Vgl. Shaw: The Carnegie-Mellon Curriculum for Undergraduate Computer Science. S. 53ff.

[212] Vgl. Brauer/Haacke/Münch: Studien- und Forschungsführer Informatik. S.35

[213] Vgl. Bauer: a.a.O. S.22

dem mathematisch geprägten Informatik-Selbstverständnis allerdings unberücksichtigt.

Von den für die Hochschulen und die Ausbildung vorgesehenen Mitteln des ersten DV-Programms in Höhe von ca. 47 Millionen DM waren ca. 37 Millionen DM für Regionale Rechenzentren vorgesehen. Im 2. DV-Programm, das den Zeitraum 1971-1975 überdeckte, wurden von den auf ca. 390 Mill. DM erhöhten Mitteln ca. 174 Mill. DM für den Aufbau der Informatik an Hochschulen verwandt. In einem für die Einführung der neuen Studiengänge gebildeten Fachausschuß wurde 1969 der weitere zusätzliche Bedarf geschätzt:

> Eine Absolventen-Bedarfsprognose rechnete jährlich mit 1500 bis 2000 Absolventen der Informatik. Auf dieser Basis erarbeitete der Ausschuß ein „Überregionales Forschungsprogramm Informatik", das nach einer Vereinbarung zwischen Bund und Ländern gemeinsam finanziert wurde ... Nach Beendigung des Forschungsprogramms im Jahre 1977 bestanden an 14 Universitäten 112 Gruppen mit 551 Wissenschaftlern. Mit einem Bundesanteil von 262 Millionen DM waren rund 1500 Studienplätze pro Jahr bereitgestellt worden, für die Ende 1976 bereits 5800 Studenten eingeschrieben waren.[214]

Die berufsfeldbezogenen Reformbemühungen kamen in der Informatik zunächst zügig voran. So sollten in Fortschreibung der GAMM/NTG-Empfehlungen von 1969 nach den im März 1985 von der GI verabschiedeten Empfehlungen im Informatik-Grundstudium

- der Mathematik-Anteil reduziert und der DV-, software- und systemtechnische Anteil erhöht,
- die physikalisch-elektrotechnischen Grundlagen nur noch im Rahmen der Technischen Informatik behandelt und
- die ingenieurmäßig orientierten Konzepte der Informatik stärker berücksichtigt werden.[215]

Die Aufteilung der Informatik in die Bereiche Theoretische Informatik, Praktische Informatik und Technische Informatik - mit einem dem Fächerkatalog des Fakultätentags Informatik vom 30. April 1976 zugrundeliegenden Verständnis von „theoretisch", „technisch" und

---

[214] Wissenschaftsrat: a.a.O. S.7

[215] Vgl. o.V.: GI-Empfehlungen: Ausbildung von Diplom-Informatikern an wissenschaftlichen Hochschulen. S.164

„praktisch" - wurde zwar weiterhin beibehalten; jedoch zeichnete sich bereits mit den ersten reformierten Studienordnungen ab, daß zur Technischen Informatik nun auch maschinennahe softwaretechnische Gebiete (wie z.B. an der TU München die Lehrveranstaltungen über Betriebs- und Echtzeitsysteme, graphische Datenverarbeitung und Expertensysteme) gezählt werden.

Nach den GI-Empfehlungen von 1985 soll sich das Studium der Informatik in den Diplomstudiengängen an Universitäten wie folgt gliedern:

A. *Studium bis zum Vordiplom* (viersemestriges Grundstudium mit Vordiplom-Abschluß):

— *Informatik* (z.B. Informationsbegriff, Theorie der Berechenbarkeit, Formale Logik, Programmiersprachen und Programmierung, Algorithmen und Datenstrukturen, Struktur und Organisation von Rechenanlagen): ca. 40 SWS

— *Mathematik* (z.B. Analysis, Lineare Algebra, Wahrscheinlichkeitstheorie und Statistik, Ingenieurmathematik): ca. 30 SWS

— *Neben-/Ergänzungsfach* (z.B. Mathematik, Elektrotechnik, Physik, Wirtschaftswissenschaften, Linguistik): ca. 10 SWS

B. *Studium bis zum Diplom* (Hauptstudium):

— *Pflichtveranstaltungen* aus der Praktischen Informatik (Programmiersprachen, Betriebssysteme, Datenbanksysteme, Dialogsysteme, Graphiksysteme, Informationssysteme, Rechnernetze, Software-Engineering, Übersetzerbau usw.), Theoretischen Informatik (Automatentheorie, formale Semantik, formale Sprachen, Komplexitätstheorie, rekursive Funktionen usw.) und Technischen Informatik (Echtzeitsysteme, Mikroprogrammierung, Rechnerarchitektur, Rechnernetze, Schaltungsentwurf und -verifikation usw.): ca. 28 SWS.

— *Wahlpflichtveranstaltungen* in einem oder mehreren Informatik-Studienschwerpunkten, wobei innerhalb der Studienschwerpunkte auch neue Fachgebiete sowie fachübergreifende oder anwendungsorientierte Themen angeboten werden sollten (wie z.B. zu den Auswirkungen der Informatik, dem Datenschutz, der Datensicherheit oder der Künstlichen Intelligenz): ca. 18 SWS.

— *Nebenfach oder Ergänzungsfach*: ca. 18 SWS.

Im letzten (neunten) Semester soll innerhalb von 6 Monaten eine Diplomarbeit angefertigt werden, deren Ergebnis zusammen mit 4-5 Fachprüfungen als Diplomprüfung gewertet wird. An vielen Universitäten wird auch eine Studienarbeit und ggf. auch ein Fortgeschrittenenpraktikum verlangt. Die angegebenen Semester-Wochenstunden-Zahlen (SWS) umfassen Vorlesungen, Übungen und Praktika. Sie stellen Richtwerte dar, die nur innerhalb einer gewissen Bandbreite zu verstehen sind. Übungszeiten an symbolischen Maschinen sind in diesen SWS-Zahlen nicht enthalten. In den Vorlesungen, Übungen und Praktika sollen formale und ingenieurwissenschaftliche Methoden und Techniken ein „gemeinsames Fundament bilden zur Darstellung der Informatik als Strukturwissenschaft".[216] Neben der wenig durchdachten Aufteilung der Informatik in die Bereiche Theoretische Informatik, Praktische Informatik und Technische Informatik wurde also auch ein Verständnis der Informatik als Strukturwissenschaft beibehalten - obwohl sie gleichzeitig die Wissenschaft von der systematischen und automatisierten Verarbeitung von „Informationen" ein Ingenieurfach sowie eine Architektur- und Gestaltungsdisziplin sein soll.[217]

Die mit den GI-Empfehlungen von 1985 angestrebte Studienreform wurde durch eine Überfüllung der meisten Informatik-Abteilungen und eine damit zusammenhängende Überlastung von Hochschullehrern erheblich erschwert und verzögert.

> An den Universitäten besteht für den Studiengang Informatik keine Zulassungsbeschränkung... Die Zahl der Studienplätze ist in Informatik an den Universitäten von 2095 im Wintersemester 1982/83 auf 3120 im Wintersemester 1988/89 angestiegen. ... Die Nachfrage nach Studienplätzen in Informatik an den Universitäten ist insgesamt ähnlich hoch wie in Numerus-clausus-Studiengängen.[218]

Die Zahl der Neueinschreibungen war über ca. 10 Jahre hinweg ca. doppelt so hoch wie die Zahl der Studienplätze für Studienanfänger. Erst ab dem WS 1991/92 nahm die Zahl der Neueinschreibungen nennenswert ab — und unterschritt dann allerdings bereits im WS

---

[216] Ebd.

[217] Siehe z.B. Schneider: Lexikon der Informatik und Datenverarbeitung. S.381; Duden Informatik. S.269-271

[218] Wissenschaftsrat: a.a.O. S.14/15

1992/93 mit 4053 die Zahl der verfügbaren Studienplätze![219]

An den heutigen Fachhochschulen Dortmund, Gummersbach und Paderborn gab es bereits 1962 erste Versuche zur Einrichtung eines Studiengangs Informationsverarbeitung (Ingenieurinformatik), den das zuständige Ministerium allerdings erst 1966 genehmigte.[220] Ein Vorschlag für einen Studiengang „Informatik an Fachhochschulen" wurde 1970 veröffentlicht; er unterscheidet zwischen

- einer allgemein DV-orientierten Ausbildung von allgemeinen Informatikern,
- einer spezifischen Informatik-Ausbildung im Ingenieurbereich,
- einer spezifischen Informatik-Ausbildung im Bereich der Betriebswirte.[221]

Darauf aufbauend wurden 1972 in den Blättern zur Berufskunde Studienpläne für eine allgemeine Informatik, eine Ingenieur-Informatik und eine Wirtschaftsinformatik vorgestellt,[222] die in jener Zeit bereits an der Fachhochschule Furtwangen realisiert waren. Im Bereich der Wirtschaftsinformatik lagen die Schwerpunkte auf

- Wirtschaftswissenschaften und Organisationslehre,
- Anwendungsprogrammierung im kommerziellen Bereich,
- Unternehmensplanung und Unternehmensforschung,
- Systemanalyse und Systemplanung sowie
- wirtschaftswissenschaftliche EDV-Anwendungen.

Der notwendige *Integrationsaspekt* konfrontierte die Hochschullehrer mit besonderen Anforderungen.[223] Während sich die Universitäts-Informatik zunächst einerseits vor allem den Traditionen mathematischer Forschung, andererseits der Erforschung und Weiterentwick-

---

[219] Dem Wissenschaftsrat danken wir für das zur Verfügung gestellte aktuelle Zahlenmaterial

[220] Vgl. Bischoff: Zur Entwicklung der Informatik und Wirtschaftsinformatik in der Bundesrepublik Deutschland. S.149

[221] Vgl. o.V.: Vorschlag für ein Studienmodell „Informatik" an Fachhochschulen

[222] Vgl. Böhme: Informatiker(grad.), Ingenieur (grad.) Informatik. Blätter zur Berufskunde

[223] Vgl. Bischoff: Zur Entwicklung der Informatik und Wirtschaftsinformatik in der Bundesrepublik Deutschland. S.156

lung einer neuen Produktlinie verpflichtet fühlte und deren Anwendungen im allgemeinen nur im Zuge eines Nebenfach-Studiums oder der Diskussion um gesellschaftliche Informatik-Folgen berücksichtigte, waren die (integrierten) Anwendungen dieser neuen Produktlinie Ausgangs- und Zielpunkt für die Institutionalisierung der Informatik an den Fachhochschulen.

Die weitere Entwicklung an den Fachhochschulen wurde von den im November 1975 verabschiedeten Empfehlungen der Gesellschaft für Informatik für ein Informatikstudium an Fachhochschulen beeinflußt, in der die Einrichtung folgender Studiengänge empfohlen wird:

- *Allgemeine Informatik* (Informations-, Datenbank- und Betriebssysteme, DV-Maschinen- und DV-Anwendungsprogrammierung, Methoden der Software-Entwicklung, Organisation und Betrieb von Rechenzentren, Ordentlichkeit der Datenverarbeitung, Auswahl und Bewertung von DV-Maschinen-Konfigurationen),
- *Technische Informatik*[224] (Prozeßtechnik, DV-technische Rationalisierung fertigungs- und verfahrenstechnischer Abläufe, DV-technische Simulation technischer Prozesse, Hardware-Strukturierung und Interface-Techniken, Datenfernverarbeitung);
- *Wirtschaftsinformatik* (DV-technische Systemanalyse, DV-Organisation, DV-Anwendungsentwicklung, Statistik, Operations Research).

Auf die an den wissenschaftlichen Hochschulen und Universitäten betonte Unterscheidung zwischen theoretischer, praktischer und angewandter Informatik wurde also verzichtet. Eine klarere Unterscheidung konnte sich an den Fachhochschulen, bei deren Professoren die Sorge um staatliche Förderungsmittel und private Drittmittel traditionell nicht den Stellenwert wie bei Universitäts-Professoren einnimmt, offensichtlich leichter etablieren.

---

[224] Heute meist als „Ingenieur-Informatik“ bezeichnet

3.4 Informatik als theoretische, technische, praktische und angewandte Disziplin

> Zur Strukturierung wird die Informatik traditionell in die Kerngebiete Theoretische Informatik, Praktische Informatik und Technische Informatik unterteilt. Hinzu kommen das Gebiet Informatik und Gesellschaft, ..., Didaktik der Informatik sowie ein breites Spektrum von anwendungsspezifischen Teildisziplinen, z.B. Wirtschaftsinformatik, Medizininformatik, Rechtsinformatik.[225]

3.4.1 Zur faktischen Entwicklung der Informatik

> Angesichts der hohen Nachfrage nach Studienplätzen in Informatik wird von Fachvertretern die Einführung von Zulassungsbeschränkungen an den Universitäten gefordert. Damit soll dem Fach die Chance der Konsolidierung bei weiterem behutsamen Ausbau gegeben werden. ... Bund und Länder haben diese Forderung bislang abgelehnt und entschieden, das Fach wegen seiner Bedeutung für die technologische und wirtschaftliche Entwicklung in der Bundesrepublik Deutschland ... offenzuhalten.[226]

In Widerspruch zu den Empfehlungen des BIFOA-Instituts von E.Grochla sowie mehr oder weniger abweichend von den GAMM/-NTG-Empfehlungen von 1968/69 vollzog sich die faktische Entwicklung in der Informatik - grob gezeichnet - folgendermaßen:

1. Durch die von der Mathematik in die Informatik eingebrachte Theorie der Berechenbarkeit und Komplexität (Turing, Church, Post, Gödel), der Automatentheorie (Mealy, Moore) und der Theorie der formalen Sprachen (Chomsky) wurde eine *Theoretische Informatik* konstituiert.[227] Mathematische Theorien von Informationssystemen (Informationstheorie nach Wiener und Shannon, Codierungstheorie, Kryptographie) und formale Theorien verteilter Systeme (Petri-Netztheorie) kamen zu diesem Selbstverständnis vom theoretischen Fundament der Informatik

---

[225] O.V.: Gemeinsame Stellungnahme der Fakultätentage Elektrotechnik und Informatik zur Abstimmung ihrer Fachgebiete im Bereich Informationstechnik. S.164

[226] Wissenschaftsrat: a.a.O. S.15

[227] Eine gelungene Einführung in die Theorie von Automaten und formalen Sprachen sowie in die Berechenbarkeits- und Komplexitätstheorie bietet Schöning: Theoretische Informatik kurz gefaßt

hinzu. Nach P.Rechenberg ist die Theoretische Informatik die mathematische Basis der Informatik und in vielem von der Mathematik nicht zu unterscheiden.[228] Aufgrund der institutionell sehr erfolgreichen KI-Bemühungen werden inzwischen mancherorts aber auch die theoretischen Aspekte der Kognitionswissenschaft zur Theoretischen Informatik gezählt.

2. Die für die Hardware der neuen (Rechen-)Maschinen relevanten Fragestellungen der Informatik sowie die zugrunde liegenden Theorien der Physik und Elektro-/Nachrichtentechnik einerseits, Verfahren der Fertigungstechnik andererseits konstituierten eine *Technische Informatik*. Teilgebiete der Technischen Informatik behandeln die verschiedenen Hardwarekomponenten der neuen Maschinen, beginnend mit elektronischen Bausteinen zum Speichern, Verarbeiten oder Übertragen von Ziffern und anderen Symbolen, bis hin zu den physischen Funktionsgruppen und Architekturen wissenstechnischer Systeme. Im Mittelpunkt stehen dabei jedoch nicht elektronische Schaltungen oder nachrichtentechnische Übertragungstechniken, sondern organisatorische Fragen des physischen Aufbaus („Architektur“) und der physischen Verbindungen („Struktur“) wissenstechnischer Systeme, die in Fächern wie z.B. Rechnerstrukturen, Rechnerarchitektur und Rechnerverkehrstheorie thematisiert werden. Die Technische Informatik überschneidet sich mit der Elektrotechnik, die die Grundlagen entwickelt hat „für den systematischen Entwurf und die Konstruktion von Schaltungen, Geräten und Anlagen (Systemen), welche in optimaler Weise die Wandlung, den Transport, die Umformung und die Verteilung elektrischer Energie ermöglichen oder mit Hilfe der Elektrizität als Informationsträger Informationen in Form von Signalen darstellen, speichern, verarbeiten und übertragen.“[229] In der Elektrotechnik sind von dieser Überschneidung nicht nur die Teilgebiete „Mikroelektronik“ und „integrierte Schaltungen“ betroffen, sondern auch und vor allem die Ingenieur-Informatik und Automatisierungstechnik: Auch das Studium des Elektroingenieurs umfaßt heute eine Einführung in die Ent-

---

[228] Vgl. Rechenberg: a.a.O. S.13
[229] Ebd. S.5

wicklung, Programmierung und Nutzung wissenstechnischer Maschinen, wobei allerdings — analog zum methodologischen und begrifflichen Selbstverständnis der Informatik — Grundlagenfragen ausgeklammert werden.

3. Die mit Hilfe von Ein-/Ausgabe-Kanälen sowie schnelleren Prozessoren und Speicherzugriffstechniken stark erhöhte Leistungsfähigkeit von Rechenmaschinen sowie die Entwicklung von preisgünstigen und leistungsfähigen Datenspeichern führten ab Mitte der 60er Jahre zu einer enormen Erweiterung ihres Anwendungsbereichs im Mehrbenutzerbetrieb: die großen Datenmengen der Wirtschaft und (politischen) Verwaltung wurden nun in zunehmendem Maße in von der Kompliziertheit der Hardware abstrahierenden Dateien und Datenbanken gespeichert, mit diesbezüglich weiterentwickelten Betriebssystemen im Mehrbenutzerbetrieb verwaltet und mit Hilfe von Datenbank-Sprachen einer logischen Verknüpfung, maschinellen Verarbeitung, Wiedergewinnung und Ausgabe-Aufbereitung zugänglich gemacht. Die *Praktische Informatik* versuchte dieser Entwicklung dadurch gerecht zu werden, daß sie sich einerseits auf die Entwicklung effizienter Betriebssysteme konzentrierte, andererseits auf die Entwicklung von Datenmodellen und Datenbanksprachen. Aber auch der Bereich der Programmiersprachen (von FORTRAN, COBOL und BASIC über ALGOL und PASCAL bis zu objektorientierten Programmiersprachen und den sog. KI-Programmiersprachen LISP und PROLOG) mit ihren Compilern und Programmiersystemen bzw. -werkzeugen werden zur Praktischen Informatik gezählt. „Praktische Informatik" ist jedoch ein ebenso unglücklicher Ausdruck wie „Theoretische Informatik" und „Technische Informatik". Nach P.Rechenberg wurde er in Analogie zu „Praktische Mathematik" gebildet und fand gemeinsam mit der Wortschöpfung „Technische Informatik" nur im deutschen Sprachraum eine Verbreitung.[230] Ausgezeichnete Teilgebiete der Praktischen Informatik sind

— Programmiersprachen,

— Compilerbau,

[230] Vgl. ebd. S.12 und Fußnote 2, S.269

— Programmiersysteme und -Werkzeuge,
— Betriebssysteme,
— Datenbanksysteme[231],
— Expertensysteme[232],
— Software-Beschreibungstechniken (Entity-Relationship-Diagramme, Datenflußdiagramme, Ablaufdiagramme, objekt-orientierte Diagramme mit „Vererbungsbeziehungen"),
— „Knowledge Engineering", „Wissensrepräsentation"[233] und „Wissensmodellierung"[234], sowie
— Architekturen, Modelle und Methoden für Entwicklung, Betrieb und/oder Nutzung wissenstechnischer Maschinen.

Auch der anwendungsbezogene Bereich der „Simulation mit Hilfe wissenstechnischer Maschinen" und die gesamte Künstliche Intelligenz werden in manchen Informatik-Darstellungen zur Praktischen Informatik gezählt.[235]

4. Die *Anwendungsorientierte Informatik* blieb bei der Institutionalisierung der Informatik-Forschungsgruppen und Informatik-Studiengänge zunächst weitgehend unberücksichtigt. Sie entwickelte sich später vor allem in Form interdisziplinärer Bindestrich-Informatiken (bzw. von Studiengängen mit Informatik als Nebenfach), deren Gegenstand Anwendungen der „Kerninformatik" (d.h. Theoretische Informatik plus Technische Informatik plus Praktische Informatik) in jeweils einer der traditionellen Fachdisziplinen bilden: „Unter angewandter Informatik faßt man Anwendungen von Methoden der Kerninformatik in anderen Wissenschaften zusammen."[236] In methodischer Hinsicht gibt es jedoch keine wesentlichen Unterschiede zwischen Praktischer Informatik und den Bindestrich-Informatiken: In beiden Bereichen geht es metho-

---

231 Vgl. z.B. Lockemann/Schmidt (Hrsg.): Datenbank-Handbuch
232 Vgl. z.B. Görz (Hrsg.): a.a.O. S.713-766
233 Vgl. z.B. ebd. S.3-39, S.139-204, S.329-339 und S.723-730
234 Vgl. z.B. ebd. S.730-743
235 Vgl. z.B. Duden Informatik. S.270
236 Ebd.

disch um Prozesse der Wissensbildung und deren Dokumentation sowie um eine Reduktion von Wissensbeständen auf maschinell bearbeitbare geistige Artefakte — außerdem um sog. Spezifikations- und Modellierungs-Techniken sowie um Werkzeuge, die eine korrekte (Weiter-)Entwicklung und/oder Nutzung dieser Artefakte ermöglichen sollen.

Diese begriffliche Ausdifferenzierung geht nach G.Krüger bis in die Gründerjahre der Informatik zurück, als im förderungspolitischen Vokabular des von Bund und Ländern konzipierten *Überregionalen Forschungsprogramms Informatik* sorgfältig eine die theoretische, technische und praktische (bzw. „systemorientierte") Informatik umfassende Kerninformatik von einer Angewandten Informatik unterschieden wurde.[237] Der Schwerpunkt dieser überregionalen Forschungsförderung lag bei der theoretischen (genauer: mathematischen) und der praktischen (genauer: programmier- und softwaretechnischen) Informatik und beim Aufbau eines Ausbildungssystems. Die einer jeden Entwicklung und Nutzung von Softwaresystemen stets vorgelagerte Wissensbildung und deren methodologische Grundlagen blieben unberücksichtigt.

Am 30. April 1976 wurde vom Fakultätentag Informatik ein Fächerkatalog verabschiedet, der die Informatik aufgliedert in

— Theoretische Informatik,

— Praktische Informatik,

— Technische Informatik,

— Anwendungen der Informatik,

— Gesellschaftliche Bezüge der Informatik und

— Didaktik der Informatik.

Auch die „gesellschaftlichen Bezüge der Informatik" ließen die methodologischen Defizite der Informatik nahezu unberücksichtigt und beschränkten sich im allgemeinen auf sozialwissenschaftliche und politische Fragen nach den sozialen Folgen:

> Ähnlich wie bei der Entwicklung mechanischer Maschinen (Schlüsselerfindung: Dampfmaschine, industrielle Revolution) wird auch der Com-

---

[237] Vgl. Krüger: Zum Einfluß der Informatik auf die Hochschulausbildung. S.495

puter als Instrument der Rationalisierung eingesetzt, woraus sich für die Betroffenen oft schwerwiegende soziale Folgen (Wandel von Arbeitsplätzen und beruflichen Anforderungen,...) ergeben.[238]

Die Frage von Abschnitt 2.6 nach „Orientierungswissen und Verantwortung" wurde an den meisten Informatik-Standorten in der Forschung und Lehre zunächst noch nicht thematisiert — oder ggf. nur unter speziellen gesellschafts-politischen Gesichtspunkten behandelt.

Im Bereich der Didaktik der Informatik — und der diesbezüglich notwendigerweise erforderlichen Forschungen auf dem Gebiet der methodologischen und begrifflichen Informatik-Grundlagen — wurde an allen Informatik-Standorten die Einrichtung spezieller Lehrstühle oder Forschungsgruppen für überflüssig gehalten. Die weitverbreitete Orientierungslosigkeit der Informatik findet auch dadurch eine gewisse Erklärung.

Eine den Zeitraum bis 1979 berücksichtigende Rekonstruktion der Informatik gibt K.Mainzer, wobei ein Weg aufgezeigt wird, der von

- industriellen und universitären Forschungsprojekten
- über eine Anhäufung von auf mathematische Maschinen und die Datenverarbeitung bezogenen Forschungs- und Lehrbemühungen in ausgezeichneten Instituten der Mathematik und Nachrichtentechnik
- bis zur institutionalisierten Wissenschaft Informatik führt, die nun ihrerseits in der Folgezeit massiv andere wissenschaftliche Disziplinen und Berufsfelder verändert.[239]

Die Frage, warum die physikalisch-elektrotechnischen Aspekte der Informatik nicht bei der Physik/Elektrotechnik und die mathematischen Aspekte der Informatik nicht bei der Mathematik belassen wurden, werden allerdings auch dort nicht beantwortet.

Eine moderne Darstellung der Informatik als theoretische, technische, praktische und angewandte Disziplin findet sich in dem bereits zitierten Werk von P.Rechenberg.[240] Bei der fachlichen Organisation der Gesellschaft für Informatik spielt diese Unterscheidung heute aller-

---

[238] Informatik Duden. S.271

[239] Vgl. Mainzer: a.a.O. S.117ff.

[240] Rechenberg: a.a.O.

dings kaum noch eine Rolle. Lediglich im Fachbereich 0 (Grundlagen der Informatik) gibt es einen Fachausschuß 0.1 (Theoretische Informatik), während alle anderen Fachbereiche eine mehr oder weniger bunte Mischung sind aus theoretischen, technischen, praktischen und angewandten Aktivitäten. Dabei fällt einerseits die Verteilung von anwendungsbezogenen Informatik-Aktivitäten über eine Vielzahl von Fachbereichen auf (siehe hierzu auch 3.2.3), andererseits die „Sonderrolle" einiger Fachbereiche, wie z.B.

- die des FB 0 als eines Mathematik-orientierten Grundlagenfachbereichs,
- die des FB 1 als eines Intelligenz- bzw. Kognition-orientierten Grundlagenfachbereichs für die Maschinisierung menschlicher Wahrnehmungs- und Verstandesleistungen mit vielfältiger Interdisziplinarität,
- die des FB 2 als eines softwaretechnischen Kernbereichs sowie
- die des FB 8 als eines supradisziplinären Fachbereichs für die Berücksichtigung der gesellschaftlichen Belange der Informatik.

Da die Grundlagen- bzw. Kernfragen einer anwendungsbezogenen Informatik in den Grundlagenfachbereichen FB 0 und FB 1 bzw. im softwaretechnische Kernbereich FB 2 viel zu wenig berücksichtigt werden, scheint manchem der Fachbereiche mit Anwendungsbezug nichts anderes übrig zu bleiben, als sich erforderliche Grundlagen und Informatik-Kernbereiche selbst zu erarbeiten. Wenn dabei in sieben verschiedenen Fachbereichen „nebenbei" gleiche oder ähnliche Grundlagen-/Kernprobleme der Informatik bearbeitet werden, so sind auf diesem Wege die im Bereich der Informatik-Anwendungsentwicklung benötigten Grundlagen sicherlich sehr viel langsamer und unsystematischer zu erlangen als mit Hilfe von Grundlagen- und Kernfachbereichen, die sich den entsprechenden Problemen bei der Anwendungs-Entwicklung wissenstechnischer Systeme explizit stellen. Wolfgang Coy hat zwar der GI zu vermitteln versucht, daß die Theoretische Informatik nicht die für die Praxis der Informatik eigentlich benötige Theorie liefert. Aber allein mit der Institutionalisierung des FB 8 (Informatik und Gesellschaft) konnten die Grundlagendefizite der Informatik auch nicht behoben werden, zumal dieser Fachbereich nicht nur grundlagenorientiert nach einer für die Praxis hilfreichen und tragfähigen Theorie der Informatik sucht[241], sondern sich auch und hauptsächlich mit den gesellschaftlichen und politischen Aspekten der Informatik beschäftigt. Die Existenz dieses Fachbereichs erweckt außerdem den Eindruck, daß die Informatik-Aktivitäten der etablierten Fachbereiche „die Gesellschaft“ (und/oder deren Praxis) unberührt lassen können, d.h. die zunehmenden Forderungen nach einer gesellschafts-/-praxisbezogenen Forschung und Lehre in der Informatik bei Bedarf sehr bequem an deren FB 8 weitergeleitet werden können.

Im Zuge des rasanten Aufbaus der Informatik wurde also leider nicht geklärt,

- wie sich die Informatik praxis- und problembezogen einerseits, theorie- und methodenbezogen andererseits, als eigenständige (technische) Disziplin begründen läßt,
- durch welche Probleme, Grundlagenfächer und Methoden eine Kerninformatik konstituiert wird bzw. werden sollte,
- in welchem Umfang die Anwendungen programmierbarer Maschinen in der Kerninformatik berücksichtigt werden sollen bzw. können,
- ob die Schnittstelle zwischen einer richtig verstandenen Kerninformatik und den mit ihr korrespondierenden Anwendungsfächern innerhalb oder außerhalb der Informatik-Institute verlaufen soll.

Bei einem Verständnis der Informatik als „Wissenschaft von der systematischen Verarbeitung von Informationen - insbesondere der automatischen Verarbeitung mit Hilfe von Digitalrechnern“[242], verschwindet die Notwendigkeit zur Beantwortung derartiger Fragen hinter einem ungeklärten Informationsbegriff und/oder hinter kybernetischen Ansätzen zur Modellierung der Informationsverarbeitung in Mensch und Maschine.

Der *Grundlagenfachbereich FB 0* der Gesellschaft für Informatik umfaßt nur die Fachgruppen 0.0.1 Petri Netze und 0.0.2 Neuronale Netze sowie den Fachausschuß *FA 0.1 Theoretische Informatik* mit

[241] Vgl. hierzu Abschnitt: Grundlagen einer Theorie der Informatik, in: Coy et al. (Hrsg.): Sichtweisen der Informatik. S.13-118

[242] Vgl. Brauer/Haacke/Münch: Studien- und Forschungsführer Informatik. 1984, S.34

den Fachgruppen

- 0.1.1 Algorithmen und Datenstrukturen
- 0.1.2 Algorithmen und Geometrie
- 0.1.3 Parallele und Verteilte Algorithmen
- 0.1.4 Komplexität
- 0.1.5 Automaten und Formale Sprachen
- 0.1.6 Logik in der Informatik
- 0.1.7 Spezifikation und Semantik.

Die einer mathematischen Analyse und Darstellung von Problemen bzw. Wissensbeständen vorgelagerten fachwissenschaftlichen, methodologischen oder gar philosophischen Fragestellungen bleiben bei der Arbeit dieser Fachgruppen im allgemeinen unberücksichtigt. Große Teile der Theoretischen Informatik wurden vermutlich auch nur aufgrund förderungspolitischer Aspekte aus der Mathematik ausgelagert und zu Informatik-Fächern deklariert. Jedenfalls hätte man die meisten Aktivitäten der Theoretischen Informatik auch bei der Mathematik belassen und mit einer so erweiterten Mathematik dann die Mathematik-Vorlesungen in der Informatik bestreiten können.[243] Da an etablierten Fakultäten (wie z.B. der Mathematik) das Interesse an technischen Fragestellungen jedoch nicht oder kaum entwickelt war, muß aber auch Verständnis dafür aufgebracht werden, daß „progressive" Mathematiker (und ggf. auch andere Fachwissenschaftler) ihre technikbezogenen Forschungsbemühungen über den Umweg der Informatik institutionell abgesichert haben.

Forderungen nach einer Reform der Informatik kamen und kommen vor allem aus dem Kreis ihrer Anwender und Betroffenen. Deren Kritik an einer unzulänglichen *Praxis-Orientierung* des Informatik-Studiums und einer zu starken Mathematik-Orientierung[244] teilen auch jene Informatik-Studierende, die eine mehr berufsfeldbezogene

---

[243] Auch der GI-Fachausschuß 2.2 (Mathematische Software) wäre besser bei der Mathematik als bei der Informatik aufgehoben - und wenn man schon meint fachspezifische Software im FB 2 berücksichtigen zu müssen, warum dann bitte nur die aus der Mathematik?

[244] Zur Überbewertung der Mathematik-Orientierung in der Informatik vgl. insb. Brauer/Haacke/Münch: Studien- und Forschungsführer Informatik. 1984, S. 76-114 sowie 1978, S.59-88

Ausrichtung ihres Studiums und eine in Forschung und Lehre institutionalisierte Auseinandersetzung mit den wirtschaftlichen Notwendigkeiten der Informatik sowie deren sozialen und kulturellen Auswirkungen fordern. Der mangelnde Praxisbezug einer „Elfenbein-Informatik“ wird insbesondere von Fachvertretern der Wirtschaftsinformatik heftig kritisiert.[245]

3.4.2 Die Grenzziehung zum „informationstechnischen Teil“ der Elektrotechnik

> Studiengänge, die Mikroelektronik oder Nachrichtentechnik/Physik im Hauptfach und Informatik im Nebenfach miteinander verbinden, sind für Forschung und industrielle Entwicklung besonders interessant. ... Der Wissenschaftsrat empfiehlt den Hochschulen, verstärkt Studiengänge einzurichten, die Elektrotechnik/Nachrichtentechnik und Informatik verbinden.[246]

Wenn Informatik definiert wird als „Wissenschaft, Technik und Anwendung der Informationsverarbeitung und der Systeme zur Verarbeitung, Speicherung und Übertragung von Information“[247], stellt sich die Frage nach der Grenzziehung zum „informationstechnischen“ Teil der Elektrotechnik. In einer gemeinsamen Stellungnahme der Fakultätentage Elektrotechnik und Informatik von 1991 wurde dieses Verhältnis folgendermaßen umrissen:

> Die Informationstechnik ist damit der Bereich der wechselseitigen Anwendung, von Informatik durch die Elektrotechnik und von Elektrotechnik durch die Informatik.[248]

Auf die Herausarbeitung der methodologischen, begrifflichen und disziplinären Unterschiede zwischen der klassischen Ingenieurdisziplin Elektrotechnik und der neuen Technikwissenschaft Informatik wurde verzichtet — obwohl erkannt wurde, daß

---

[245] Besonders scharf jüngst von A.-W. Scheer unter der Überschrift „Elfenbein-Informatik“ im Editorial des informatik magazin 6/93

[246] Wissenschaftsrat: a.a.O. S.60

[247] O.V.: Gemeinsame Stellungnahme der Fakultätentage Elektrotechnik und Informatik zur Abstimmung ihrer Fachgebiete im Bereich Informationstechnik. S.164

[248] Ebd. S.166

- Begriffe unterschiedlich interpretiert werden und so zu einer weiteren Verwirrung in der Öffentlichkeit beitragen,
- hiervon insbesondere das zukunftsträchtige Gebiet betroffen ist, das sich mit der Entwicklung „informationstechnischer" Systeme befaßt
- und sich an dem dafür verwendeten Begriff „Informationstechnik" auch politische Fördermaßnahmen orientieren.[249]

Warum eine disziplinäre Abgrenzung im „informationstechnischen" Bereich „wegen der Wechselwirkungen zwischen Technologie, Architektur, Methodik und Anwendungen auch nicht sinnvoll"[250] sein soll, wurde nicht näher begründet. Unbeantwortet blieb auch die Frage, warum in der Forschung die erstrebten „ganzheitlichen Lösungen, bei denen Hard- und Software systemeinheitlich betrachtet werden"[251] und nützliche Synergieeffekte nur bei der vorgeschlagenen Verwischung von Unterschieden zwischen der Elektrotechnik und der Informatik möglich sein sollen.

Eine inter- oder transdisziplinäre Zusammenarbeit in der Forschung setzt bekanntermaßen *nicht* voraus, daß auf disziplinäre Grenzziehungen verzichtet wird und z.B. „informationstechnische" Forschungsanträge ohne Rückbesinnung auf die grundlegenden Unterschiede zwischen der Elektrotechnik und der Informatik behandelt werden. Sicherlich umfaßt die „Informationstechnik" transdisziplinäre Techniken, die wesentliche Wurzeln in der Elektrotechnik und in der Informatik haben. Die Forderung nach einer Integration von Elektrotechnik und Informatik im Bereich ihrer „informationstechnischen" Forschung und Lehre ist jedoch trotz eines möglicherweise erzielbaren Einsparungseffekts an knappen öffentlichen Mitteln selbst dann wenig sinnvoll, wenn sie forschungs- und bildungspolitisch erfüllbar wäre. Denn die Informatik beschäftigt sich ja nicht nur mit der Maschinisierung der nachrichten- und kommunikationstechnischen Daten- und Wissensverarbeitung (bzw. der hierfür relevanten „Informationstechnik"), sondern eben auch mit der Maschinisierung der Daten- und Wissensverarbeitung in einer Vielzahl anderer Praxen, insbesondere im Be-

---

[249] Ebd. S.163-164
[250] Ebd. S.167
[251] Ebd.

reich von Wirtschaft und Verwaltung — und außerdem sind die programmierungs-, betriebs- und nutzungstechnischen Probleme bei diesem Maschinisierungsprogramm zu ausgreifend, um auch noch im Rahmen der Elektrotechnik angemessen berücksichtigt werden zu können.

Das wesentliche Ergebnis der gemeinsamen Stellungnahme der Fakultätentage Elektrotechnik und Informatik zur Abstimmung ihrer Fachgebiete im Bereich „Informationstechnik" scheint uns die wissenschaftspolitische Empfehlung zu sein, „daß die informationstechnisch ausgerichteten Lehrstühle in der Forschung stärker zusammenarbeiten, insbesondere im Hinblick auf die Steigerung der Leistungsfähigkeit und die Einwerbung von Mitteln aus Programmen zur Förderung der Informationstechnik."[252] Dabei ist jedoch zu berücksichtigen, daß sich diese Stellungnahme nur auf den Bereich der „Informationstechnik" bezieht und die nicht weniger problematischen disziplinären Überschneidungen in den (schlicht der Elektrotechnik zugeordneten!) Bereichen „Automatisierungstechnik" sowie „Sprach- und Bildverarbeitung" ebenso unberücksichtigt bleiben wie die programmierungs-, betriebs- und nutzungstechnischen Fragen bei der Maschinisierung der nachrichten-/kommunikationstechnischen Daten- und Wissensverarbeitung. Sicherlich sind diese Defizite u.a. auch damit zu erklären, daß dieser Stellungnahme noch immer die im Kapitel 3.4.1 diskutierte Sichtweise der Informatik als theoretische, technische, praktische und angewandte Disziplin zugrunde liegt.

Eine tragfähige disziplinäre Grenzziehung zwischen Informatik und Elektrotechnik ergibt sich dann von selbst, wenn wir den disziplinären Kern der Informatik in einer anspruchsvollen Wissenstechnik sehen, die den

- Programmierungs-, Betriebs- und Nutzungstechniken *für* programmierbare Maschinen einerseits,
- Automations-, Informations- und Simulationstechniken *mit Hilfe* programmierbarer Maschinen andererseits,

ein theoretisch und praktisch tragfähiges Fundament zu geben versucht. Dabei sind dann allerdings nicht mehr der Informationsbegriff

---

[252] Ebd.

(der Nachrichtentechnik) und der Berechnungsbegriff (der Mathematik) die Schlüsselbegriffe der Informatik, sondern der Wissensbegriff. Unsere Kritik an den Vorschlägen der Fakultätentage Elektrotechnik und Informatik zur Behandlung disziplinärer Grenzfragen im Bereich der „Informationstechnik" betrifft also neben dem erzielten wissenschaftspolitischen Kompromiß primär das in der Informatik etablierte Selbstverständnis, das wir für grundlegend verbesserungsbedürftig halten.

3.5 Zur Softwaretechnik

> Die Beherrschung von Software wird damit zum herausragenden Wettbewerbsinstrument. Grundlagenergebnisse für die effektive Produktion von Anwendersoftware, für die Qualitätssicherung von Software, für die Wartbarkeit und für die Benutzbarkeit und Bedienungsfreundlichkeit von Software sind thematische Erwartungen, die an die Informatik gestellt sind.[253]

3.5.1 Zur Software-Krise

> The software crisis is a state of affairs in which we construct, sell and increasingly rely on computer programs that are incompletely understood.[254]

Bei der (Weiter-)Entwicklung und Nutzung der neuen Maschinen wurden steigende Software-Kosten und softwaretechnische Probleme zum bestimmenden Faktor. Der Übergang von Maschinensprachen zu höheren, problem- und/oder objektorientierten Programmiersprachen konnte daran im Prinzip nichts ändern. Bereits Ende der sechziger Jahre wurde eine *Softwarekrise* diagnostiziert, weil

- „weiche Ware" — eigentlich verständlicherweise — oft nicht zuverlässig entwickelt und/oder betrieben werden konnte,
- „weiche Ware" die Benutzer-Anforderungen oder das versprochene Preis-Leistungsverhältnis oft nicht zufriedenstellend erfüllte und

---

[253] Schwärtzel: Rolle und Bedeutung der Informatik aus industrieller Sicht S.510
[254] Patridge: Will AI lead to a super software crisis? S.32

- „weiche Ware“ oft nicht in dem vom Management vorgesehenen Zeit- und Kostenrahmen entwickelt werden konnte.

Auf einer 1968 in Garmisch-Partenkirchen durchgeführten Konferenz über „Software Engineering“ wurde deshalb eine *Software-Manufaktur* gefordert, „based on the types of theoretical foundations and practical disciplines, that are traditional in the established branches of engineering.“[255] Um Softwaresysteme zuverlässiger und effektiver entwickeln zu können, wurde eine Rückbesinnung auf ingenieurwissenschaftliche Prinzipien und Methoden gefordert: Prinzipien- und Methodenlehren traditioneller Ingenieurwissenschaften sollten auf das neue Gebiet der „weichen Ware“ übertragen werden — ohne jedoch ein Grundlagenfach wie z.B. die Physik benennen zu können, das mit seinen Kausalerklärungen den theoretischen Hintergrund für ingenieurwissenschaftliche Tätigkeit bildet. Mit der Institutionalisierung einer Disziplin „Software Engineering“ hoffte man Softwaresysteme besser „in den Griff“ zu bekommen, d.h. ihren „Lebenszyklus“ von der Planung und Entwicklung bis zur Implementierung, Qualitätskontrolle, Nutzung und Pflege zuverlässiger und effektiver abwickeln zu können. Im Rahmen einer theoretischen und praktischen Auseinandersetzung mit der *strukturierten Programmierung* verbreitete sich dabei relativ schnell die Einsicht, daß auf rein syntaktischem Wege die angestrebte strukturierte, schrittweise (nachvollziehbare) und modulare Programmierung nicht erzwingbar ist — und umgekehrt auch mit den als „schädlich“ eingestuften strukturlosen Sprunganweisungen (GOTO's) durchaus entsprechend dem Prinzip der strukturierten Programmierung programmiert werden kann: Die für den Bereich der Programmentwicklung als notwendig erkannte Disziplinierung der Vorgehensweise läßt sich nicht mit einem Verzicht auf GOTO-Anweisungen oder mit Vorschriften zum Gebrauch ausgewählter Programmstrukturen oder Programmiersprachen erzwingen. Vielmehr ist eine derartige methodische Disziplinierung auch dort angebracht, wo durch neue Programmiersprachen neue „Stile des Denkens“ und der „Entwicklung der Rechenautomaten-Benutzung“[256] — bzw. neue Programmierstile und Verarbeitungsmodelle — vorgezeichnet sind, d.h. wo die Vorstellung von

---

[255] Naur/Randell: Software Engineering. Report on a Conference sponsored by the NATO Science Communitee. S.13

[256] Vgl. Händler: Wandlungen im Verhältnis zwischen Mensch und Maschine. S.8

einem maschinellen Verarbeitungsmodell einen Programmierstil begründet, der durch Programmiersprachen unterstützt oder behindert werden kann[257]: Auch bei regel-, objekt- oder logikorientierten Programmierstilen ist eine methodische Disziplinierung der Vorgehensweise erforderlich, damit Programme nicht wie „Kraut und Rüben" wachsen und der Programmierer am Ende selbst nicht mehr weiß, wie seine Programme aufgebaut und zu verstehen sind. Eine zusammenfassende Darstellung dieser neueren Programmierstile findet sich in der von P.Schefe verfaßten konstruktiven Einführung in die Informatik.[258]

3.5.2 Softwaretechnik als mathematische Teildisziplin

> One of the earliest suggestions for making software *provably* correct or reliable was to write comments not in English but in a formal mathematical notation such as first-order-logic, and to infer the correctness of the program from *both* the program text *and* the formalized comments.[259]

Die ersten Softwaretechniker kamen nicht aus einer ingenieurwissenschaftlichen Disziplin, sondern aus der Mathematik:

> Speiser in Zürich gewann Rutishauser, Wilkes in Cambridge arbeitete mit Gill und Wheeler, Piloty in München fand Sauer und seine Schule als Partner.[260]

Und die wissenschaftlichen Bemühungen in der Softwaretechnik konzentrierten sich zunächst auf die von P.Naur, R.Floyd und C.A.R.Hoare Ende der sechziger Jahre entwickelten bzw. propagierten *Methoden der Programmverifikation.* Auch F.L.Bauer, E.W. Dijkstra, D.Gries, Z.Manna und andere von der Mathematik herkommende Theoretiker rückten eine Analogie zwischen der Entwicklung von Programmen und dem Beweisen mathematischer Sätze in den Mittelpunkt ihrer theoretischen Lösungsvorschläge für die Softwarekrise.[261] Diese Analogie erschien zunächst auch recht plausibel, da

---

[257] Vgl. Stoyan: Programmiermethoden der Künstlichen Intelligenz

[258] Vgl. Schefe: Informatik - eine konstruktive Einführung

[259] Brady: The Theory of Computer Science. A Programming Approach. S.186/187

[260] Mainzer: a.a.O. S.135

[261] Vgl. z.B.: Bauer/Wössner: Algorithmische Sprache und Programmentwicklung; Dijkstra: A Discipline of Programming; Gries: The Science of Programming; Manna: Mathematical Theory of Computation; Jones: Software Development

in beiden Fällen mit symbolisch-schematischen Ausdrucksmitteln und formal-logischen Argumentationsketten gearbeitet wird. Die Frage nach einer Lösung der immer kostspieliger werdenden Softwareprobleme wurde dabei allerdings etwas vorschnell reduziert auf Theorien, Methoden und Werkzeuge zum Nachweis der *formalen Korrektheit* von Programmen, d.h. auf den Nachweis der Widerspruchsfreiheit zwischen formaler Programmspezifikation und entwickeltem Programm. Für die Praxis der Software-Entwicklung wurde dementsprechend eine formale Vorgehensweise vorgeschlagen, die mit Hilfe formaler Programm-Spezifikationen zu einer als korrekt beweisbaren Programmentwicklung führt: eine problembezogene Spezifikation von Anforderungen wird mit Hilfe algorithmischer Vorschriften und logischer Operatoren unter Beachtung methodischer Prinzipien schrittweise solange in Subspezifikationen zerlegt, bis diese auf unmittelbar einsichtige Weise in maschinell interpretierbare Ausdrücke einer Programmiersprache transformiert werden können. Dabei kamen die folgenden Prinzipien zur Anwendung:

- das Prinzip der mit Hilfe ausgezeichneter Ausdrucksmittel bzw. Programmstrukturen *disziplinierten Programmierung*,
- das Prinzip der *schrittweisen Vorgehensweise* bzw. *schrittweisen Verfeinerung*[262] und
- das Prinzip des *modularen Programmaufbaus* und ein damit zusammenhängendes *Abstraktionsprinzip* (bzw. „*Geheimnisprinzip*“) für die dabei spezifizierten Programm-Bausteine.

Die Korrektheit von Programmen wurde zurückgeführt auf die Korrektheit der Programmodularisierung sowie der ihr auf allen Modularisierungsebenen zugeordneten Modul-Spezifikationen und deren Implementierung. Notwendige Programmänderungen sollten nicht mehr mittels „Trial-and-error“ direkt am Programm, sondern zunächst an den vorgelagerten Spezifikationen erfolgen. Im Rahmen der *algebraischen Spezifikation abstrakter Datentypen* und in einem Ansatz der

[262] Wird nach der Methode der schrittweisen Verfeinerung (engl.: stepwise refinement) vorgegangen, so wird das Programm explizit schrittweise in immer kleinere funktionale Abschnitte aufgeteilt, bis schließlich überschaubare Teilaufgaben entstanden sind, die problemlos an einem Stück programmiert werden können. Die Methode der schrittweisen Verfeinerung liefert somit einen Top-down-Entwurf von Software-Systemen

transformationellen Programmentwicklung, bei dem man von einer formalen Spezifikation ausgeht und schrittweise versucht, durch Anwendung semantiktreuer Transformationsregeln ein korrektes Programm zu erhalten, finden diese Bemühungen auch heute noch die gebotene Förderung.[263]

3.5.3 Zu Methoden der Software-Entwicklung

> By analogy with other similiar human activities I expect that the outcome of the current work on programming methodology will be a variety of techniques and tools, each of them applicable and useful under certain restricted circumstances, depending on both the character of the software item to be produced and the background and personal style of the programmer who has to use it.[264]

Die Vermeidung von Fehlern erfordert ein diszipliniertes, methodisch überprüfbares Vorgehen bei der Entwicklung von Software — oder mit den Worten von zwei tonangebenden Vertretern dieser Forschungsrichtung in Deutschland:

> Überprüfungen dürfen dabei nicht bis in die Testphase verlagert werden, sondern müssen in jeder Phase vorgenommen werden. Sie bestehen nicht nur aus Reviews durch Dritte, sondern auch aus internen Überprüfungen durch logische Ableitung und die Verifikation gewisser Korrektheitsbedingungen.[265]

Doch selbstverständlich sind neben diesen internen Konsistenzprüfungen auch externe Überprüfungen bezüglich der maschinen-gestützt zu lösenden Probleme und insbesondere der hierfür auf eine Maschine zu bringenden Wissensbestände nicht weniger wichtig, denn:

> Eine erfolgreiche formale Verifikation eines Softwaresystems besagt lediglich, daß das Programm den formalen Anforderungen entspricht. Es sagt in keiner Weise, daß die Anforderungen im Sinne der Anwendung adäquat sind.[266]

---

[263] Vgl. z.B. Broy/Wirsing: Korrekte Software

[264] Naur: Prospects for the Programming Methodologies. In: Naur: Computing: A Human Activity. S.391

[265] Broy/Wirsing: a.a.O. S.30

[266] Broy/Wirsing: a.a.O. S.42

Unter dem Begriff *„Verifikation und Validationstechniken"* entwickelten sich deshalb auch unterschiedliche Schulen für den Test und die Qualitätssicherung von Software, welche verschiedene Test- und Prüfmaßnahmen entwarfen, die von ablaufbezogener Testdeckung über funktionales Testen bis hin zur projektbegleitenden Qualitätssicherung mittels „Review" und „Inspektion" reichen. Aufgrund ihrer hohen Kosten ist der Nutzen der Software-Qualitätssicherung in der Praxis allerdings umstritten. Unverzichtbar ist dennoch in vielen Fällen die „Prüfung von Software auf bestimmte Eigenschaften und die Zertifizierung (Bestätigung) der erfolgreich durchgeführten Prüfung im Rahmen eines Zertifizierungssystems"[267], dessen Bezugsbasis eine oder mehrere Normen (DIN, ISO) bilden, wobei sich nach F.Krückeberg die Qualitätsanforderungen beziehen können auf Produktbeschreibung, Benutzerdokumentation, das Programm selbst und die Installierung des Produkts.

Mehr als die Computer Science versuchte sich die Informatik in methodologischer Hinsicht immer wieder auch als Ingenieurwissenschaft zu verstehen: Analog zu den Vorgehensweisen eines Maschinenbau- oder Elektro-Ingenieurs sollte die Vorgehensweise von Informatikern bei der Konzeption, Konstruktion und maschinellen Implementierung der angestrebten Daten- oder Wissensverarbeitung planbar, kalkulierbar und überprüfbar werden. Trotz der vielversprechenden Einführungen eines „Software Engineering", „Data Engineering", „Information Engineering", „Requirement Engineering" und „Knowledge Engineering" blieb zunächst jedoch unberücksichtigt, daß das „Engineering" eines „Software-Ingenieurs" aufgrund des Wegfalls einer naturwissenschaftlichen Fundierung und Überprüfbarkeit von Qualitätsansprüchen (mittels experimentell bestätigter Verlaufsgesetze) einer grundlegend anderen Theorie bedarf als das „Engineering" eines Maschinenbau- oder Elektro-Ingenieurs. Als Hardwaretechnik entwickelt die Informatik zwar (interdisziplinär mit der Elektro-/Nachrichtentechnik unter Ausnutzung physikalischer Gesetzmäßigkeiten und von Fortschritten der Fertigungstechnik) die Hardware für eine immer effizientere und kostengünstigere Verarbeitung geistiger Artefakte. Doch mit der Frage nach nützlichen Maschinen-Architekturen zeigt sich bereits

---

[267] Krückeberg: Zertifizierung von Software. S.183

für die Hardwaretechnik die Notwendigkeit eines „System-Engineering", das auch softwaretechnische Aspekte der Systematisierung und Maschinisierung geistiger Arbeit umfaßt.[268]

Mitte der siebziger Jahre verlagerten sich die methodologischen Disziplinierungsbemühungen auf die der eigentlichen Programmierung vor- und nachgelagerten Aktivitäten, mit dem Ziel, besser strukturierte, modular aufgebaute Softwaresysteme mit einem höheren Grad an Wartbarkeit, Testbarkeit und Wiederverwertbarkeit zu erreichen. Entwurfsmethoden schossen quasi wie Pilze aus dem Boden. Aus dieser Zeit stammen Structured Design, Jackson System Design, abstrakte Datentypen und zahlreiche andere, insbesondere graphische Entwurfsmethoden:

> Auf der einen Seite haben wir Datenstrukturen, Datenflüsse und Funktionen, neuerdings noch Objekte und Klassen, auf der anderen Seite Quadrate, Rechtecke, Rauten und Dreiecke mit scharfen oder abgerundeten Ecken, ferner Kreise, Ellipsen und einfache oder doppelte, gerichtete oder ungerichtete Verbindungslinien sowie kurze oder lange Pfeile. Wenn Sie nun eine geschickte Auswahl treffen und alles miteinander kombinieren, haben Sie eine neue Entwurfsmethode. Von dieser Konstruktionstechnik leben manche Software-Gurus seit 25 Jahren. Der Einbau der Methoden in CASE-Tools erhöht die Marktchancen.[269]

Bemühungen um die Rationalisierung und Automation der Software-Entwicklung mit Hilfe einer maschinellen Verarbeitung der dabei eine Rolle spielenden geistigen Artefakte — insbesondere auch auf der Ebene der Anforderungen an und Spezifikationen von Programmsystemen — wurden unter dem Begriff „Computer Aided Software Engineering" (CASE) zusammengefaßt.

Erst Ende der siebziger und Anfang der achtziger Jahre wurden weitere Aspekte der Softwarekrise explizit zur Kenntnis genommen und einer wissenschaftsgestützten Aufarbeitung zugeführt. Vorschläge und Modelle zur methodischen Erweiterung des bisherigen Rahmens der

---

[268] Dieses „System Engineering" sollte auch die jeder Systembildung vorgelagerten konstruktiven Aspekte der Wissensbildung berücksichtigen - mit ihren Handlungs- und Problembezügen sowie Verantwortlichkeiten einerseits, ihren Geltungsansprüchen und diesbezüglich relevanten Begründungen bzw. Rechtfertigungen andererseits

[269] Stahlknecht in Strunz: Prof. Dr. Peter Stahlknecht. S.179

Softwareentwicklung kamen im wesentlichen aus der Praxis[270] oder von Forscherpersönlichkeiten, die aus der Praxis und für die Praxis arbeiten[271] — und schließlich wurden auch Softwaretechnik-Lehrstühle oder Forschungsgruppen für Softwaretechnik institutionalisiert, wobei verschiedentlich auch die Bezeichnung „Software Engineering“ verwendet wurde.

Software-Anforderungen mit ihren jeweils zugrundeliegenden Problemen und Wissensbeständen werden sprachlich artikuliert und bedürfen deshalb zunächst einer *sprachkritischen Betrachtung* — und bei der Frage nach der methodologischen Fundierung der notwendigen Sprachkritik stoßen wir dann sehr schnell auf die wissenschaftstheoretischen Themen von Kapitel 2. Vielleicht liegt in der diesbezüglichen Grundlagenproblematik eine Erklärung dafür, daß in der Informatikausbildung das schlichte programmiersprachliche Codieren im Vergleich zum Beschreiben und Modellieren noch immer überbewertet wird:

> Bereits in der Schule hat der spätere Informatikstudent seine ersten Programme gebastelt; in den ersten Wochen seines Studiums läßt man ihn dann einfache Programme „konstruieren“, und im Laufe des Studiums werden seine Programme immer komplexer, so daß er dann in dem Glauben abgehen kann, er habe die höchste Stufe der Komplexitätsbeherrschung erreicht. ... Niemand weist ihn darauf hin, daß die schwierigsten Probleme des „Großen“ gar keine „Programmier“-Probleme sind. ... Solange man in den ersten Semestern der Informatikausbildung nicht auf das Programmieren verzichtet zugunsten des Modellierens und Darstellens informationeller Strukturen, kann aus den Studenten nichts anderes werden als fortgeschrittene Programmierer.[272]

---

[270] Siehe z.B.: Schnupp/Floyd: Programmentwicklung und Projektorganisation; Denert/Hesse: Produktmodell und Projektbibliothek: Grundlagen zuverlässiger Software-Entwicklung und Dokumentation; Hesse: Das Projektmodell - Eine Grundlage für die ingenieurmäßige Software-Entwicklung; Balzert: Methoden, Sprachen und Werkzeuge - zur Definition, Dokumentation und Analyse von Anforderungen an Software-Produkte; Endres: Methoden der Programm- und Systemkonstruktion

[271] Siehe z.B.: Wedekind: Eine Methodologie zur Konstruktion des Konzeptionellen Schemas; Lauber: Modelle zur Beschreibung des Entwurfs von Prozeßautomatisierungssystemen

[272] Wendt: Defizite im Software Engineering. S.38

Der „Kampf mit der logischen Komplexität großer Programme"[273] wurde methodisch zunächst nur mit Hilfe von (maschinell bearbeitbaren) *Vorgehens- bzw. Phasenmodellen* aufgenommen, die die Planbarkeit, Berechenbarkeit und Kontrollierbarkeit der Programm-Entwicklung erleichtern sollten: die Software-Entwicklung wurde diszipliniert mit Hilfe von Modellen, die die Reihenfolge ausgezeichneter Aktivitäten bei der Software-Erstellung vorschreiben. Besonders hervorgehoben werden hierbei im allgemeinen

- eine explizite *Problem- oder Istanalyse* mit der Erstellung eines *Sollkonzept*s sowie einer *Anforderungsdefinition* für die Systementwicklung,
- die Erstellung einer *Durchführbarkeitsstudie* und einer *Projektplanung*,
- ein *Grob- und Feinentwurf* des zu entwickelnden Systems mit einer Spezifikation seiner Strukturen, Modelle, Unter-Systeme (bzw. Module) und deren Schnittstellen sowie einer Dokumentation (bzw. Erklärung und Begründung) wichtiger Entwurfs-Entscheidungen,
- die *programmiersprachliche Implementierung* der entwickelten Wissensbestände mit *Überprüfung* (Verifikation, Test) und *Qualitätssicherung*, einschließlich Integrations-, Installations- und Abnahmetests,
- die *Installation* und *Abnahme*,
- die *Pflege und Weiter-Entwicklung* des abgenommenen Programm-Systems im Rahmen vertraglich zugesagter Hilfen (z.B. Beratung von System-Benutzern, Fehlersuche und Fehlerkorrektur, Berücksichtigung zukünftiger Anforderungen).

Verlauf und Ergebnisse aller Phasen sind hierbei meist projektbegleitend zu dokumentieren, wobei unterschieden wird zwischen

- der *Benutzerdokumentation* für die System-Benutzer,
- der *Entwicklungsdokumentation* für die Projektbeteiligten und
- der sog. *„Technischen Dokumentation"* für das Wartungspersonal.

---

[273] Rechenberg: a.a.O. S.120

Die methodologischen und begrifflichen Grundlagenprobleme der mit jeder Problem- und Istanalyse implizit verknüpften Aspekte der Wissensbildung blieben bei obigen Phasenmodellen im allgemeinen unberücksichtigt. Nur ein irgendwie gegebener „Ausschnitt aus der realen Welt" soll — losgelöst von den in Kapitel 2 entwickelten Aspekten der Wissensbildung — analysiert werden:

> Dazu werden die Gegenstände, Einrichtungen und Abläufe der Miniwelt und ihre Beziehungen untereinander im gegenwärtigen Zustand beschrieben (*Ist-Analyse*) Schwach- und Starkstellen werden hervorgehoben und es werden Lösungsvorschläge für mögliche Systemlösungen erarbeitet (*Soll-Konzept*).[274]

Bei *gegebener* „Miniwelt" stellt sich aber weder das Problem einer Überprüfung oder (Re-)Konstruktion von Wissensbeständen noch die Notwendigkeit zur Berücksichtigung der späteren Programm- bzw. Systembenutzer.

Die Softwaretechnik bezweckt auch die Senkung der Software-Entwicklungskosten über eine der mechanischen Fertigung vergleichbaren rationellen Softwareproduktionstechnik. Die Arbeitsprozesse bei der Softwareproduktion sollen hierbei nach Prinzipien und Methoden organisiert, rationalisiert und automatisiert werden, die sich bei der Gestaltung von Arbeitsprozessen im Bereich herkömmlicher Fertigung bewährt haben.[275] Die geistige Dimension innovativer Software-Entwicklung — das Verstehen, die Weiterentwicklung oder die Erfindung geistiger Artefakte — erfordert jedoch Bedingungen, die außerhalb herkömmlicher Arbeitsorganisation und Arbeitsplanung angesiedelt sind.

In der Softwaretechnik wird allerdings nicht nur eine neue Technik in der Tradition herkömmlicher Ingenieurwissenschaften gesehen, sondern auch explizit ein Werkzeug zur formalen Modellierung und *technischen Gestaltung sozialer Realität*. Die rein produkt-orientierte Sichtweise der Software-Entwicklung wird dabei um eine explizit *benutzerorientierte Sichtweise* ergänzt — beispielsweise bei der von

---

[274] Hesse/Merbeth/Frölich: Software-Entwicklung. S.51

[275] Wobei mit der Metapher „Software-Fabrik" gelegentlich suggeriert wird, daß Software-Entwicklung eine geistlose Tätigkeit sei, die man am besten von Arbeitern im blauen Anzug erledigen läßt, vgl. den Hinweis von Endres: Software und Software-Entwicklung. S.265

Christiane Floyd entwickelten *prozeß-orientierten Sichtweise der Softwaretechnik*, die die Erfahrungen der Softwarebenutzer und ggf. die fortwährenden technischen Veränderungen ihrer Arbeitswelt und ihres Wissens begrifflich und methodisch zu berücksichtigen versucht.[276] Die Zielsetzungen dieser Forschungen sind selbstverständlich grundverschieden von denjenigen bei der „Benutzermodellierung", die im Rahmen von Bemühungen um „Expertensysteme" oder oft auch bei der Gestaltung von betrieblichen Informationssystemen Anwendung findet. Denn im Zentrum des Floyd-Ansatzes steht (in weitgehender Übereinstimmung mit unseren Vorstellungen von einer erfolgversprechenden Software-Entwicklung) eine Benutzer*beteiligung* - und nicht nur eine „Benutzer*modellierung*" - mit dem Ziel einer sowohl gebrauchsangemessenen als auch sozialverträglichen Gestaltung von Softwaresystemen. Dieses Konzept der Benutzerbeteiligung hat auch vielerlei Berührungspunkte mit den Bemühungen um eine sozialwissenschaftlich ausgerichtete Wirk-, Implementierungs- und Gestaltungsforschung.[277]

3.5.4 Softwaretechnik als Kommunikations- und Wissenstechnik

> Es hat den Anschein, daß man bei der Entwicklung von Software an die Grenzen des menschlichen Intellekts stößt und daß die Erweiterung dieser Grenzen mehr Zeit und Geduld kostet als die technische Weiterentwicklung des Computers.[278]

Die Softwaretechnik beschäftigt sich auch mit Aktivitäten außerhalb der eigentlichen Software-Entwicklung, wie z.B. mit Projektplanung, Anforderungs- und Systemanalyse, Wissens-, Modell- und Systembildung, Projekt- und Konfigurationsmanagement sowie mit der Analyse von Kommunikationshandlungen im Hinblick auf die Erstellung von Berichts- und Beratungssystemen. Wie in jeder anderen Technikwissenschaft geht es aber auch in der Softwaretechnik primär

---

[276] Vgl. z.B. Floyd: Outline of a Paradigm Change in Software Engineering

[277] Vgl. z.B. Wollnik: Implementierung computergestützter Informationssysteme. Perspektive und Politik informationstechnologischer Gestaltung

[278] Rechenberg: a.a.O. S.7

- um die Entwicklung, die Produktion und den Gebrauch von vermarktungsfähigen Werken sowie um die systematische Aufarbeitung diesbezüglicher Erfahrungen,
- um Medien, Werkzeuge und Verfahren, die die Entwicklung, die Produktion und den Gebrauch dieser Werke erleichtern oder erst ermöglichen, sowie
- um die (Re-)Konstruktion eines Wissens, mit dessen Hilfe sich sowohl die Probleme bei der Entwicklung, der Produktion und dem Gebrauch der Werke als auch die Probleme bei der Entwicklung geeigneter Medien, Werkzeuge und Verfahren wissensgestützt - und nicht nur nach einem „How-I-did-it-Verfahren" - bewältigen lassen.

Software unterscheidet sich als immaterielles, geistiges Artefakt, das nicht altert (aber dennoch veraltern kann!), keinem Verschleiß unterliegt und deshalb auch keine Wartung und keine Ersatzteile im herkömmlichen Sinn benötigt, grundlegend von physikalisch-technischen Artefakten: Software ist leichter und schneller änderbar als herkömmliche technische Artefakte — und die Software-Herstellung ist kein Produktionsprozeß im herkömmlichen Sinne, sondern eine Einzelfertigung, deren Vervielfältigung ohne nennenswerte Kosten möglich ist. Im Unterschied zu den Werken klassischer Technikwissenschaften geht es bei der Entwicklung und Anwendung von Software nicht primär um eine zweckmäßige Nutzung materieller Artefakte bzw. diesbezüglich relevanter Naturgesetze, sondern um eine effiziente und verantwortliche Nutzung maschinell verarbeitbarer geistiger Artefakte für die Rationalisierung und Automatisierung von Arbeit, die Bereitstellung von Informationen oder die Erkenntnisgewinnung durch Simulation, wobei die Organisation der Arbeitsteilung zwischen Maschinen und ihren Programmierern, Bedienern und Nutzern im Mittelpunkt steht bzw. stehen sollte.

Heute versteht man unter *Softwaretechnik* im allgemeinen dasjenige Fachgebiet der Informatik, „das sich mit der Bereitstellung und systematischen Verwendung von Methoden und Werkzeugen für die Herstellung und Anwendung von Software beschäftigt".[279] Unter *Soft-*

---

[279] Schneider (Hrsg.): Lexikon der Informatik und Datenverarbeitung. S.740

ware werden hierbei maschinell bearbeitbare Programme und Daten verstanden zusammen mit

- den für ein Verständnis dieser Artefakte - ihres Aufbaus sowie ihrer Struktur, Funktion und Bedeutung - notwendigen fach- bzw. umgangssprachlichen Spezifikationen und
- den für ihren Betrieb (einschließlich Pflege und Wartung) sowie ihre Anwendung und Nutzung hilfreichen Dokumenten.[280]

Software umfaßt einerseits maschinell bearbeitbare Symbole, andererseits (in Form einer „Programmdokumentation" oder „Datenmodellierung") eine Begründung der Korrektheit von Symbolverknüpfungen bezüglich eines zugrundeliegenden Wissens. Deshalb verspricht eine Thematisierung dieses Wissens auch eine Verbesserung herkömmlicher Software- und Programmierungstechniken, insbesondere im Hinblick auf Korrektheits- und Verantwortungsfragen. Oder mit den Worten von Peter Naur:

> One way of stating the main point I want to make is that programming in this sense primarily must be the programmers' building up knowledge of a certain kind, knowledge taken to be basically the programmers' immediate possession, any document being an auxiliary, secondary product.[281]

Dabei ist dann eben auch von fundamentaler Bedeutung, was wir unter „Wissen" verstehen und ob bzw. welche Zusammenhänge zu den anderen Grundbegriffen der Informatik bestehen, insbesondere zu den Begriffen „Daten" und „Information".

Im Zentrum der Entwicklung von Softwaresystemen sollten demnach stehen

- abstrakte und gegebenenfalls komplex strukturierte *Kommunikationshandlungen*, die im Rahmen der Programmierung symbolischer Maschinen zu unterstützen, zu rationalisieren, zu automatisieren oder zu simulieren sind,

---

[280] Vgl. Hesse/u.a.: Ein Begriffssystem der Softwaretechnik. S.204

[281] Naur: Programming as Theory Building. S.38

- ein *Fakten- und Problemlösungswissen*, das es im Rahmen einer System- oder Istanalyse zu (re-)konstruieren gilt, und das schließlich im Zuge einer Programmierung effizient maschinell verfügbar gemacht wird, und/oder
- die *Arbeitsteilung zwischen Mensch und Maschine.*

Softwaresysteme beziehen sich auf Lebenswelten und soziale Systeme, die zuerst einmal erkannt und verstanden sowie überprüfbar beschrieben („modelliert") werden müssen, bevor die darauf bezogenen softwaretechnischen Anforderungen korrekt entwickelt und softwaretechnisch erfüllt werden können. Insofern stellt die Softwaretechnik eine Technikwissenschaft neuen Typs dar: Für die Softwaretechnik ergibt sich eine den anderen Technikwissenschaften bisher fremde Nähe zu den *Geistes- und Sozialwissenschaften.*

Die *philosophischen Grundlagenprobleme* der Softwaretechnik wurden im deutsch-sprachlichen Raum vor allem im Umfeld von H.Wedekind erkannt und auf den Weg einer wissenschaftlichen Bearbeitung gebracht.[282] Viele Problem- und Fragestellungen scheinen in der Informatik jedoch nur dann auf allgemeine Resonanz zu stoßen, wenn sie auf dem Umweg über die USA und die Forschungen an berühmten amerikanischen Universitäten vermittelt werden. Dies betrifft insbesondere auch die philosophischen Aspekte der Softwaretechnik, deren Relevanz erst aufgrund einer US-amerikanischen Berücksichtigung des Denkens von M.Heidegger und J.Habermas und eines diesbezüglichen Beitrags von T.Winograd und F.Flores auch in der deutschen Informatik verstärkt zur Kenntnis genommen wurde.[283]

Eine bisher vielerorts noch fremdgleisig verlaufende Bereicherung der Softwaretechnik ergibt sich vor allem aus den Bemühungen um intelligenz-konform funktionierende Maschinen im Rahmen der sog. KI-Programmierung mit Hilfe der Programmiersprachen LISP und PROLOG.[284] Aber auch die KI-Bemühungen um explizit wissensbasierte Softwaresysteme gehören zur Softwaretechnik, denn diese Systeme

---

[282] Vgl. insb. Wedekind/Ortner: Systematisches Konstruieren von Datenbankanwendungen; Wedekind: Datenbanksysteme I.; Luft: Rationaler Sprachgebrauch und orthosprachliche Standardisierung als Grundlagen des Software Engineering

[283] Vgl. Winograd/Flores: Understanding Computers and Cognition

[284] Vgl. hierzu z.B. den Abschnitt: KI-Programmierung in: Görz (Hrsg.): a.a.O. S. 883-1035

„realisieren“ analog zu anderen Softwaresystemen „Algorithmen auf bestimmten Datenstrukturen, konstruieren neue Datenstrukturen und beantworten Fragen.“[285] Allerdings gibt es bei den KI-Bemühungen um intelligenz-konform funktionierende Maschinen oder um wissensbasierte Softwaresysteme auch einige neuartige Fragestellungen, die das herkömmliche Selbstverständnis der Softwaretechnik nicht nur in Richtung einer methodologisch anspruchsvollen Kommunikations- und Wissenstechnik weit überschreiten.

3.5.5 Zur Berücksichtigung der Softwaretechnik im Rahmen der Gesellschaft für Informatik

> Vielen Wissenschaftlern fehlt es infolge der hohen Belastung in der Lehre, vor allem durch die Betreuung einer großen Zahl von Diplomarbeiten und durch Prüfungen, an längeren, zusammenhängenden Zeitspannen für die Forschung.[286]

Im Rahmen der Gesellschaft für Informatik hat sich die Softwaretechnik in erster Linie im Fachbereich 2 (Softwaretechnologie und Informationssysteme) und hierbei im Fachausschuß 2.1 (Programmiersprachen und Software-Entwicklung) institutionalisiert, in dem sich gleichgewichtig neben der Fachgruppe 2.1.1 (Software Engineering) auch die Fachgruppen 2.1.2 (Interaktive Systeme), 2.1.3 (Implementierung von Programmiersprachen), 2.1.4 (Alternative Konzepte für Sprachen und Rechner) und 2.1.5 (ADA) institutionalisiert haben. Für die methodologische Fundierung einer sich als Wissenstechnik verstehenden Softwaretechnik bietet sich jedoch nicht der FA 2.1 an, sondern in erster Linie die Fachgruppe 2.5.2 (Entwicklungsmethoden für Informationssysteme und deren Anwendung).

Softwaretechnik-Themen werden aber auch außerhalb des GI-Fachbereichs 2 bearbeitet, wie man zum Teil bereits den Bezeichnungen der Fachgruppen 0.1.7 (Spezifikation und Semantik), 1.1.1 (Deklarative KI-Programmierung), 1.1.4 (Wissensrepräsentation), 1.5.1 (Knowledge Engineering), 4.3.1 (Requirements Engineering in der industriellen Anwendung) und 8.2.4 (Computer als Medium) entnehmen kann.

---

[285] Owsnicki-Klewe/v.Luck/Nebel: Wissensrepräsentation und Logik - Eine Einführung. S.45

[286] Wissenschaftsrat: a.a.O. S.34

Probleme der Softwaretechnik stehen aber auch im Zentrum der Fachausschüsse 5.1 „Management der Anwendungsentwicklung und -wartung“, 5.2 „Informationssystem-Architekturen“ und 5.3 „Informationsmanagement“ des FB 5 „Wirtschaftsinformatik“. Beispielsweise bearbeitet der Fachausschuß 5.1 softwaretechnische Vorgehensweisen, Prinzipien und Methoden für die Anwendungsentwicklung sowie ihre Unterstützung durch Softwarewerkzeuge, wobei sich diese „Anwendungsentwicklung“ von sonstigen Software-Entwicklungen nur durch das „Umfeld“ unterscheidet. Die Nähe zur Softwaretechnik wird bei den Fachausschüssen 5.2 und 5.3 bereits dann deutlich, wenn wir „Information“ durch „Software“ ersetzen und so zu den Bezeichnungen „Softwaresystem-Architekturen“ bzw. „Softwaremanagement“ kommen.

Zusammenfassend läßt sich feststellen, daß bei der Informatik-Institutionalisierung nicht nur die methodologischen und begrifflichen Grundlagenprobleme der Softwaretechnik nahezu unberücksichtigt geblieben sind, sondern auch die allgemeinen bzw. „abstrakten“ Probleme bei der Entwicklung, dem Betrieb und der Anwendung „großer“ Softwaresysteme — mit Auswirkungen, die leider nicht nur die zum Teil sehr diffuse fachliche Arbeit der Gesellschaft für Informatik im Bereich der Softwaretechnik betreffen.

3.6 Zur Künstlichen Intelligenz

Kein Teilgebiet der Informatik hat so großes Interesse in der Öffentlichkeit erfahren und keines ist auf so unklaren Begriffen aufgebaut wie die Künstliche Intelligenz.[287]

3.6.1 Ziele und Methoden der Künstlichen Intelligenz

In der KI wird untersucht, wie man intelligentes Verhalten von Computern erfassen und nachvollziehen lassen kann oder wie man allgemein mit Hilfe von Computern Probleme löst, die Intelligenzleistungen voraussetzen. Die Bezeichnung „Künstliche Intelligenz" weckt oft Erwartungen, die mit der Forschungsdisziplin nichts zu tun haben.[288]

Die Entwicklung der Ziffernrechenmaschine von K.Zuse und des von-Neumann-Rechners stützte ältere mechanistische Vorstellungen von Philosophen und Mathematikern von der prinzipiellen Maschinisierbarkeit des Denkens: nachdem schon G.Boole meinte, Gesetze des Denkens gefunden zu haben, führte die Erfindung von frei programmierbaren (Rechen-)Maschinen zu der Überzeugung, man könne neben geistigen Artefakten auch die geistigen Fähigkeiten des Menschen maschinell verfügbar und verarbeitbar machen.[289] Die universell programmierbare, autonome und dynamisch im laufenden Betrieb modifizierbare Arbeitsweise von symbolischen Maschinen verführte zu einer von der Kybernetik nahegelegten Analogie zwischen Mensch und Maschine, bei der auch Maschinen die Fähigkeit zum Problemlösen und Denken, zum Verstehen und zum Lernen zugesprochen wird.[290]

Im Jahre 1956 befaßte sich eine Sommer-Konferenz in Dartmouth mit der Möglichkeit, denkende und sich intelligent verhaltende Maschinen zu programmieren. Die berühmtesten Teilnehmer waren J.McCarthy, dem die Prägung des Ausdrucks „Artificial Intelligence" zugeschrieben wird, H.A.Simon und A.Newell. Sie erarbeiteten ein heute staatlich institutionalisiertes Forschungskonzept, das davon ausgeht, daß die dem Problemlösen, Erklären, Verstehen, Lernen und sonstigem

---

287 Rechenberg: a.a.O. S.224

288 Duden Informatik. S.314

289 Vgl. hierzu z.B. Schwartz: The Limits of Artificial Intelligence. S.488-499

290 Vgl. hierzu z.B. den Abschnitt: Kognition in Görz (Hrsg.): a.a.O. S.303-366

intelligenten Verhalten zugrunde liegenden geistigen Prozesse im Prinzip formal beschrieben, mit Hilfe geeigneter Programmiersysteme auf Maschinen gebracht, maschinell simuliert und über die Beobachtung dieser Maschinen samt einer theoretischen Erklärung ihres Verhaltens empirisch erforscht werden können.[291] Einer These von A.Newell und H.A.Simon folgend, nach der jedes zu „allgemeiner Intelligenz" fähige System notwendigerweise symbolische Ausdrücke interpretieren sowie verarbeiten kann und alle Arten „allgemeiner Intelligenz" mittels symbolverarbeitender Systeme im Prinzip künstlich realisierbar sind, wurden Menschen und symbolverarbeitende Maschinen in ein und denselben Topf der symbolverarbeitenden Systeme geworfen. Die auch andernorts feststellbare Enteignung des Menschen durch Wissenschaft und Technik hat damit einen besonderen Höhepunkt erreicht.

Die Prognosen basierten zwar auf einem grundlegenden Mißverständnis[292] waren aber vielversprechend und wirtschaftlich verlockend: Die Künstliche Intelligenz wollte intelligente, insbesondere verstehende und lernende Maschinen bis hin zu ihrer Vermarktungsfähigkeit erforschen und entwickeln und dabei „so nebenbei" die wesentlichen Probleme herkömmlicher wissenschaftlicher Disziplinen lösen — insbesondere die der Psychologie und Linguistik sowie des betriebswirtschaftlichen Managements. Den großen Ankündigungen folgten — abgesehen von der Förderung und Institutionalisierung der Künstlichen Intelligenz — allerdings sehr bescheidene Resultate. Dabei ist die Behauptung der KI, Konzepte für intelligente Maschinen entwickeln und technisch verfügbar machen zu können, die eine Simulation geistiger Aktivitäten des Menschen ermöglichen, ohne diese hierbei näher spezifizieren zu können, bereits früh kritisiert worden: Wenn die KI die geistigen Fähigkeiten des Menschen nur entsprechend den jeweils vorhandenen technischen Möglichkeiten definiert, so kann auf diesem Weg eben nur das entdeckt werden, was technisch herstellbar ist. Folgerichtig war beispielsweise das Projekt der automatischen Sprach-

[291] Vgl. z.B. Barr/Feigenbaum: The Handbook of Artificial Intelligence. Vol. 1, S.3; Jackson: Introduction to Expert Systems. S.2; Israel: A Short Companion to the Naive Physics Manifesto. S.427; Bibel/u.a. (Hrsg.): Studien- und Forschungsführer Künstliche Intelligenz. S.1

[292] Zu den Bemühungen zur Korrektur dieses Mißverständnisses vgl. Krämer: Rationalismus und Künstliche Intelligenz

übersetzung, dessen Lösung man in greifbarer Nähe zu haben glaubte, ein gigantischer Fehlschlag. Erst heute, nach über dreißig Jahren, wird es in dem sehr viel bescheideneren Rahmen der maschinellen Sprachverarbeitung wieder in Angriff genommen.[293]

Nach Ch.Lischka und J.Diederich ist die Künstliche Intelligenz zunächst die Formulierung einer Zielvorstellung bzw. Idee: „der Vorstellung von der Existenz eines künstlichen Systems, welches sich (in einem weiter zu spezifizierenden Sinne) intelligent verhält."[294] Und mit dieser Zielvorstellung entwickelten A.Newell und H.A.Simon zwischen 1957 und 1969 einen „General Problem Solver" (kurz: GPS), der allgemeine Probleme auf der Basis einer „Zweck-Mittel-Analyse" innerhalb eines formal spezifizierten Problemraumes lösen sollte. Das Problemlösen wurde dabei auf die Suche nach ausgezeichneten Punkten eines durch eine endliche Menge von Eigenschaften und Operationen aufgespannten Problemraumes reduziert, wobei man das Problem der kombinatorischen Explosion möglicher Suchpfade mit Hilfe von Methoden und Techniken zu bewältigen versuchte, die ein (heuristisches) Wissen zur Bewertung möglicher Nachfolgezustände bzw. Suchpfade erfordern. Im Brennpunkt der GPS-Idee steht damit die Suche nach einer geeigneten Bewertungsfunktion, mit deren Hilfe die Suche auch bei sehr großen Suchräumen noch praktisch bewältigt werden kann. Diese Bemühungen um einen GPS konkretisierten sich zuerst bei der Automatisierung von Spielen wie Schach und Dame. Denn um die Vorherberechnung möglicher Zugfolgen aufgrund der beschränkten Leistungsfähigkeit von Rechenmaschinen nicht auf wenige Zugfolgen beschränken zu müssen, mußten derartige Spielprogramme mit einem Lernmechanismus ausgestattet werden; aufgrund von gespeicherten Daten über die bisher gespielten Partien wurde die Funktion für die Bewertung möglicher Züge der gewonnenen Erfahrung angepaßt.

Die mit dem „General Problem Solver" und der Automatisierung von Spielen verknüpften Ansätze zur Automatisierung des Problemlösens spielen auch heute noch in der KI-Forschung eine gewisse Rolle.[295]

---

[293] Vgl. z.B. Kapitel: Sprachverarbeitung in Görz (Hrsg.): a.a.O. S.367-558

[294] Lischka/Diederich: Gegenstand und Methode der Kognitionswissenschaft. S.23

[295] Vgl. z.B. die Abschnitte: Problemlösen als heuristische Suche und: Problemlösungsmethoden in Expertensystemen, in Görz (Hrsg.): a.a.O. S.324-325 bzw. S.743-752

Zum Beispiel versucht man bei der maschinellen Lösung von Planungsproblemen, ausgehend von den in einer konkreten Situation anwendbaren Operatoren, eine Operationsfolge zu finden, mit der innerhalb eines vorgegebenen Problemraumes ein vorgegebenes Ziel erreicht werden kann. Bei der *Planung als Suche* wird der Problemraum als Baum dargestellt, dessen Knoten durch Anwendung der verfügbaren Operatoren auseinander hervorgehen, während bei der *Planung als Inferenz* Kalküle und automatische Beweissysteme der formalen Logik zur Anwendung kommen. Als besonders schwierig hat sich dabei die Berücksichtigung des Wissens potentieller Benutzer herausgestellt, die auf mögliche „Warum?“-Fragen entsprechend ihrem jeweiligen Wissen vernünftige Antworten erwarten — und nicht nur eine schlichte Auflistung der langen Schrittfolgen, die dem maschinellen Suchen oder Ableiten zugrundeliegen.

Bei der KI-Forschung geht es also nicht nur darum, die in gewissen Situationen als intelligent bezeichneten Handlungsschemata sowie diesbezüglich relevante Wissensbestände mit Hilfe von Programmiersystemen auf symbolische Maschinen zu bringen und mit Hilfe von Betriebs- und Anwendungssystemen zu nutzen. Vielmehr wollen KI-Forscher auch entdecken und theoretisch erklären, was Denken, Erklären, Verstehen, Lehren, Lernen, Problemlösen und andere intelligente Tätigkeiten eigentlich sind:

> The realization that the detailed steps of almost all intelligent human activity were unknown marked the beginning of Artificial Intelligence as a separate part of computer science. AI researchers investigate different kinds of computation and different ways of describing computation in an effort not just to create intelligent artefacts, but also to understand what intelligence is. Their basic tenet is that human intellectual capacity will be best described in the terms that we invent to describe AI programs.[296]

In dem Ende 1987 erschienen Studien- und Forschungsführer der KI werden diese geisteswissenschaftlich ausgerichteten KI-Ziele wie folgt beschrieben: Im Bereich der natürlichsprachlichen Systeme sollen „die komplexen Informationsprozesse, die dem Verstehen, dem Erwerb und dem Gebrauch natürlicher Sprache zugrunde liegen, mit Mitteln

---

[296] Barr/Feigenbaum: a.a.O. S. 6

der Informatik exakt beschrieben und erklärt werden"[297] und im Bereich der Kognitionswissenschaft sollen philosophische Fragen nach den „Kategorien, die menschliches und maschinelles Denken a priori beschränken", über die Beobachtung von KI-Systemen objektiv beantwortet werden. Den Anspruch, geistige bzw. kognitive Phänomene (des Menschen) nach dem Methodenideal des Empirismus erforschen und erkären zu können, hat die KI auch heute noch nicht aufgegeben.[298] Verschiedentlich wird zwar eine rein technikwissenschaftliche Ausrichtung der KI-Forschung postuliert. Solange hierbei aber weiterhin die verwegenen Ziele sprach- und bildverstehender, denkender und lernender KI-Maschinen verfolgt werden, bleibt dieses Postulat jedoch in sich widersprüchlich. Denn die Entwicklung derartiger Maschinen erfordert nicht nur sehr viel leistungsfähigere Hardware-Technologien und Betriebssysteme sowie eine Revolutionierung der bisherigen Programmiertechniken und Programmiersysteme, sondern auch und primär ein Wissen über geistige Prozesse. Da dieses Wissen bisher (noch) nicht verfügbar ist, unterscheidet sich eine technikwissenschaftliche KI grundlegend von den klassischen Ingenieurwissenschaften, die ihre Forschung und Lehre mit naturwissenschaftlichen Theorien *begründen*. Wenn die KI ihre zentrale Aufgabe auch heute noch in der formalen Modellierung und maschinellen Simulation gewisser Aspekte menschlicher Intelligenz sieht[299] und sich hierbei nicht nur auf ein „mutiges" Verfahren des Ausprobierens einlassen will, dann muß sie also die „intelligente Informationsverarbeitung im Gehirn" und die mit den kognitiven Fähigkeiten des Menschen verknüpften geistigen Prozesse selbst erforschen wollen. Dies tut sie denn teilweise auch, wobei wie schon gesagt die in Abschnitt 2.2 behandelte Methodologie des logischen Empirismus zur Anwendung kommt: Über eine behavioristische Beschreibung und Analyse des Verhaltens von Menschen einerseits, von KI-Maschinen andererseits, sowie über ein kostspieliges „Herum-Experimentieren" mit KI-Maschinen sollen die noch fehlenden Theorien gewonnen werden. Die hierbei immer

---

[297] Vgl. Bibel/u.a. (Hrsg.): a.a.O. S.1-5

[298] Vgl. hierzu auch die Abschnitte: Philosophische Grundlagen, Methodologie der Kognitionswissenschaft und Kognition als Informationsverarbeitung, in Görz (Hrsg.): a.a.O. S.305-317

[299] Vgl. z.B. Görz (Hrsg.): a.a.O. S.139

aufwendiger und fehleranfälliger werdende Programmierung sollen spezielle KI-Programmiermethoden erleichtern.[300] Über die Entwicklung sich intelligent verhaltender — weil diesbezüglich intelligent programmierter — symbolischer Maschinen erhoffen sich KI-Forscher analog zum Gang der Physik die Erforschung von „Gesetzen der Intelligenz".[301] Nach J.T.Schwartz bleibt bei den diesbezüglichen KI-Publikationen oft jedoch unklar, was die KI-Programme bei der Nachahmung einiger Aspekte menschlicher Intelligenz tatsächlich zu leisten vermögen — und ein Nachvollzug der Programm-Beschreibung scheitert oft an einer völlig unzulänglichen Programm-Dokumentation und/oder LISP-Syntax.[302] Von einer zunehmenden Zahl von KI-Forschern wird — nach einer „Ernüchterungsphase von 1988-1990", die nach W.Wahlster „durch überzogene Erwartungen in die Expertensystemtechnik ausgelöst wurde"[303] — inzwischen allerdings zugegeben, daß mit der Erstellung von KI-Programmen die geistigen Fähigkeiten des Menschen nicht erklärt werden können.

3.6.2 Die Hinwendung zu wissensbasierten Problemlösern

> Mit Expertensystemen wird versucht, Gedankengänge und Erfahrungen von Experten bestimmter Fachgebiete auf eine Menge von formalisierten, maschinenverarbeitbaren Operationen abzubilden, um Aspekte einer Problemlösungskompetenz zu reproduzieren und Anwendern zur Verfügung zu stellen.[304]

Nach Meinung vieler KI-Forscher konnten GPS und andere KI-Programme deshalb keine schwierigen Probleme lösen, weil ihnen das hierzu notwendige Wissen fehlte. Deshalb konzentrierten sich nun viele der KI-Bemühungen auf die Erforschung und Entwicklung wissensbasierter Problemlöser: Mit Hilfe maschinell bearbeitbarer Wissensrepräsentationen sollten die Fähigkeiten maschineller Problemlöser

---

[300] Vgl. z. B. Stoyan: Programmiermethoden der Künstlichen Intelligenz; Abschnitt: KI-Programmierung in Görz (Hrsg.): a.a.O. S.883-1035

[301] Diese Analogie wird besonders deutlich in Barr/Feigenbaum: a.a.O., S.6; Ringle (Hrsg.): Philosophical Perspectives in Artificial Intelligence. S.1; Winston: Artificial Intelligence. S.3

[302] Vgl. Schwartz: The Limits of Artificial Intelligence. S.500

[303] Wahlster: Wissensbasierte Systeme: Vom Labor zur Anwendung. S.17

[304] Wachsmuth: Expertensysteme, Planen und Problemlösen. S.714

drastisch erweitert werden — und das 1976 von E.H.Shortliffe für die Diagnose von Blutinfektionen konzipierte Programm MYCIN zeigte exemplarisch, daß Wissensbestände eines Arztes innerhalb eines sehr eng begrenzten Rahmens in Form von Bedingungs-Aktions-Regeln symbolisch ausgedrückt und mit Hilfe von Programmiersystemen auf Maschinen gebracht werden können. Die wachsende Nachfrage nach intelligenten Dienstleistungen hoffte man nun mit Hilfe von Expertensystemen befriedigen zu können, die eine Rationalisierung oder gar Automatisierung der Arbeit von Experten ermöglichen. Hierfür sollte das Wissen von Experten akquiriert und mittels einer maschinell bearbeitbaren Wissensrepräsentation verfügbar und nutzbar gemacht werden. Den kommerziellen Nutzen solchermaßen maschinell nutzbar gemachter geistiger Artefakte zeigte das von J.McDermott konzipierte Softwaresystem R1 (später XCON genannt) für die Rationalisierung des Konfigurierens von DV-Systemen.[305]

Bei der herkömmlichen Programmierung werden Wissensbestände durch Algorithmen, Datenstrukturen und Daten zum Ausdruck gebracht. Das subjektive Erfahrungswissen von Experten ist oft jedoch nur mit Hilfe von „Daumenregeln“ ausdrückbar, was zu einem neuen Verständnis der Programmierung symbolischer Maschinen führte: Die Bemühungen um eine maschinelle Verarbeitung und Nutzung von Expertenwissen führten zu einer neuen Architektur für symbolische Maschinen, bestehend aus einer neuartigen Datenbank („Fakten- und Methodenbank“) für schematisch-symbolisch repräsentierte Wissensbestände (bzw. für „Daumenregeln“), einer Programmprozedur („Inferenzmaschine“) zur maschinellen Gewinnung von Problemlösungen in Form schematisch-symbolischer Ableitungen und einer interaktiven Benutzerschnittstelle zur Erleichterung der Maschinennutzung.

Heute spricht man von *Wissensrepräsentation* in der Informatik und der Künstlichen Intelligenz meist dann, wenn bei der Symbolisierung von Wissensbeständen folgende Darstellungsmittel zum Einsatz kommen:

---

[305] Zur Fortsetzung dieser Bemühungen vergleiche den Abschnitt: Planen und Konfigurieren, in Görz (Hrsg.): a.a.O. S.767-813

- Sprachen oder Kalküle der *formalen Logik* (Prädikatenlogik, Logik-Programmierung mit PROLOG[306]).
- *Produktionsregeln*, deren linke Seite in Form einer logischen Bedingung die Besonderheiten derjenigen Situation ausdrückt, in der die durch die rechte Seite dargestellte Aktion ausgeführt wird.
- *Begriffliche Hierarchien* (terminologische Regeln, semantische Netze sowie Klassen-, Typ-, Implementierungs-, Komponenten- und Instanzen-Hierarchien der sog. „Objektorientierten Modellierung").
- *Relationale Datenbanken* oder *Bedingungen* (sog. „Constraints").

Da programmiersprachlich zu symbolisierende Wissensbestände erst einmal verstanden und hierfür dem Wissensstand des Programmierers entsprechend rekonstruiert werden müssen, spricht Herbert Stoyan anstelle von „Wissensrepräsentation" von „Wissensrekonstruktion": Der Terminus „Rekonstruktion" bringt besser zum Ausdruck, daß ein bereits gegebenes Wissen bei seiner programmiersprachlichen Symbolisierung in der Regel neu befragt, durchdacht und (re-)konstruktiv verständlich gemacht werden muß.[307]

Die Hinwendung zu *wissensbasierten Problemlösern* wird nicht zuletzt auch durch Thesen über die kognitive Entwicklung des Kindes gestützt: Die Arbeiten von J.Piaget liefern nach J.A.Anderson Belege dafür, daß die kognitive Entwicklung von Kindern überwiegend auf einem Zuwachs an Wissen — und nicht auf einer Verbesserung seiner kognitiven Fähigkeiten — beruht.[308] Und umgekehrt ergab sich in der Psychologie aus den Bemühungen der Künstlichen Intelligenz um wissensbasierte Problemlöser ein stark zunehmendes Interesse an der Rolle des Wissens. Es entwickelte sich ein Forschungsansatz, „der es gestattet, menschliche kognitive Leistungen und analoge Leistungen künstlicher intelligenter Systeme zu untersuchen, miteinander in Beziehung zu setzen und zu fördern bzw. weiterzuentwickeln."[309] Die Bemühungen um wissensbasierte Problemlöser führten aber auch zu

---

[306] Vgl. z.B. Schöning: Logik für Informatiker. S.119-162; Görz (Hrsg.): a.a.O. S.896-907 und S.928-943

[307] In: Stoyan: Wissensrepräsentation oder Programmierung?

[308] Vgl. Anderson: Kognitive Psychologie. S.390

[309] Mandl/Spada: Wissenspsychologie: Eine Einführung. S.2

einer theoretischen Befruchtung der gesamten Informatik: es zeigte sich, daß die im Rahmen von wissensbasierten Problemlösern zu berücksichtigenden Grundbegriffe, Methoden und Methodologien der Wissensbildung auch bei der Entwicklung, dem Betrieb und der Nutzung von für herkömmliche Anwendungen programmierten Maschinen von grundlegender Bedeutung sind. Damit hat die Künstliche Intelligenz dazu beigetragen, daß theoretische Defizite der traditionellen Kerninformatik konstruktiv kritisierbar und damit vielleicht auch leichter überwindbar werden.

Bei wissensbasierten Systemen wirft nicht nur die Frage nach dem Erwerb des der Wissensrepäsentation vorgelagerten Wissens methodologische Grundlagenprobleme auf. Diese stellen sich auch bei den System-Benutzern, die aus den mittels Abfragemechanismen und Programmen bereitgestellten geistigen Artefakten Informationen gewinnen wollen: Wissensbestände müssen nicht nur „richtig" gebildet sowie mit Hilfe von Programmier- und Betriebssystemen einer korrekten und effizienten maschinellen Verarbeitung zugänglich gemacht werden, sondern nach ihrer Verarbeitung im Rahmen der Wisssensbildung von Maschinen-Benutzern „richtig" verstanden werden.[310] Über den wirtschaftlichen Erfolg von Expertensystemen entscheidet nach R.Lutze — wohl aus der Sicht des Systementwicklers — der Aufwand für die Wissensakquisition, das „Knowledge Engineering" und die Wissensrepräsentation.[311] Aus der Sicht des Anwenders eines Expertensystem steht und fällt dessen erfolgreicher Einsatz dagegen mit der Möglichkeit, die maschinell verfügbar gemachten geistigen Artefakte „richtig" in Handlungskontexte und Wissensbestände der Systembenutzer einordnen zu können.

Expertensystemen sind im allgemeinen keine wissensbasierten sondern *vermutungsbasierte* Systeme, da die in ihnen gespeicherten und verarbeiteten „Wissensbestände" in vielen Fällen nur (heuristische) Daumenregeln von Experten ausdrücken. Bei der Erhebung bzw. Bildung dieses „vagen Wissens" spielen Konzepte wie fehlerträchtige Konfidenzfaktoren (uncertainty factors), unscharfe Mengen (fuzzy sets)

---

[310] Vgl. hierzu auch Valk: Der Computer als Herausforderung an die menschliche Rationalität. S.65

[311] Vgl. Lutze: Von der Wissensakquisition zur Phylogenese wissensbasierter Systeme. S.222

oder Wahrscheinlichkeitsabschätzungen eine gewichtige Rolle. Es ist klar, daß bei Gebrauch dieser Konzepte Expertensysteme von vornherein nur als bedingt zuverlässig arbeitend geplant werden müssen. Die Frage, wie der zuverlässige Arbeitsbereich verlassen wird — abrupt, unverstanden und insofern möglicherweise katastrophal oder in einem allmählichen, wohlverstandenen und beherrschten Übergang (gracefully degrading) — bedarf besonderer Überlegungen. Besonders beachtenswert ist auch, daß sich eine zufriedenstellende Antwort auf die Frage nach der Qualitätskontrolle bei Expertensystemen noch viel schwerer finden läßt als bei herkömmlichen Programmsystemen.

Entwurf, Betrieb und Nutzung von Expertensystemen werfen also besondere methodische Probleme auf, bei deren Lösung die in Kap.2 behandelten Methodologien der Wissensbildung vernünftigerweise nicht unberücksichtigt bleiben sollten. Insbesondere erfordert die Ausarbeitung einer quasi ingenieurwissenschaftlichen Systematik des „Knowledge Engineering“ eine Rückbesinnung auf das pragmatische Fundament des Wissens und die darauf aufbauenden wissenschaftlichen Konstruktionen — ist also insbesondere angewiesen auf eine Ausarbeitung des Wissensbegriffs und auf die Klärung der begrifflichen Unterschiede zwischen „Wissen“, „Information“ und „Daten“. Wir werden auf diesen begrifflichen Klärungsbedarf in Abschnitt 3.7.2 noch ausführlich zu sprechen kommen und konstruktive Vorschläge unterbreiten.

Expertensysteme versprachen neue Rationalisierungs- und Automatisierungsmöglichkeiten für die Wirtschaft. Nach W.Volpert sollen mit Expertensystemen diejenigen Tätigkeiten rationalisiert und automatisiert werden, die auf dem Wissen in den Köpfen von Denkern basieren. Die noch verbliebene geistige Arbeit von Konstrukteuren, Entwicklern, Arbeitsplanern und Forschern soll nach der Methode von F.W.Taylor rationalisiert und maschinisiert werden.[312] Ein neuer Rationalisierungs-, Automatisierungs- und Produktivitätsschub wurde im Zuge einer maschinellen Verfügbarmachung des Wissens und der kognitiven Fähigkeiten von Experten erwartet. Dabei spielte eine besonders wichtige Rolle, daß

---

[312] Vgl. Volpert: Menschliches Expertentum und maschinelle „Expertensysteme“. S.204

- Experten in der Regel nur sehr begrenzt verfügbar und deshalb auch sehr teuer sind,
- die Fähigkeiten und Erfahrungen von Experten auch durch kostspielige Ausbildungsinvestitionen nicht beliebig vermehrbar sind.

Nach St.E.Savory sollen Expertensysteme eine systematische Nutzung vorhandenen Wissens ermöglichen, sich ideal für Ausbildungszwecke eignen und Experten im kreativen Bereich ihrer Aufgaben unterstützen[313] — und R.Trappl sieht in ein bis zwei Jahrzehnten eine neue industrielle Revolution kommen, auf die sich unsere Gesellschaft schon heute einzustellen habe.[314] Da es in der Privatwirtschaft voraussichtlich sehr viel weniger bezahlte Arbeit geben wird, müssen wir entweder die bezahlte Lebensarbeitszeit verkürzen, die Menschen in (arme) Arbeitslose und (reiche) Arbeitsplatzbesitzer einteilen oder eine Mischform aus beiden bilden. Den Anforderungen des ökonomischen Systems kann dies deshalb nicht widersprechen, weil dessen Ziel nicht in der Schaffung von Arbeit liegt, sondern in der Schaffung und Verteilung von Gütern.[315]

Man meinte also Expertenwissen in geeigneter Weise so codieren zu können, daß es quasi wie mit einem „Nürnberger Trichter" in Maschinen abgefüllt werden kann — die danach mit Hilfe eines formalen Deduktionssystems und zusätzlich programmierter „Kontrollinformationen" die richtigen Antworten auf die in vorgegebenen Schemata formulierten Wissensdefizite der Maschinenbenutzer geben sollen.[316] Verschiedentlich wird jedoch betont, daß die Güte einer auf Maschinen implementierten Wissensbasis nur beurteilt werden kann „nach der Güte der Services, die sie leistet"[317] — womit der „schwarze Peter" den tatsächlichen Benutzern dieser Wissensbasis aufgeladen wird, deren Argumente und Geltungsansprüche immer nur sehr begrenzt von den Wissensbasis-Programmierern mittels „Modellen" antizipiert und im laufenden Betrieb berücksichtigt werden können.

---

[313] Vgl. Savory: Expertensysteme: Welchen Nutzen bringen sie für ihr Unternehmen? S.35

[314] Vgl. Trappl: AI - Nie! Versuch über eine wahrscheinliche zukünftige Reaktion der Öffentlichkeit. S.9/10

[315] Ebd.

[316] Vgl. z.B. Owsnicki/v.Luck/Nebel: Wissensrepräsentation und Logik. S.23

[317] Ebd. S.4

Als Konsequenz aus der Einsicht, daß auch maschinell verarbeitete Wissensbestände stets das Wissen bestimmter Personen oder Personengruppen ausdrücken, ergibt sich auf der Ebene der Unternehmen und Verwaltungseinrichtungen eine interessante Beziehung zwischen „Wissensmanagement" und „Personalmanagement".[318] Nach unseren Ausführungen zum pragmatischen Fundament von Wissen sind Systeme für die maschinelle Verarbeitung von Wissensbeständen schon bereits rein begrifflich nicht denkbar als „Entscheidungsautomaten, deren Resultate vom Menschen weder durchschaut noch verantwortet werden können."[319]

3.6.3 Kognitionswissenschaftliche Probleme

> Informatik ist Folge mehrerer Reduktionsprozesse der modernen Wissenschaft, beginnend mit der mechanistischen Reduktion der Physik auf Newtons mathematisches Modell der Planetenbewegungen und dem formalistischen Programm der Axiomatisierung von Mathematik und Logik. Entstanden im Zeitpunkt des Scheiterns dieses mechanistischen und formalistischen Programms, bot die Informatik den scheinbaren Ausweg einer weitgehenden Automatisierung von Denkprozessen und einer umfassenden Reduktion von Wissenschaft und Technik auf Rechenprozesse.[320]

Durch die Versuche der Künstlichen Intelligenz, symbolische Maschinen mit Intelligenz und Wissen auszustatten, ist die Frage hochaktuell geworden, was wir unter „Intelligenz" und „Wissen" verstehen. Das Denken gehört zwar schon immer zum Gegenstandsbereich abendländischer Reflexion, doch erst seit einigen Jahren versucht sich eine Kognitionswissenschaft zu etablieren, die, an der empirischen Methode der Physik orientiert, über Experimente mit symbolischen Maschinen sowie Beobachtungen und theoretischen Beschreibungen von „kognitiven Systemen" zu objektiven Gesetzen der Kognition kommen will. Oder wie es H.A.Simon — einer der führenden Mitbegründer der Kognitionswissenschaft — ausdrückt:

---

[318] Insofern gibt es auch enge Beziehungen zwischen einer als Wissenstechnik verstandenen Informatik und den Verwaltungswissenschaften

[319] Volpert: Zauberlehrlinge. Die gefährliche Liebe zum Computer. S.175

[320] Coy: Reduziertes Denken. Informatik in der Tradition des formalistischen Forschungsprogramms. In: Schefe/u.a. (Hrsg.): Informatik und Philosophie. S.31

> Most of our knowledge will have to come from ... observation of the vast variety of intelligent systems ... and from formal theories — mainly in the form of computer programs — induced from the body of observation.[321]

Der „harte Kern" der KI-Bemühungen, der auf das Ziel der Entwicklung intelligenter Maschinen mit kognitiven Fähigkeiten ausgerichtet ist, wird heute in Abhängigkeit gesehen von den Fortschritten der Kognitionswissenschaft,[322] welche als „kognitive Psychologie" die Intelligenz und das Denken der Menschen erforschen und verstehen will.[323]

Nachdem 1977 eine Fachzeitschrift unter dem Namen „Cognitive Science" auf den Markt kam, wurde bei dem Treffen einer „Cognitive Science Socienty" 1979 auch die öffentliche Etablierung einer neuen Fachdisziplin „Cognitive Science" gefordert.[324] Allerdings haben sich bereits zu Beginn der siebziger Jahre an den großen amerikanischen Universitäten Informatiker, Linguisten, Philosophen, Psychologen und Neurophysiologen mit Unterstützung der Sloan Foundation zu Forschungsgruppen zusammengeschlossen, die heute dem Bereich der Kognitionswissenschaft zugeordnet werden würden. Die Kognitionswissenschaft ist also das Ergebnis interdisziplinärer Bemühungen — oder mit anderen Worten:

> Kognitionswissenschaft unternimmt den Versuch, „interdisziplinäre Klammern" (Freksa, 1988a) für diejenigen Disziplinen zu bilden, die sich mit „natürlichen oder künstlichen, konkreten oder abstrakten Denkprozessen" auseinandersetzen. KI-Forschung, Kognitionspsychologie, Neurowissenschaften, Linguistik und Philosophie (insbesondere die analytische Philosophie des Geistes) stellen dabei die zentralen Fachrichtungen dar.[325]

Die Künstliche Intelligenz ist die jüngste der an der Kognitionswissenschaft beteiligten Disziplinen und zugleich diejenige, die entscheidend zur institutionellen Etablierung beitrug. Ähnlich wie bei der Künstlichen Intelligenz ist aber auch bei der Kognitionswissenschaft

---

[321] Simon: Cognitive Science: The Newest Science of the Artificial. S.24
[322] Vgl. hierzu auch Abschnitt: Kognition in Görz (Hrsg.): a.a.O., S.303-365
[323] Vgl. Anderson: a.a.O. S.15
[324] Vgl. Norman (Hrsg.): Perspectives on Cognitive Science
[325] Görz (Hrsg.): a.a.O. S.303

die Abgrenzung zu anderen Fächern unklar — es ist sogar umstritten, ob die Kognitionswissenschaft überhaupt eine neue wissenschaftliche Disziplin sein will. So stellt beispielsweise nach Meinung von Ch.Freska die Kognitionswissenschaft nur einen Versuch dar, Disziplinen mit ihren Grenzen für bestimmte Fragestellungen zu überwinden und nach außen hin offen zu sein.[326] Die Frage nach der disziplinären Standortbestimmung der Kognitionswissenschaft wird zusätzlich durch die Entwicklung einer interdisziplinär arbeitenden Wissenspsychologie erschwert, in der neben den Problemstellungen der Psychologie auch solche aus dem Bereich der Informatik und der Neurowissenschaften Berücksichtigung finden.[327] Nach der von der Kognitionswissenschaft betriebenen Angleichung von Mensch und Maschine erhebt eine kognitive Theorie allerdings nicht nur den Anspruch, theoretisch „kohärent" und empirisch „adäquat" zu sein, sondern darüber hinaus auch den der technischen Realisierbarkeit: Eine symbolische Maschine, die nach ihr programmiert worden ist, soll bei gleichem Input den gleichen Output zeigen wie ein zum „kognitiven System" reduzierter Mensch.

Die Ansätze der Künstlichen Intelligenz waren zunächst von einem Paradigma beherrscht, das auf Symbolmanipulation im Rahmen sequentieller Prozesse beruht: Man verfolgte das Ziel, symbolische Maschinen gemäß dem Modell der von-Neumann-Maschine so zu programmieren, daß sie einige Aspekte intelligenten menschlichen Verhaltens nachahmen. Als Ausweg aus den sich dabei ergebenden Schwierigkeiten — insbesondere im Bereich des Verstehens natürlicher Sprache und der Erkennung unklarer Muster — boten sich Ergebnisse der Gehirnforschung an: Da das Gehirn physisch ein hochgradig paralleles Netzwerk aus Neuronen ist, ergab sich die Hinwendung zu hochgradig parallelen konnektionistischen Netzwerken symbolischer Maschinen ohne zentrale Kontrolle. Im einzelnen wird dieser Neuansatz der Künstlichen Intelligenz folgendermaßen begründet:[328]

- Gehirne von Lebewesen weichen in ihrem Aufbau völlig von herkömmlichen symbolischen Maschinen ab. Während erstere aus

---

[326] Vgl. Freska: Cognitive Science - Eine Standortbestimmung

[327] Vgl. z. B. Mandl/Spada: a.a.O. Vorwort

[328] Vgl. Feldman/Ballard: Connectionist Models and Their Properties. S.205f.

vergleichsweise langsamen Neuronen bestehen, deren Schaltzeiten im Bereich von Millisekunden liegen und die zu komplexen parallelen Netzwerken verbunden sind, sind letztere aus sehr schnellen elektronischen Schaltelementen aufgebaut und weisen eine vergleichsweise geringe Verbindungsdichte auf.

- Herkömmliche KI-Programme benötigen bereits für die Simulation sehr einfacher Aspekte intelligenten Verhaltens viel mehr Zeit als zur Verfügung steht. Hochgradig parallele Netzwerke sollen derartige zeitliche Engpässe bei den Bemühungen um künstliche Intelligenz beheben.
- In Anbetracht der Fortschritte bei der Hochintegration mikroelektronischer Schaltkreise ist die Herstellung hochgradig paralleler Netzwerke symbolischer Maschinen in den Bereich des technisch Möglichen gerückt.

Obwohl die diesbezüglichen Ideen als methodisch und konzeptionell noch wenig ausgereift erscheinen, gelang inzwischen schon die Erschließung großzügiger öffentlicher Fördermittel.[329]

3.6.4 Zur Institutionalisierung der Künstlichen Intelligenz

Die KI ist an den Hochschulen der Bundesrepublik Deutschland als Teilgebiet der Informatik eingerichtet. Wichtige Nachbargebiete der KI sind Mathematik, Logik, Philosophie, Linguistik und Psychologie. An englischen Hochschulen sind unter der Bezeichnung „Cognitive Science“ auch eigenständige Studiengänge eingerichtet, die von der KI, der Linguistik und der Philosophie gemeinsam angeboten werden.[330]

Aus der Sicht vieler Verantwortlicher in Wissenschaft, Wirtschaft und Politik avancierte die Künstliche Intelligenz zu einer neuen Schlüsseltechnologie. Die Bemühungen von KI-Forschern wurden und werden deshalb in nahezu allen hochindustrialisierten Staaten sehr großzügig gefördert, in Deutschland im Rahmen

- des Sonderforschungsbereichs 314 „Künstliche Intelligenz“ der Deutschen Forschungsgemeinschaft,

---

[329] Vgl. hierzu Radermacher: Das Paradigma Neuronale Netze/Konnektionismus; kritisch Dreyfus: Was Computer noch immer nicht können.

[330] Wissenschaftsrat: a.a.O. S.31

- regionaler KI-Forschungszentren der Bundesländer,
- von Verbundprojekten des Bundesministeriums für Forschung und Technologie,
- von ESPRIT-Projekten der Europäischen Gemeinschaft,
- der Institutionalisierung von KI-Lehrstühlen an wissenschaftlichen Hochschulen sowie
- eigener KI-Abteilungen großer Unternehmen.[331]

KI-Lehrstühle, KI-Forschungsgruppen, KI-Projekte oder zumindest Lehrveranstaltungen zu KI-Themen gibt es inzwischen in Deutschland nahezu an jeder wissenschaftlichen Hochschule.[332]

Die *Gesellschaft für Informatik* hat den Bemühungen der Künstlichen Intelligenz nach dem Fachbereich 0 (Grundlagen der Informatik) den ersten ihrer 9 Fachbereiche gewidmet. Dieser Fachbereich 1 untergliedert sich folgendermaßen:

- *FG 1.0.1 Kognition*: Zielsetzung dieser Fachgruppe ist die Untersuchung der kognitionswissenschaftlichen Fragestellungen der KI, wobei die kognitiven Fähigkeiten des Menschen analog zu den kognitiven Fähigkeiten natürlicher Systeme erforscht werden — also völlig losgelöst vom kulturellen/geistigen Hintergrund des Menschen. Die so gewonnenen Einsichten in die kognitiven Eigenschaften „natürlicher Systeme“ sollen dann der Entwicklung künstlicher Systeme zugrunde gelegt werden.
- *FG 1.0.2 KI und Gesellschaft.*
- *FG 1.0.3 Robotersysteme.*
- *FG 1.0.4 Bildverstehen.*
- Fachausschuß *FA 1.1 Methoden und Werkzeuge der KI* mit den Fachgruppen 1.1.1 (Deklarative KI-Programmierung), 1.1.2 (Konnektionismus), 1.1.3 (Maschinelles Lernen), 1.1.4 (Wissensrepräsentation), 1.1.5 (Intelligente Lehr-/Lernsysteme) und 1.1.6 (Verteilte Künstliche Intelligenz).

---

[331] Vgl. hierzu Bibel/u.a. (Hrsg.): a.a.O. S.7-9
[332] Ebd. S.34-203

- Fachausschuß *FA 1.2 Inferenzsysteme* mit den Fachgruppen 1.2.1 (Deduktionssysteme), 1.2.2 (Nichtmonotones Schließen) und 1.2.3 (Qualitatives Schließen).
- Fachausschuß *FA 1.3 Natürliche Sprache* mit den Fachgruppen 1.3.1 (Natürlichsprachliche Systeme) und 1.3.2 (Gesprochene Sprache).
- Fachausschuß *FA 1.5 Expertensysteme* mit den Fachgruppen 1.5.1 (Knowledge Engineering), 1.5.2 (Diagnostik und Klassifikation) und 1.5.3 (Planen und Konfigurieren).

Entgegen dem eigenen Anspruch konzentriert sich die Arbeit dieses Fachbereichs also auf theoretische und softwaretechnische Aspekte — von hardwaretechnischen Aspekten der KI ist nirgends und von konkretisierten KI-Anwendungen nur in wenigen Fachgruppen die Rede: KI-Anwendungen werden abgesehen vom Fachausschuß 1.5 (Expertensysteme) und der Fachgruppe 1.04 (Bildverstehen) nur im Fachausschuß 1.3 (Natürliche Sprache) hinreichend konkretisiert

- in der FG 1.3.1 bezüglich natürlichsprachlichen Zugangs- und Frage-Antwort-Systemen sowie einem natürlichsprachlichen Wissenserwerb für wissenstechnische Maschinen,
- in der FG 1.3.2 bezüglich der Erkennung und Analyse gesprochener Sprache in Kommando-, Auskunfts- und anderen Dienstleistungssystemen sowie bezüglich der hierbei oftmals benötigten Identifikation und Verifikation des jeweiligen Sprechers.

Die der KI neue Impulse versprechenden „neuronalen Netze“ werden seltsamerweise nicht im FB 1, sondern in der Fachgruppe 0.0.2 (Neuronale Netze) des FB 0 erforscht.

Sowohl im Rahmen der fachlichen Arbeit der Gesellschaft für Informatik als auch bei den Forschungsprogrammen der neu gegründeten KI-Zentren und bei der im Zuge der Erweiterung oder Neugründung von Informatik-Instituten erfolgten Institutionalisierung von KI-Lehrstühlen blieben die methodologischen, begrifflichen und disziplinären Grundlagenprobleme der Künstlichen Intelligenz leider unberücksichtigt — und es wurde bisher institutionell auch noch nicht berücksichtigt, daß die KI eigentlich den gesamten Bereich der Informatik einschließt und viele KI-Probleme (insbesondere bezüglich von Programmier-, Betriebs-, Abfrage- und Berichtssystemen sowie deren korrekter und effektiver Nutzung) bereits an herkömmlichen Informatik-Lehrstühlen behandelt werden. Nach W.Wahlster hat die Künstliche Intelligenz aufgrund der engen Vermaschung mit „benachbarten Informatik-Disziplinen wie Logik und Berechenbarkeit, Programmiersysteme, Verteilte Systeme, Effiziente Algorithmen und Datenbanksysteme" vielleicht gute Chancen „in der Kerninformatik der Zukunft aufzugehen."[333] Wenn jedoch die KI in der „Kerninformatik der Zukunft" aufgehen und dabei auch die „intelligenter" gestaltbaren Informatik-Anwendungsgebiete (von „intelligenteren Produktmodellen" über „intelligentere Informationssysteme" bis zu „intelligenteren" CAD/CAM-, CAI-, CIE- und CIB-Systemen) angemessen berücksichtigen soll, so stellen sich bei der Ausschreibung und Besetzung von KI-Lehrstühlen sowie der notwendigen Koordinierung mit herkömmlichen Informatik-Lehrstühlen besonders interessante (und auch heikle) Probleme.

3.6.5 Zur Kritik an der Künstlichen Intelligenz

> Es bleibt zu hoffen, daß hohe Militärs, nachdem schon Hunderte von Millionen für die ihnen zugedachten KI-Entscheidungs-Systeme verschwendet wurden, dennoch zu verständig sind, um deren offensichtliche Unzulänglichkeiten zu übersehen, und daß sie die Systeme nicht weiterentwickeln werden.[334]

Programmierbare symbolische Maschinen stellen mit ihren Programmier-, Betriebs- und Nutzungssystemen auch im Bereich der Künstlichen Intelligenz eine großartige Manifestation menschlicher Erfindungs- und Vorstellungskraft dar. Aufgrund des marktwirtschaftlichen Zwangs zur Rationalisierung von Produktion und Verwaltung sowie zur Erfindung neuer Produkte besteht jedoch die Gefahr, daß vor allem wirtschaftliche und politische Entscheidungsträger eine von vielen KI-Forschern vielleicht nur spekulativ-spielerisch oder metaphorisch-heuristisch gemeinte Gleichsetzung zwischen Menschen und Maschinen für bare Münze nehmen und losgelöst von den spezifischen Problemen der Forschung pauschal und undifferenziert in die Wirk-

---

[333] Wahlster: a.a.O. S.17

[334] Dreyfus/Dreyfus: Künstliche Intelligenz. Von den Grenzen der Denkmaschine und dem Wert der Intuition. S.32

lichkeit umzusetzen versuchen. Die Metapher vom Gehirn als programmierbarer Maschine — bzw. die Reduktion des Denkens und der Sprachfähigkeit (bzw. der „Informationsverarbeitung" von Lebewesen) auf eine quasi maschinelle Verarbeitung von Zahlen, Daten und anderen geistigen Artefakten — spielt nicht nur eine produktive Rolle in der Kognitionswissenschaft, indem sie zur Strukturierung eines Gegenstandsbereichs beiträgt, der höchst komplex, unbestimmt und schwer erforschbar ist. Vielmehr beeinflußt eine solche Gleichsetzung bzw. Reduktion auch nachhaltig unser Bild vom Menschen: wie schon gesagt besteht die große Gefahr, daß unser Menschenbild partiell an die technisch verfügbare Funktionsweise von Maschinen angepaßt wird.

Die KI-Kritik der Gebrüder Dreyfus sowie von Weizenbaum, Winograd/Flores, Naur, u.a. beschäftigt sich in einem ersten Schritt mit derartigen Analogiebildungen zwischen Menschen und Maschinen, bei denen Begriffe wie Intelligenz, Denken, Lernen, Verstehen, Wissen und Information im Zuge einer Übertragung auf Maschinen ihrer ursprünglichen Bedeutung beraubt werden.[335] Hinreichend klar scheint uns dabei nur zu sein, daß derartige Analogien enorme praktische Auswirkungen haben können: sie aktualisieren nicht nur ganz allgemein die Frage nach unserem Menschenbild und damit die Frage nach der Gestaltung menschenwürdiger Verhältnisse, sondern auch sehr konkret die Art der Maschinisierung menschlicher Arbeit und sozialer Systeme. Insbesondere ist von Maschinen mit künstlicher Intelligenz zu fordern, daß diese analog zu uns Menschen auch „verantwortlich" handeln können: die starke KI-These impliziert, daß Maschinen im Prinzip wie wir Menschen denken und somit auch Verantwortung übernehmen können. Einige Probleme dieser „Verantwortungsabwälzung" hat H.Lenk bereits herausgearbeitet.[336]

Wenn wir „der grundlegenden These der Kognitionswissenschaft folgen, wonach alle geistigen Prozesse als solche der Informationsver-

---

[335] Vgl. insbesondere: Dreyfus/Dreyfus: Künstliche Intelligenz; Weizenbaum: Die Macht der Computer und die Ohnmacht der Vernunft. S.268-300; Winograd/Flores: Erkenntnis Maschinen Verstehen. S.141-232; Naur: Computing: A Human Activity. S.480-536

[336] Vgl. Lenk: Über Verantwortungsbegriffe und das Verantwortungsproblem in der Technik

arbeitung anzusehen sind"[337], so können wir jedoch nach unseren Ausführungen zum argumentationstheoretischen und insbesondere pragmatischen Fundament des Wissens (siehe Abschnitte 2.1.3 und 2.4) in der Kognitionswissenschaft sowie insbesondere in den darauf aufbauenden Bemühungen der Künstlichen Intelligenz um ein „maschinelles Lernen"[338] kein tragfähiges theoretisches Fundament für die Entwicklung intelligenz-konform operierender Maschinen erkennen. Und die inzwischen eingetretene „Ernüchterungsphase" bei den Bemühungen um „Expertensysteme" — die nach I.Wachsmuth allerdings immer noch „das derzeit erfolgreichste Anwendungsgebiet der Künstlichen Intelligenz darstellen"[339] — hat hinreichend verdeutlicht: „Es gibt große Bereiche von Expertenwissen, die sich einer effizienten Formalisierung mit den bisherigen Mitteln widersetzen", weshalb sich „in jüngerer Zeit die Auffassung von Expertensystemen als autonom problemlösenden Systemen zu eher unterstützenden Systemen in kooperativen Arbeitszusammenhängen zu verschieben begonnen hat."[340] Doch was unterscheidet dann diese „eher unterstützenden Systeme" noch grundlegend von den anderen wissenstechnischen Systemen der Informatik?

Um in unserer Kritik nicht mißverstanden zu werden, sei explizit erwähnt, daß bislang noch keine wissenschaftliche Disziplin auf dem Boden eines festumrissenen Forschungsprogramms und einer klaren Fachterminologie entstanden ist. Dies darf auch nicht nur als historisches Faktum gewertet werden, denn bevor eine Disziplin den sicheren Gang der Erkenntnis einschlagen kann — methodologisch hinreichend fundiert und geleitet durch ein heuristisch fruchtbares Forschungsprogramm — muß sie sich erst einmal an ihren Gegenstand herantasten. In dieser Phase klärt sich allmählich die Aufgabenstellung und bildet sich unter den Mitgliedern der scientific community eine Überzeugung hinsichtlich der Tragfähigkeit von Methoden und Verfahren. Auch der Informatik und insbesondere der KI-Forschung muß

---

[337] Görz (Hrsg.): a.a.O. Kapitel: Kognition, S.311

[338] Vgl. hierzu die Ausführungen im Kapitel: Maschinelles Lernen, in Görz (Hrsg.): a.a.O. S.247-302

[339] Wachsmuth: a.a.O. S.713

[340] Meyer-Fujara/Puppe/Wachsmuth: Expertensysteme und Wissensmodellierung. In Görz (Hrsg.): a.a.O. S.764

eine solche Vorlaufphase zugestanden werden. Aber es ist auch klar, daß sich eine Disziplin nicht beliebig lange im Vorlauf methodologischer und begrifflicher Vagheiten aufhalten kann (bzw. nach Joseph Weizenbaum beliebig lange „Computermythen“ erfinden — sowie danach erfolgreich vermarkten bzw. beklagen kann), ohne Schaden an ihrer wissenschaftlichen Reputation zu nehmen. Wir meinen, daß die Informatik und hierbei vor allem die Softwaretechnik und die Künstliche Intelligenz nach der stürmischen Entwicklung in den letzten 25 Jahren heute an einer Stelle angelangt sind, an der eine vertiefte methodologische, perspektivische und begriffliche Reflexion dringend notwendig ist — und vielleicht auch unserer Industriegesellschaft zu neuen und fruchtbaren Impulsen verhelfen kann.

3.7 Grundzüge einer Sichtweise der Informatik als Wissenstechnik

> Die Informationstechnik ist ein solcher Bereich, worin man hilflos herumirren muß, wenn man eine geeignete Brille für das geistige Auge hat — man sieht dann nämlich den Wald vor lauter Bäumen nicht. Bücher über die Bäume, d.h. über die Details der Informationstechnik gibt es viele, aber vom Wald, d.h. von der Einbettung der Details in eine zusammenhängende Struktur ist nur selten die Rede.[341]

3.7.1 Einleitung

> Der Vorteil, der darin liegt, daß man sich von Zufälligkeiten der technischen Entwicklung frei macht, um zu tragfähigeren Aussagen zu kommen, ist nicht gering zu veranschlagen; noch stärker scheint uns das Vorgehen dadurch motiviert zu sein, daß es den Anfänger zum Nachdenken zwingt, anstatt ihm Patentlösungen vorzusetzen.[342]

Das Aufgabengebiet der Informatik wurde unter dem Eindruck der Bemühungen in der Künstlichen Intelligenz erweitert zu:

- „theoretical analysis
- organisational and technical design
- factual realisation of (complex) systems of (autonomous, intelligent)

---

[341] Wendt: Nichtphysikalische Grundlagen der Informationstechnik. Vorwort

[342] Bauer/Goos: Informatik. Eine einführende Übersicht. Erster Teil. Vorwort

individuals who communicate with each other and their environment where these systems are considered as subsystems of our human civilization which are to ameliorate the quality of life."[343]

Technische Systeme sollen also als autonome und intelligente Partner konzipiert werden. Damit hat die Informatik die herkömmlichen Grenzen zu anderen Disziplinen überschritten und tiefgreifende Fragen der Gestaltung unseres Zusammenlebens in moralischer sowie politischer Hinsicht berührt. Eine Verlagerung des Informatikbegriffs in trans- bzw. supradisziplinäre Forschungszusammenhänge mag angesichts der in vielen Fällen unzureichenden Erfassung der Softwarewelt sowie deren (Folgen-)Probleme als geboten erscheinen; die Frage nach dem technikwissenschaftlichen Kern der Informatik sowie nach der notwendigen Informatik-Lehre bedarf aber dennoch einer tragfähigen Antwort.

Von den disziplinär völlig ausufernden Konzeptionen für autonome und intelligente „Maschinen" sind die Bemühungen um eine Konstruktionslehre für Datenbanken, Programme und andere maschinell verarbeitbare geistige Artefakte zu unterscheiden, die z.B. am IMMD der Universität Erlangen-Nürnberg von H.Wedekind initiiert wurden. Auf dem Fundament der konstruktiven Logik und Wissenschaftstheorie sind im Rahmen dieser konstruktiven Bemühungen eine Methodologie für den Entwurf von Datenbanken sowie eine explizit technikwissenschaftliche Perspektive der Informatik als Wissenstechnik entwickelt worden. Das Grundanliegen ist in beiden Fällen, den Weg von Anforderungen einer (industriellen) Produktions- und Arbeitswelt hin zu maschinell effizient verarbeitbaren geistigen Artefakten sowie deren effektiver und korrekter Nutzung methodisch nachvollziehbar (rekonstruierbar) zu machen. Dabei wurde die fundamentale Bedeutung einer methodisch nachvollziehbaren (Re-)Konstruktion von umgangs- oder fachsprachlichen Beschreibungen der Bedeutung von Programmen und Daten (im Zuge von Softwarespezifikationen bzw. Datenmodellen) erkannt und in die Praxis umzusetzen versucht.

Ein *disziplinärer* „Umbruch in der Informatik" wird nicht nur aufgrund der Methodologie-Diskussion von Kapitel 2 sowie den darauf aufbauenden konstruktiven Bemühungen im Umfeld von H.Wedekind

---

343 Brauer: The New Paradigm of Informatics. S.22

nahegelegt, sondern auch mit der Entwicklung von explizit wissensbasierten (Experten-)Systemen. Parallel zu diesem von der Künstlichen Intelligenz initiierten „Umbruch" wird eine Neubesinnung auf den „eigentlichen" disziplinären Kern der Informatik auch durch die Softwaretechnik nahegelegt, wenn z.B. im Rahmen der „Datenmodellierung" oder eines „Requirement Engineering" Methoden berücksichtigt werden, die eine rationalere Entwicklung, Verwaltung oder Nutzung von (objektbezogenen) Wissensbeständen ermöglichen sollen: Auch die Wissensbestände in den herkömmlichen Organisationsformen von Daten und Programmen gilt es im Zuge eines „Wissensmanagements" zu erfassen sowie im Hinblick auf die Optionen „Erkennen", „Auswählen", „Entwickeln", „Bezweifeln" und „Begründen" zu verwalten. Nur auf diesem Wege scheint sich uns das Problem eines vielerorts zunehmenden Datenchaos bei der maschinellen Datenverarbeitung bewältigen zu lassen — worin M.Vetter das Jahrhundertproblem der Informatik sieht.[344] Aber gleichermaßen bedürfen auch die betrieblichen oder verwaltungstechnischen Bemühungen um ein — der Maschinisierung der Datenverarbeitung vorgelagertes — „Informationsmanagement" einer Fundierung durch ein „Wissensmanagement". Wir werden darauf in Abschnitt 3.7.2 bei unserer Suche nach einem tragfähigen Gebrauch von „Information" zurückkommen.

Bereits in der einleitend erwähnten Orientierungshilfe für das Informatik-Studium ging es um die Erarbeitung eines Gesamtrahmens für die Informatik, der ein besseres Verständnis und Detailstudium der Informatik als Technikwissenschaft ermöglichen soll — mit dem Ziel der Gewinnung einer besseren Theorie für die Praxis der Informatik.[345] Den unverzichtbaren „harten Kern" der Informatik sehen wir dabei in einer Technikwissenschaft, in der es „um die Repräsentation von Wissen in Form von Daten und um die Reduktion geistiger Tätigkeiten auf Algorithmen und maschinell simulierbare Prozesse"[346] geht. Informatik ist demnach eine Wissenschaft von der Maschinisierung geistiger Arbeit, die methodologische Aspekte der Wissensbildung auch aus unmittelbar praktischen Gründen berücksichtigen sollte: die Korrektheit und Verständlichkeit maschinell zu verarbeitender

[344] Vgl. Vetter: Das Jahrhundertproblem der Informatik. S.11
[345] Vgl. Luft: Informatik als Technikwissenschaft. S.5
[346] Ebd. S.14

geistiger Artefakte wird nämlich bedingt durch die methodische Überprüfbarkeit des Wissens, das diesen ja erst Bedeutung verleiht. Neben der verarbeitungs- bzw. programmiersprachen-bezogenen Wissensrepräsentation kommt deshalb auch der Frage nach deren sprachphilosophischen und wissenschaftstheoretischen Grundlagen eine herausragende Bedeutung zu. Die methodologischen Grundlagenfragen der Wissensbildung sind in einer sich als Wissenstechnik verstehenden Informatik auch in technischer Hinsicht von fundamentaler Bedeutung.

Zum Bereich der Wissenstechnik zählen wir neben den *infradisziplinären* Bemühungen um ihre Fundierung auch *supradisziplinär* ausgerichtete Bemühungen um eine Bewältigung ihrer Folgen: Wissenstechniker entwickeln und betreiben wissenstechnische Systeme, die das Wissen oder die Arbeit und damit immer auch das Leben anderer Menschen beeinflussen. Deshalb kommt ihnen auch eine besondere Verantwortung zu. Dieser Verantwortung sollten sich Wissenstechniker mit Hilfe einschlägiger supradisziplinärer Bemühungen auf einer vernunftgemäßen, wissenschaftsgestützten Ebene auch explizit stellen können.

Von den um die Wissenstechnik gewissermaßen als „Schalen" angeordneten infra- und supradisziplinären Bemühungen um ihre *Fundierung* einerseits, *Folgenbewältigung* andererseits, unterscheiden wir interdisziplinäre Bemühungen („Bindestrich-Informatiken"), in denen es um die *Anwendung* der Wissenstechnik in jeweils ausgezeichneten Wissensgebieten bzw. Arbeits- oder Lebensbereichen geht: die Wissenstechnik dringt in alle wissenschaftlichen Disziplinen sowie in viele Bereiche unseres Arbeitens und Lebens ein, weshalb diese neue Technikwissenschaft eine Vielzahl interdisziplinärer Bemühungen nach sich zieht.

Wenn Informationswissenschaft definiert wird als die „Wissenschaft von der Repräsentation, vor allem vom Transfer von Wissen"[347], so gibt es zwischen dieser und unserer Sichtweise der Informatik als Wissenstechnik enge Berührungspunkte. Im Unterschied zur Informationswissenschaft konzentriert sich die Wissenstechnik jedoch nicht „irgendwie auf die Rolle des Wissens in der Gesellschaft"[348], sondern auf die Möglichkeiten der maschinen- und technikgestützten Wis-

---

[347] Zimmermann: Informationswissenschaft an der Universität des Saarlandes. S.1100

[348] Wersig: Tendenzen der Informationswissenschaft. S.1185

sensnutzung, die es nicht nur effizienter, sondern auch vernünftiger, risikoloser und verantwortungsvoller zu gestalten gilt. Und im Unterschied zur Wissenstechnik beschränkt sich die Informationswissenschaft auf den Bereich der Informationssysteme, läßt also die wissenstechnische Rationalisierung und Automatisierung von Arbeit sowie die Erkenntnisgewinnung mit Hilfe wissenstechnischer Simulation unberücksichtigt. Im Unterschied zur herkömmlichen Informatik versucht allerdings die Informationswissenschaft die wissenschaftstheoretischen Grundlagen des Wissensbegriffs zu berücksichtigen.

Wie wir im Kapitel 2 gesehen haben, kann es nach der Grundthese des philosophischen Pragmatismus in den Wissenschaften nur darum gehen, aus einer Praxis und für diese Praxis ein Wissen systematisch zu entwickeln und zu lehren. Dabei wird unterschieden zwischen den i.e.S. praktischen und den technischen Problemen einer Praxis. Die i.e.S. praktischen Probleme können insbesondere von den in Kapitel 2.6 angesprochenen ethischen, ökonomischen und politischen Aspekten eines Orientierungswissens abhängen.

Bei unserem Bemühen um eine *wissenstechnische* Fortsetzung und Vertiefung der Informatik gibt es insbesondere zum jüngsten Bemühen von W.Coy einige Gemeinsamkeiten, auf die wir hier aber nicht im einzelnen eingehen wollen. Für wichtig halten wir jedoch den Hinweis auf die beiden folgenden Punkte:[349]

1. Programmieren ist *nicht* nur eine formale Tätigkeit, da es beim Programmierer immer auch ein Wissen über die Wissensbestände erfordert, die in Form von Daten und Programmen im Zuge der Programmierung auf Maschinen gebracht werden sollen. Nur bei den „zweifelhaft programmierten ad-hoc-Lösungen“, bei denen „die algorithmierten Prozesse unverstanden oder unzureichend verstanden bleiben“[350], wissen Programmierer nicht, welche Wissensbestände sie eigentlich maschinisieren sollen oder wollen. Auch W.Coy sieht im Programmieren nicht nur eine formale Tätigkeit: wenn er nämlich jedes größere Programm mit einer Baustelle vergleicht, „die in dem Moment zur Ruine wird, wenn

---

[349] Vgl. Coy: Reduziertes Denken. In: Schefe/u.a. (Hrsg.): Informatik und Philosophie. S.31-52; ders.: Aus der Vorgeschichte des Mediums Computer. S.33-37

[350] Coy: Reduziertes Denken. S.45

niemand mehr an ihrem Erhalt arbeitet"[351] — und vor allem, wenn er sich Kristen Nygaard's „To program is to understand" anschließt.

2. Die Wissenstechnik möchten wir nicht wie bei der „medialen Wissenstechnik" von W.Coy[352] mit der modernen Medientechnik vermischen. Der digitale Medienmix mittels Text-, Sprach-, Ton-, Musik-, Kamera- und Videoeingabe einerseits, Maus, Griffel, Rollkugel und Datenhandschuh als „virtuell"-physische Träger von Datenbeständen andererseits ist von den praxis- und problembezogenen Bemühungen einer Wissenstechnik zu unterscheiden, in der mit dem Wissensbegriff auch die Geltungsansprüche von maschinell verarbeitbar gemachten Wissensbeständen (invariant bezüglich deren Ein-Ausgabe-Medien und physischen Trägern!) thematisiert, d.h. auf Menschen und Probleme bezogen werden. Aber natürlich gibt es auch im Bereich der Medientechnik Anwendungen für die Wissenstechnik — und umgekehrt bietet die Medientechnik für die Ein- und Ausgabe von Wissensbeständen wissenstechnischer Maschinen neue Möglichkeiten.

Schließlich bedarf es auch noch einiger Bemerkungen zu den Vorschlägen von Peter Janich bezüglich der Konstitution der Informatik als Wissenschaft.[353] Wissenschaften kommen selbstverständlich nicht dadurch in die Welt, daß sich ein Genie dazu entschließt, eine solche zu erfinden und zu etablieren. Vielmehr entwickeln sie sich aus Praxisbereichen des täglichen Lebens, die einen Reifegrad erreicht haben, der eine Verwissenschaftlichung ermöglicht und erfordert, d.h. Wissenschaft stellt sich für Janich als eine gesonderte, der Bewältigung immer wiederkehrender lebensweltlicher Probleme dienende Kulturanstrengung dar.[354] Für die Informatik insbesondere benennt Janich drei solche Kulturangstrengungen: „Führen", „Rechnen" und „Kommunizieren", die mit den ihnen eigenen Problemen die Wissenschaft „Informatik" konstituieren sollen.

---

[351] Ebd. S.46

[352] Vgl. ebd. S.50

[353] Vgl. Janich: Zur Konstitution der Informatik als Wissenschaft

[354] Ebd. S.54-58

Wir teilen zwar die Vorstellung von Janich im Grundsätzlichen, meinen jedoch, daß im Falle der Informatik der Konstitutionsweg etwas anders verläuft. Vorstellbar ist, daß man von den genannten Kulturanstrengungen auf direktem Wege zum Aufbau der Regelungs- und Automatisierungstechnik, der Angewandten Mathematik und der Nachrichten- bzw. Kommunikationstechnik kommen kann. Die Informatik scheint uns mit ihrer Aufgabenstellung allerdings quer zu solchen Techniken zu liegen. Sie ist, wie wir hoffen gezeigt zu haben, eine Technik der „zweiten Generation", die erst in einer durch Wissenschaft und Technik geprägten und überformten Welt Sinn erhält. Die exklusive Zuordnung zu bestimmten Praxisbereichen fällt schwer, weil Informatik überall dort eine Rolle spielt, wo es um die Speicherung und Verwaltung umfangreicher und komplexer Wissensbestände geht sowie um deren problembezogene effiziente Aufarbeitung. Selbst in der Angewandten Mathematik liegt der Vorteil des Computereinsatzes nicht allein im Gewinn an Rechengeschwindigkeit, sondern vor allem darin, daß man bei der Modellierung eines Sachverhalts nicht mehr hinter dem Wissen, welches man von seinen Anfangs- und Randbedingungen besitzt, zurückbleiben muß, nur weil dieses Wissen zu komplex ist, um noch „zu Fuß" abgearbeitet werden zu können. Moderne Textverarbeitungs-, Datenbank- oder Expertensysteme haben zwar etwas mit den genannten Kulturanstrengungen zu tun, dies aber auf so unspezifische Weise, daß sie sich nicht als Fortführung traditioneller Techniken verstehen lassen.[355]

[355]Auch bei Janich kommt dies gelegentlich zum Ausdruck, vgl. ebd. S.65: „Erst wo den zu Rechenzwecken vorhandenen Computern andere, dann gern 'symbolisch' genannte Aufgaben zugewiesen werden, wird der Informationsbegriff einschlägig. ... Erst wo Regelvorgänge nicht mehr direkt, d.h. z.B. durch bestimmte Kraftkopplungen an Komponenten einer Maschine bewerkstelligt werden, sondern durch 'Erheben' von Meßdaten, die dann nach Verrechnung in einer Rechenmaschine zu steuernden Eingriffen in den Lauf der Maschine führen, kommt der Informationsbegriff ins Spiel."

3.7.2 Zur Unterscheidung zwischen „Wissen“, „Information“ und „Daten“

> Seit Norbert Wieners berühmtem Diktum „Information ist Information, nicht Materie oder Energie“ herrscht ein heilloses Durcheinander um den Informationsbegriff. Nahezu uferlos sind aus verschiedenen Fächern und Interessen heraus Interpretationsvorschläge entstanden, ... Mit allen Risiken eines Pauschalurteils läßt sich behaupten, daß sich dabei als Grundtendenz durchgesetzt hat, auf strenge Definitionen oder Definitionen überhaupt zu verzichten und stattdessen das Fehlen von Definitionen als Plastizität und Anwendungsvielfalt des Informationsbegriffes positiv zu bewerten.[356]

Der Gebrauch des Worts „Information“ ist für die Informatik zwar von zentraler Bedeutung, „dennoch ist er bisher kaum präzisiert worden.“[357] Das Informationsverständnis in der Informatik reicht von einer nachrichtentechnischen Kommunikationstheorie (Shannon) über ein pragmatisches Verständnis von Informationen als handlungsrelevanten (bzw. „gelungenen“) Kommunikationshandlungen bis hin zu einer mehr oder weniger expliziten Gleichsetzung von Information mit Daten, Erfahrung oder Wissen. Heinz Zemanek meint denn auch mit „zehn Definitionen der Information“ diese Vielfalt festschreiben zu müssen.[358]

Die folgenden Bemühungen um eine Präzisierung der drei wichtigsten Grundbegriffe der Informatik beginnen beim (subjektiven) *Wissen von Menschen* und bei deren fortgesetzten Bemühungen, mittels *Kommunikationshandlungen* über dieses Wissen mit anderen Menschen zu kommunizieren. Von Bedeutung für die Wissenschaften und die wissenschaftsgestützte Gestaltung unserer Welt ist allerdings erst das *lehr- und lernbare Wissen*, das durch — mit einlösbaren Geltungsansprüchen verknüpfte — Aussagen oder Aufforderungen zum Ausdruck gebracht werden kann: der anspruchsvolle Wissensbegriff der Wissenschaften muß sich im Unterschied zum rein subjektiven Wissensbegriff dem Anspruch einer Lehr- und Lernbarkeit des Wissens stellen — und das heißt einer uneingeschränkten Überprüfbarkeit und Einlösbarkeit der dabei erhobenen Geltungsansprüche von Aussagen oder Aufforde-

---

[356] Janich: Ist Information ein Naturgegenstand? S.138/139

[357] Duden Informatik. S.273

[358] Zemanek: Das geistige Umfeld der Informationstechnik. S.10-18

rungen. Mit unseren Ausführungen zu den Methodologien der Wissensbildung sollte deutlich geworden sein, daß ein *wissenschaftliches Wissen* unbedingt

- sprachlich verfaßt,
- nachvollziehbar (und damit auch überprüfbar) in einen alltagsweltlichen oder wissenschaftlichen Handlungs- und Problemkontext eingebunden und
- mit Geltungsansprüchen verknüpft sein muß.

Aussagen und Aufforderungen können in logischer Hinsicht elementar oder komplex sein und sich sowohl auf (mit Hilfe von Eigennamen oder Prädikatoren) konkret eingeführte Objekte beziehen als auch auf „abstrakte" Objekte, die allerdings — wie wir gesehen haben — mit Hilfe von Kennzeichnungen, Definitionen, Abstraktionen oder Ideationen ebenfalls stets explizit eingeführt werden sollten. Und erst ein Handlungs- und Problemkontext liefert wissenschaftlichen Bemühungen das nach Abschnitt 2.4 erforderliche pragmatische Fundament. Anspruchsvolles Wissen ist danach stets Bestandteil eines (hypothetischen) Problemlösungswissens. Die *Geltungsansprüche* schließlich können sich beziehen

- auf den „pragmatischen Gehalt" der Aussagen oder Aufforderungen, insbesondere auf deren Problem- und Handlungsbezüge sowie auf die diesbezügliche Korrektheit der sprachlichen Konstruktionen und/oder deren Anwendungen, speziell auch in logischer und methodischer Hinsicht,[359]
- auf den empirischen Gehalt von Behauptungen, z.B. mit Hilfe von technischen Experimenten, von Herstellungs- oder Produktionsverfahren, des Studiums von „Quellen" oder der Aussagen von (glaubhaften) Zeugen,
- auf die Begründung der Funktionstüchtigkeit, des Nutzens oder des Schadens von Techniken, technischen Geräten oder technischen Systemen,

---

[359] Vgl. hierzu insbesondere Kamlah/Lorenzen: Logische Propädeutik; Lorenzen: Lehrbuch der konstruktiven Wissenschaftstheorie

- auf die Rechtfertigung von Handlungen oder Handlungs-Aufforderungen in technischer oder z.B. ethischer oder ökonomischer Hinsicht,
- auf die Rechtfertigung von Zwecken oder Normen,
- auf die Problem- und/oder Wissens-Adäquatheit (bzw. „Angemessenheit") von Bewertungen, Entscheidungen, Gesetzen oder Organisationen.

Wissenschaftstheoretisch wird zwischen *formalem Wissen* (Logik, Mathematik) und *materialem Wissen* unterschieden, wobei letzteres untergliedert wird in

- *kulturwissenschaftliches Wissen* über (soziale) Lebensformen sowie die politisch-ökonomische, moralische und rechtliche Gestaltung des Zusammenlebens,
- *naturwissenschaftliches Wissen* über vom Menschen unbeeinflußte natürliche Gegebenheiten oder auch über die vom Menschen geschaffe (bzw. beeinflußte oder manipulierte) „zweite" Natur,
- *technikwissenschaftliches Wissen* über das Konstruieren, Produzieren, Funktionieren, Nutzen, Wiederverwenden oder Entsorgen von Mitteln zu bestimmten Zwecken — insbesondere von industriell herstellbaren Produkten, Geräten oder Ausrüstungen, aber auch von komplexen (sozial-)technischen Systemen.

Quer zu dieser Gliederung läuft eine Unterscheidungslinie, die sich an der Verwendung des Wissens orientiert. Danach heißt ein Wissen

- *praktisch*, wenn es
  - mittels gesellschaftlicher Normen, Gesetze oder Vorschriften Handlungen verbietet, gebietet oder erlaubt,
  - Handlungen unmittelbar auf ein Ziel oder einen Zweck hin orientiert,
  - Lösungsmöglichkeiten für „praktisch relevante" Probleme unmittelbar aufzeigt,
  - etwas über die Erfüllbarkeit bzw. Erreichbarkeit „praktisch relevanter" Zwecke oder Ziele aussagt,
  - die Verfügbarkeit von Mitteln oder deren jeweiligen Nutzen, Aufwand oder Risiko näher spezifiziert,

- *theoretisch*, wenn es nicht unmittelbar bestimmten außerwissenschaftlichen Zielen oder Zwecken zugeordnet werden kann, wohl aber als sog. Grundlagenwissen der Gewinnung praktischen Wissens zumindest hypothetisch zu dienen vermag.

Am deutlichsten wird der Zusammenhang zwischen praktischem und theoretischem Wissen dort, wo wir unser Handeln auf Annahmen über zukünftiges Geschehen stützen müssen. Im strengen Sinne können wir über die Zukunft zwar nichts wissen, jedoch verfügen viele Wissenschaften über theoretisch begründete Verlaufsgesetze, die nicht nur im Hinblick auf Vergangenes empirisch bestätigt, sondern auch in die Zukunft hinein verlängert werden können und dadurch die Bildung von Prognosen ermöglichen. Da die Geltungsansprüche von natur- und technikwissenschaftlichen Theorien bekanntermaßen besonders hohen methodologischen Ansprüchen genügen, kommt den daraus abgeleiteten Verlaufsgesetzen und Prognosen eine besondere Güte zu.

Leider ist es nicht möglich, in den Kulturwissenschaften mit Hilfe von Theorien Verlaufsgesetze aufzustellen. Dies ist in der praktischen Unmöglichkeit gegründet, sich beim kulturwissenschaftlichen Wissen mit Hilfe von Experimenten einen Überblick über die Rand- und Anfangsbedingungen zu verschaffen, unter denen Theorien bzw. Verlaufsgesetze gültig sind. Theoretisch abgeleitete Prognosen in den Politik-, Sozial- und Wirtschaftswissenschaften müssen deshalb immer unter sog. „ceteris-paribus"-Vorbehalten stehen, wobei man aus den eben genannten Gründen keine genaue Vorstellung davon hat, welche „Anfangs- und Randbedingungen" gleichbleiben müssen.[360] Der Anspruch auf Allgemeingültigkeit, der sich in den Kulturwissenschaften mit der theoretischen Ableitung von politischen, sozialen oder wirtschaftlichen Verläufen verbindet, ist also weitaus schwächer als in den Natur- und Technikwissenschaften. Man spricht hier in der Regel auch nicht von „Gesetzen", sondern nur von „Trendaussagen". Gleichwohl versuchen auch kulturwissenschaftliche Theorien und Trendaussagen das empirische Material bestmöglichst auszuschöpfen — weshalb praktische Empfehlungen, die auf einem derartigen theoretischen

---

[360] Da Sprache und Denken zum Bereich der Kulturwissenschaften gehören, stehen auch die theoretisch abgeleiteten Prognosen bei der Entwicklung und Nutzung von Maschinen mit Sprach- bzw. Denkfähigkeiten unter dem „ceteris-paribus"-Vorbehalt

Wissen beruhen, als besser begründet anzusehen sind als solche, die sich auf bloße Meinungen oder Annahmen stützen.

Beim praktischen Wissen unterscheiden wir nach einem Vorschlag von Jürgen Mittelstraß noch zwischen Orientierungs- und Verfügungswissen:

- *Orientierungswissen* ist zweckbezogen und versucht Normen des Rechts und der Moral sowie Ziele und Zwecke des Handelns entsprechend der Dringlichkeit derjenigen Probleme zu entwikkeln, die sich aufgrund bisheriger Praxis stellen. Außerdem soll Orientierungswissen in Situationen des Lebens mit unklaren, fragwürdig gewordenen oder umstrittenen Normen, Zielen oder Zwecken dem Handeln eine (möglichst wissenschaftlich fundierte) Orientierung geben. Ein solches Wissen ist also in erster Linie ein kulturwissenschaftliches und nicht zuletzt ein ethisches Wissen. Nach Jürgen Mittelstraß dient Orientierungswissen zur Beantwortung der Frage, was wir tun sollen.[361]
- *Verfügungswissen* ist dagegen stets mittelbezogen und unterrichtet darüber, was mit welchen Mitteln machbar ist sowie über die Nebenwirkungen des Einsatzes von Mitteln im Rahmen spezifischer Problemstellungen. Verfügungswissen umfaßt also wesentlich ein im traditionellen Sinne technik- bzw. naturwissenschaftliches Wissen.

Orientierungs- und Verfügungswissen gehören zusammen: denn Orientierungswissen ist ohne Verfügungswissen macht- bzw. hilflos und Verfügungswissen ohne Orientierungswissen ist blind.

In unserem Sinne besitzt jemand ein *anspruchsvolles Wissen*, wenn er in der Lage ist, seine Behauptungen und Empfehlungen gegenüber jedermann begründet zu verteidigen. Mit Blick auf diese besondere Begründungspflicht spricht man deshalb auch von *objektivem Wissen*. Die Idee der Objektivität des Wissens korrespondiert in unserer Kultur mit einer Idee des freien, sachkompetenten und rationalen Diskurses, die sich in den wissenschaftlichen Institutionen stets nur mehr oder weniger vollkommen realisieren läßt. Als Muster für Objektivität

---

[361] Vgl. Mittelstraß: Der Flug der Eule. Von der Vernunft der Wissenschaft und der Aufgabe der Philosophie. S.33

gelten im allgemeinen zunächst die Mathematik sowie die Natur- und Technikwissenschaften. Aber wenn es auch richtig ist, daß in diesen Wissenschaften Objektivität immer (oder auch nur: häufig) gewahrt ist, so darf dennoch nicht vergessen werden, daß spätestens seit Sokrates, Platon und Aristoteles auch für den praktischen Bereich Begründungsformen des Argumentierens entwickelt und in der Ethik festgeschrieben worden sind. Im Rahmen dieser Tradition, die viel älter ist als die uns geläufigen Wissenschaften, wurde die Frage nach dem guten Leben, rechten Handeln und der institutionellen Verfassung unseres Zusammenlebens aus der Dogmatik religiöser Setzung oder gar der Beliebigkeit privaten Meinens herausgelöst und zum Gegenstand eines Diskurses gemacht, der nach durchschaubaren Regeln (ethischen Prinzipien) verläuft und insoweit Objektivität vermittelt, auch wenn er oft nicht im Konsens endet.

In der Informatik wird der Wissensbegriff im Kontext der Maschinisierung der Wissensverarbeitung nicht nur auf ein anspruchsvolles (wissenschaftliches) Wissen bezogen, sondern auch auf das mit subjektiven Eindrücken und Erfahrungen behaftete Alltagswissen. Ein derartiger allgemeiner Gebrauch des Worts „Wisssen" deckt sich weitgehend mit dem Gebrauch von „knowledge", außerdem liegt er auch dem Gebrauch der Wörter „wissensbasiertes System" und „Wissensrepräsentation" zugrunde:

> Repräsentation von Wissen in der KI verzichtet auf Wahrheit als die für Philosophen notwendige Bedingung für Wissen.[362]

Sehen wir einmal von dem mißverständlichen Begriff „Wissensrepräsentation" ab (auf den wir in unseren Schlußbemerkungen noch kurz zu sprechen kommen werden), so läßt sich feststellen, daß im Rahmen der KI-Bemühungen erfreulicherweise die herausragende und primäre Bedeutung des Alltagswissens erkannt wurde: bei der Entwicklung und Ausprägung von Intelligenz kommt nicht dem lehr- und lernbaren wissenschaftlichen (Bildungs-)Wissen, sondern dem vor-wissenschaftlichen Alltagswissen die entscheidende Bedeutung zu. Da dieses Alltagswissen aufs engste mit unseren jeweiligen Ideen, Träumen, Wünschen, Empfindungen, Emotionen, Alltags-Handlungen und den daraus resultierenden Erfahrungen (insbesondere unseres Körpers und Gei-

---

[362] Kalinski: Zur (Re-)Präsentation von Wissen. S.245

stes, unserer Psyche, von Religion, Sport, Musik und Natur, unserer Beziehungen zu Menschen) verknüpft ist, müssen jedoch auch so gesehen manche KI-Versprechungen als völlig abwegig bezeichnet werden.

Alltagswissen äußert sich also in Meinungen, die sich auf die nicht zugängliche bzw. überprüfbare Subjektivität und Persönlichkeit des jeweiligen Menschen stützen oder ihre Quelle in ungeprüften Mitteilungen („Hörensagen") anderer Menschen besitzen. Es findet sowohl Eingang in Polizei- und Kundendateien als auch in die wissenschaftliche Datenverarbeitung. Der Umgang mit solchem Wissen ist natürlich äußerst problematisch. Um es trotz seiner methodischen Defizite erfolgreich nutzen zu können, benötigt man heuristische Regeln, die die Bildung von Analogieschlüssen oder von rein qualitativ (also nicht statistisch) abgestützten Korrelationen zulassen.[363] Jedermann bedient sich solcher heuristischer Mittel im Alltagsleben, dennoch ist es bisher noch nicht recht gelungen, ein wissenstechnisches System dahin zu bringen, die in ihm gespeicherten Wissensbestände nach Regeln des „plausiblen Schließens" zu organisieren und auszuwerten.

Die auf den Arbeiten von Norbert Wiener aufbauenden Bemühungen um eine Präzisierung des Informationsbegriffs — im Rahmen einer mathematischen Theorie von Kommunikationssystemen durch Claude E.Shannon und Warren Weaver[364] — waren zwar auf der syntaktischen Ebene der Kommunikation erfolgreich, die Probleme auf der semantischen Ebene („How precisely do the transmitted symbols convey the desired meaning?"[365]) und der pragmatischen Ebene („How effectively does the received meaning affect conduct in the desired way"[366]) blieben davon jedoch unberührt. Um diesen für die theoretische Fundierung der Informatik und Informationsverarbeitung sehr wichtigen Sachverhalt zu verdeutlichen, wollen wir uns zunächst zusammenfassend mit diesem Ansatz auseinandersetzen — sowie mit den Argumenten von Weaver, daß der hierbei präzisierte Informationsbegriff auch für die Lösung semantischer und pragmatischer Informationsprobleme von grundlegender Bedeutung ist. Dazu zu-

[363] Vgl. Kötter: Technische Rationalität und rationale Heuristik - Ein Problemaufriß
[364] Vgl. Shannon/Weaver: The Mathematical Theory of Communication
[365] Ebd. S.96
[366] Ebd.

nächst die folgenden Feststellungen:

1. Das Wort „Information" wird im Rahmen der Theorie von Shannon/Weaver in einem sehr speziellen Sinne verwendet, der vom herkömmlichen Gebrauch — und auch von seinem Gebrauch in der „praktischen" und „angewandten" Informatik — grundverschieden ist:

   - „In fact, two messages, one of which is heavily loaded with meaning and the other of which is pure nonsense, can be exactly equivalent, from the present viewpoint, as regards information."[367]
   - „The concept of information developed in this theory at first seems disappointing and bizarre — disappointing because it has nothing to do with meaning, and bizarre because it deals not with a single message but rather with the statistical character of a whole ensemble of messages, bizarre also because in these statistical terms the two words *information* and *uncertainty* find themselves to be partners."[368]

   Der Informationsbegriff dieser Theorie bezieht sich also nicht darauf, was man sagt, sondern was man sagen kann: „That is, information is a measure of one's freedom of choice when one selects a message. ... The concept of information applies not to the individual messages (as the concept of meaning would), but rather to the situation a whole... To be somewhat more definite, the amount of information is defined, in the simplest cases, to be measured by the logarithm of the number of available choices."[369]

2. Bei einer Informationsquelle, die eine Nachricht mittels sukzessiver Auswahl diskreter Symbole (Zeichen, Wörter, Musiknoten, Bildpunkte gewisser Größe) erzeugt, hängt die Wahrscheinlichkeit für die Auswahl der verschiedenen Symbole bei jeder Auswahl von dem vorausgegangenen Prozeß der Symbolauswahl ab, d.h. es handelt sich hierbei um einen Markov-Prozeß. Analog zur Entropie in der Thermodynamik, die mit zunehmenden Ordnungsgrad eines Systems abnimmt, nimmt auch bei derartigen Informationsquellen ständig etwas ab: die Auswahl-Freiheit beim

---

[367] Ebd. S.99
[368] Ebd. S.116
[369] Ebd.

schrittweisen Konstruieren einer Nachricht wird mit jedem Schritt kleiner. Die Information einer Informationsquelle wird demgemäß durch einen Entropie-ähnlichen Ausdruck gemessen: „If one is concerned, as in a simple case, with a set of n independent symbols, or a set of n independent complete messages for that matter, whose probabilities of choice are $p_1, p_2, \ldots, p_n$, then the actual expression for the information is

$$H = -(p_1 \log p_1 + p_2 \log p_2 + \ldots + p_n \log p_n),$$

or

$$H = -\Sigma\, p_i \log p_i.$$“[370]

H ist dann am größten, wenn alle Symbole die gleiche Auswahl-Wahrscheinlichkeit besitzen, und wird Null („no uncertainty at all — no freedom of choice — no information)“[371], wenn ein Symbol eine Auswahlwahrscheinlichkeit mit dem Wert 1 besitzt, d.h. mit Sicherheit ausgewählt wird; und bei gleicher Auswahl-Wahrscheinlichkeit wird *H* (beziehungsweise der Informationsgehalt) umso größer, je größer die Zahl der auswählbaren Symbole ist.

3. Die Entropie (bzw. der Informationsgehalt) einer Informationsquelle ermöglicht die Definition der *Kapazität C eines Kommunikations-Kanals*, wobei damit jedoch nicht die Anzahl der pro Zeiteinheit übertragbaren Symbole gemeint ist, sondern der in Bits pro Sekunde übertragbare Informationsgehalt der Informationsquelle. Ein grundlegendes Theorem der Informationstheorie von Shannon besagt, daß durchschnittlich höchstens C/H Symbole durch den Kanal übertragen werden können und diese Grenze auch durch keine *Codierung* der Nachrichten des Sender überschritten werden kann. Weitere Beiträge leistet die Informationstheorie bei der Berücksichtigung von („Geräusch“-)Störungen des Kommunikations-Kanals sowie bei der mathematischen Fundierung der Codierungstheorie bzw. Kryptographie.

---

[370] Ebd. S.105

[371] Ebd.

4. Die von Wiener, Shannon und anderen entwickelte mathematische Kommunikationstheorie liefert nur auf die Frage „How accurately can the symbols of communication be transmitted?“[372] eine nützliche Antwort. Nach Weaver u.a. soll diese Theorie jedoch auch bei den semantischen und pragmatischen Problemen der Kommunikation einen wissenschaftlichen Fortschritt ermöglichen, d.h. zur Beantwortung der beiden folgenden Fragen beitragen:

   > „Level B: How precisely do the transmitted symbols convey the desired meaning.
   >
   > Level C: How effectively does the received meaning affect conduct in the desired way?“[373]

   Die hierbei entwickelten Ideen sollen so eng verbunden sein „with the logical design of great computers that it is no surprise that Shannon has just written a paper on the design of a computer which would be capable of playing a skillful game of chess. And it is of further direct pertinence to the present contention that this paper closes with the remark that either one must say that such a computer 'thinks', or one must substantially modify the conventional implication of the verb 'to think'.“[374]

5. Die von Weaver geäußerte Hoffnung, „that this analysis has so penetratingly cleared the air that one is now, perhaps for the first time, ready for a real theory of meaning“[375], konnte trotz jahrzehntelanger Bemühungen um „künstliche Intelligenz“ nicht im geringsten gestützt werden. Die physikalisch-nachrichtentechnische Informationstheorie von Wiener, Shannon, Weaver u.a. konnte also ebensowenig wie ein Verständnis von Information als dritter physikalischer Grundgröße (neben Materie und Energie) eine tragfähige Grundlage für die Maschinisierung der von Menschen zu bewältigenden Informationsverarbeitung liefern. Die diesbezüglichen Ansätze sind deshalb in der Tat Fehlschläge: sie sind nicht nur scheinbar, sondern tatsächlich „disappointing and

---

[372] Ebd. S.114

[373] Ebd. Zur Beantwortung der Fragen auf den Ebenen B und C sollen nur „minor additions, and no real revision“ (S.115) der entwickelten mathematischen Theorie erforderlich sein

[374] Ebd. S.115

[375] Ebd. S.116

bizarre"[376]. Es scheint uns deshalb höchste Zeit zu sein, die naturwissenschaftlich motivierten Spekulationen über den schon von Eddington postulierten Zusammenhang zwischen Entropie, Schönheit und Musik nicht wie von Weaver vorgeschlagen noch in Richtung „Bedeutung" (oder gar Effektivität) quasi naturwissenschaftlich erweitern zu wollen[377], sondern unter Berücksichtigung des pragmatischen Fundaments unseres Wissens eine neue Fassung des Informationsbegriffs zu versuchen.

Die Bildung eines *pragmatischen Informationsbegriff* geht entsprechend dem Methodenverständnis des Pragmatismus und der konstruktiven Wissenschaftstheorie von (Kommunikations-)Handlungen aus: wenn wir miteinander reden (mit oder ohne moderne Techniken), so wollen wir uns etwas mitteilen. Kommunikationshandlungen sind demnach Sprechakte, mit deren Ausführung bei einem oder mehreren Adressaten etwas bewirkt werden soll. Von besonderer Bedeutung sind hierbei *Fragen, Antworten, Aufforderungen, Behauptungen* und *Zweifel*, die Gedanken oder Einsichten mitzuteilen versuchen bzw. zu ihrer Mitteilung auffordern. Derartige *Mitteilungen* wollen das (subjektive) Wissen eines Adressaten modifizieren, d.h. erweitern oder korrigieren und sie haben einen materiellen Träger, durch den sie zum Ausdruck gebracht werden: das gesprochene oder geschriebene Wort, Gesten (genauer deren körperlicher Ausdruck), Lichtzeichen, die einer Binärcodierung zugeordneten Folgen elektrischer Impulse, Piktogramme, usw. Man kann sich nun überlegen, welche Bedingungen gegeben sein müssen, damit die materiellen Träger von Mitteilungen ihre intendierte Information nicht verlieren (im Laufe der Zeit oder beim Transport). Beispielsweise können elektrische Impulse bei ihrer Übertragung durch Rauschen gestört werden. Die nachrichtentechnische Informations- und Codierungstheorie von Shannon und Weaver hat für dieses Problem ein Problemlösungswissen entwickelt. Mit den modernen Techniken der Abtastung und Quantifizierung (etwa mit Hilfe der Puls-Code-Modulation) können analoge Signale digitalisiert werden, womit „Rauschvorgänge" mit Hilfe digitaler Regenerationsschaltungen entfernbar wurden.

---

[376] Vgl. ebd. S.116

[377] Ebd. S.117

Wenn wir die Ebene konkreter Kommunikationshandlungen verlassen und die durch diese hergestellten Relationen abstrakt betrachten, dann können wir sagen: Unterschiedliche Mitteilungen vermitteln einem Adressaten die *gleiche Information*, wenn sie sein Wissen in gleicher Weise modifizieren. Drei Bemerkungen mögen diesen Vorschlag verdeutlichen:

- Die angesprochene Modifikation muß sich auf einen *wohlbestimmten* Wissensbestand beziehen; insbesondere müssen Mitteilungen, die einen solchen Bestand „erweitern", dies in *kohärenter* Weise tun, um als informativ zu gelten: Erzähle ich einem kleinen Kind etwas über Allgemeine Relativitätstheorie, so stellen diese Mitteilungen keine Informationen dar, da sie weder geeignet sind, den Wissensbestand des Kindes zu korrigieren noch in kohärenter Weise zu erweitern.
- Für den Informationsgehalt von Mitteilungen ist die Person des Mitteilenden unerheblich, d.h. es geht nur um die sprachlichen Äußerungen (*Sprecherinvarianz*). Erst bei der Bewertung von Informationen als verläßlich, zweifelhaft u.ä. spielen personale Einschätzungen eine Rolle.
- Schließlich ist für den Informationsgehalt von Mitteilungen auch ihre sprachliche Form unerheblich (*Darstellungsinvarianz*). So haben z.B. zwei Schilderungen den gleichen Informationsgehalt (stellen die gleiche Information dar), wenn sie den gleichen Sachverhalt darstellen. An dieser Stelle können wir übrigens auch den schon verwendeten Codierungsbegriff präzisieren: Wird der sprachliche Ausdruck A einer Mitteilung nach einer bestimmten Vorschrift in einen Ausdruck B transformiert und haben A und B den gleichen Informationsgehalt, so spricht man von der *Codierung* des Ausdrucks A.

Unter „Information" verstehen wir also in Anlehnung an den Vorschlag von Peter Janich[378] einen Abstraktor — und unter „Informieren" eine abkürzende Redeweise dafür, über Kommunikationshandlungen nur bezüglich der in ihnen steckenden Information zu sprechen. Im Unterschied zu Janich meinen wir jedoch, daß Kommunika-

---

[378] Janich: Ist Information ein Naturgegenstand S.150-153

tionshandlungen stets erst vor dem konkreten Hintergrund des Wissens (und eines dadurch erforderlichen Handlungsbedarfs) ihrer Empfänger zu einer Information werden: die pragmatische Dimension des Informationsbegriffs kann nach unserem Dafürhalten nur unter Berücksichtigung des Wissenskontexts des jeweiligen Informationsempfängers angemessen berücksichtigt werden. Auch alltagssprachlich stellt eine Mitteilung für deren Empfänger nur dann Information dar, wenn sie für ihn relevant ist. Damit ist der Informationsbegriff nicht nur allgemein an kommunikatives Handeln gebunden, sondern genauer an einen bestimmten Problemkontext des Empfängers.[379] Allerdings kann der kommunikative Kontext sowohl zeitlich als auch intensional verzerrt sein: bekanntlich kann man sich auch zeitlich verzögert anhand von Büchern informieren und Mitteilungen können auch von Personen sowie in Handlungskontexten informativ „ausgeschlachtet“ werden, für die sie eigentlich nicht bestimmt waren.[380]

Zeitliche oder intensionale Verzerrungen eines kommunikativen Kontexts bergen die Gefahr gravierender Mißverständnisse, da sich diese nicht mehr durch direkte Rückfragen und Erläuterungen aus der Welt schaffen lassen. Diesem Problem ist man kulturgeschichtlich dadurch begegnet, daß man Handlungszusammenhänge auf der einen, und sprachliche Ausdrucksmittel auf der anderen Seite standardisiert hat. Dies war einer der Gründe, der zur Ausbildung von Fachsprachen, zur Verrechtlichung des Wirtschaftslebens und zur Festsetzung technischer Normen (z.B. im Rahmen von DIN-Katalogen) geführt hat. Dadurch werden die Intensionen der Informations-Empfänger in bestimmte Bahnen gelenkt — sie werden leichter antizipierbar, wodurch sprachlichen Mitteilungen für ihre Empfänger ein zeitlich stabilerer

---

379 Bezüglich des Problemkontextes kann man dann selbstverständlich weitere allgemeine begriffliche Unterscheidungen treffen: Eine Information kann den Empfänger nur an etwas erinnern („semantischer Informationsgehalt“) oder auch ein zweckdienliches bzw. handlungsrelevantes Wissen vermitteln („pragmatischer Informationsgehalt“), die Verhaltensweisen und Ereignisse in der Welt des Empfängers in kausale Beziehungen des Bewirkens oder Verursachens bringen („explanatorischer Informationsgehalt“) sowie dem Empfänger ermöglichen, etwas Neues wahrzunehmen, zu denken oder zu fühlen („phänomenaler Informationsgehalt“)

380 Von derartigen Verzerrungen des kommunikativen Kontextes des Informationsbegriffs ist ein *metaphorischer* Gebrauch zu unterscheiden, bei dem so getan wird, als ob auch Maschinen Informationen senden und empfangen können

Informationsgehalt zukommt. Diese Entwicklung verführt zu der auch in der Informatik verbreiteten Meinung, mit „definierten“ sprachlichen Ausdrucksmitteln lasse sich stets eine kontext-invariante Information verbinden. Aber auch wenn diese Meinung bei theoretischen Informatikern und Nachrichtentechnikern auf Sympathie stößt: sie ist durch ihre Orientierung an Standardsituationen dem Fortschritt der Informatik eher hinderlich als förderlich. Denn wenn wir davon ausgehen, daß die Zukunft der Informatik im Bereich der Maschinisierung von (nicht-standardisiertem) Alltagswissen liegt, dann wird die Aufgabe sichtbar, den korrekten Gebrauch maschinell erzeugter Mitteilungen dadurch zu sichern, daß man bei Rückfragen auch den Wissensbildungs-Hintergrund mit seinen Problemhorizonten mitteilen kann.

Welche Bedeutung Mitteilungen zukommt und was davon als Information beim Empfänger ankommt, hängt also insbesondere ab von den Lebensformen und Interessen der Sender und Empfänger sowie ihrer jeweiligen Schulung im Gebrauch der die Mitteilung tragenden Ausdrucksmittel. In Anlehung an die Sprechakttheorie können wir diesbezüglich zwischen den folgenden drei Ebenen unterscheiden:

- Auf der *lokutionären* Ebene wird die syntaktische Korrektheit eines Satzes bewertet sowie seine Bedeutung — bezogen auf Standardkontexte — festgestellt.
- Auf der *illokutionären* Ebene werden die pragmatischen Aspekte einer Mitteilung aus der Sicht des Mitteilenden festgestellt, d.h. es wird der Frage nachgegangen, ob es sich bei der Mitteilung z.B. um eine Behauptung, Frage oder Antwort handelt.
- Auf der *perlokutionären* Ebene werden schließlich die pragmatischen Aspekte einer Mitteilung aus der Sicht des Empfängers festgestellt, d.h. hier wird untersucht, als was eine Mitteilung verstanden und welche Handlungsrelevanz ihr zugemessen wird.

Kommen wir schließlich noch zum letzten unserer zentralen Begriffe, zum *Datenbegriff*. „Daten“ sind, so schlagen wir vor, Informationen, die in zweierlei Hinsicht spezialisiert sind. Die erste Spezialisierung bezieht sich darauf, daß Daten nicht nur sprecher- und darstellungsinvariant sind, sondern darüberhinaus auch *hörerinvariant*. Mit letzterem ist gemeint, daß wir es hier mit Mitteilungen zu tun haben, die auf *standardisierte Empfangssituationen* ausgerichtet sind. Wer „Daten" übermittelt, hat bestimmte Situationstypen vor Augen, in denen der Empfänger der Mitteilung als Rollenträger fungiert. Was z.B. in der Personalabteilung eines Unternehmens als „Datum" festgeschrieben wird, richtet sich nach den personalpolitischen Entscheidungssituationen des Unternehmens und nicht nach den persönlichen Interessen des Personalchefs. Oder um ein anderes Beispiel zu erwähnen: Welche Aufzeichnungen bei einem Experiment als „Meßdaten" gewertet werden, richtet sich nach dem experimentellen Design und dem sich hieraus ergebenden Meßauftrag. Jeder, der personalpolitische Entscheidungen zu treffen hat oder der ein Experiment auswerten soll, muß Mitteilungen mit Datencharakter die gleichen Informationen entnehmen können.

Die zweite Spezialisierung beim Übergang von Informationen zu Daten bezieht sich darauf, daß Daten jeweils *elementare* hörerinvariante Informationen sind. „Elementar" meint dabei, daß bei einer Aufsplitterung der zugrundeliegenden Mitteilung jeglicher Informationsgehalt verloren geht. Zu beachten ist aber, daß im Rahmen unserer Auffassung der „elementare" Charakter keine Eigenschaft der Mitteilung schlechthin ist. Es gibt keine Mitteilungen, die, unter welchen Umständen auch immer, einen atomaren Informationsgehalt vermitteln. „Elementar" sind Informationen immer nur bezogen auf den (Standard-)Kontext, in dem sie zur Wissensbildung herangezogen werden. So kann die gleiche Mitteilung über eine Person in einem Fall — etwa für eine Krankenversicherung — Datencharakter besitzen, in einem anderen Fall — etwa für das Einwohnermeldeamt — dagegen nicht.

Stellen wir uns abschließend noch die Frage, wie die Begriffe „Datum", „Information" und „Wissen" zusammenhängen. Nach unseren Ausführungen liegt folgender Vorschlag nahe: Informationen sind Mitteilungen, die - geeignete Standardisierung vorausgesetzt - aus Daten bestehen, welche zu Wissen aggregiert werden können, d.h. durch eine Information wird die Stelle bestimmt, an der in einen Wissensbestand Daten einzufügen (anzufügen, zu ersetzen) sind. Mit dieser Rede wird zum Ausdruck gebracht, daß Mitteilungen nur dort Datencharakter erhalten, wo ein Wissensbestand so strukturiert ist, daß die Verknüpfungen von als „elementar" ausgezeichneten Elementen ersichtlich sind. So sind etwa die Ergebnisse, die eine Meßstation liefert, „Meßdaten" nur mit Blick auf ein Modell technischer oder natürlicher Abläufe, in das sie als Werte für bestimmte Größen eingesetzt werden. Wenn wir also auf unseren Barometer sehen, dann können wir uns zwar informieren, diese Information hat aber im strengen Sinn nur für den Metereologen, der Meßergebnisse für die Erstellung der Wetterkarte benutzt, Datencharakter. Oder ein anderes Beispiel: Die Rechnungsdurchschläge, die ein Kramladenbesitzer im Schuhkarton sammelt, stellen für sich genommen keinen Datenbestand dar. Erst mit ihrer Ordnung nach Einnahmen und Ausgaben, die mit Blick auf die Eintragung in das Buchführungsjournal vorgenommen wird, werden aus der Anhäufung von Zetteln „Daten": Aus ihnen bildet sich das Wissen über den geschäftlichen Erfolg des Unternehmens.

Die strukturelle Fixierung von Wissensbeständen, durch die die oben geforderte Hörerinvarianz konkret hergestellt wird, ist also wesentliche Bedingung für einen Informationsgewinn via Daten. Hat man solche strukturierte Wissensbestände und möchte man diese wechselweise durch Datenaustausch ergänzen oder korrigieren, dann setzt dies voraus, daß das, was jeweils als „Datum" gilt, in gleicher Weise festgelegt ist.

Diesem Zweck dient einerseits die Entwicklung und Verwaltung *standardisierter* Datenelemente[381] oder *semantischer* Datenmodelle[382], andererseits das *Transaktionskonzept* moderner Datenbanksysteme. Der Begriff „Transaktion" bezeichnet dabei die Veränderung eines Wissensbestandes, für die gilt:

— *Atomizität*: Die Transaktion wird (im Sinne einer Kommunikationshandlung) entweder in der Gesamtheit ihrer Teilschritte durchgeführt oder überhaupt nicht.

— *Konsistenz*: Die Veränderung des Wissensbestandes genügt strukturell fixierten Integritätsbedingungen.

— *Isolation*: Das Datenbanksystem gewährleistet den Ablauf mehrerer paralleler Transaktionen so, als ob jede dieser Transaktionen isoliert von den anderen ablaufen würde.

---

381 Vgl. Ortner u.a.: Entwicklung und Verwaltung standardisierter Datenelemente
382 Vgl. z.B. Mayr u.a.: Datenbankentwurf

— *Dauerhaftigkeit*: Nach Abschluß einer Transaktion sind die erzielten Ergebnisse gesichert und können nur noch mittels anderer Transaktionen verändert werden.

Die im Zuge einer Erfassung von Wissensbeständen mittels standardisierter Datenelemente oder semantischer Datenmodelle anfallenden *Metadaten* werden mit Hilfe eines *Data-Dictionary* im Rahmen der Datenadministration nach einheitlichen Richtlinien zentral (oder zumindest koordiniert) verwaltet und weiterentwickelt. Die hierfür erforderlichen organisatorischen Maßnahmen erfahren durch die Entwicklung von „unternehmensweiten aktiven repositories“ (IBM-Terminologie) bzw. „information-resource-dictionary-Systemen“ (ISO-Terminologie) zunehmend an Bedeutung.

Die Herausarbeitung von Wissensstrukturen hat eine formale Seite, bei der es z.B. um die Darstellung der Relationen geht, in denen Daten zueinander stehen (Komposition, Aggregation, funktionale Abhängigkeiten) und um den davon ausgehenden Aufbau abstrakter Beziehungen (Typisierung, Hierarchisierung usw.); dies ist aus der Datenbanktheorie wohl bekannt. Der Informatiker kann sich bei dieser Bemühung häufig auf entsprechende Vorarbeiten aus den einschlägigen Fachdisziplinen stützen, als Musterbeispiel sei hier nur das betriebliche Rechnungs- und Organisationswesen erwähnt.[383] Die Strukturierung eines Wissensbestandes kann allerdings nicht *allein* mit formalen Mitteln erfolgreich durchgeführt werden: Für die Entscheidung, was z.B. als „elementar“ anzusehen ist, sind immer inhaltliche, fachspezifische Argumente ausschlaggebend.

Auf keinen Fall sollte vergessen werden, daß es a priori keine Gründe für die Annahme gibt, *jedes* Wissen lasse sich aus Daten aggregieren. Gerade Alltagswissen, aber auch Verfahrenswissen aus Technik und Medizin wird sich nicht in dem erforderlichen Maße strukturieren lassen, was letztlich bedeutet, daß solche Wissensbestände kontextgebunden bleiben.

---

[383] Vgl. Wedekind: Kaufmännische Datenbanken

3.7.3 Schlußbemerkungen

> Für die Gesellschaft ist ... Breite und Integration der Forschungsrichtung ... wichtiger als immer noch mehr isolierte Tiefe. Wir müssen ... lernen, daß unsere Gesellschaft vernetzte Informationen in der Breite mindestens so sehr braucht wie Verständnis in der thematischen Tiefe und daß das eine intellektuell ebenso große Herausforderung darstellt wie das andere.[384]

Wie lassen sich nun im Lichte unserer Unterscheidungen die gängigen Redeweisen von der „Informationstechnologie" oder der „Datenverarbeitung" interpretieren? Symbolische Maschinen können bekanntermaßen nicht nur Symbole, sondern auch Mitteilungen speichern, welche für geschulte Benutzer Datencharakter haben können — und diese Maschinen können solche Mitteilungen auch zu komplexen Gebilden (Berechnungsergebnissen, Aussagesystemen) mit entsprechend höherem Informationsgehalt nach vorgegebenen Programmen verarbeiten. Genaugenommen werden bei der sog. maschinellen Daten- bzw. Informationsverarbeitung aber weder „Daten" noch „Informationen" verarbeitet — es ist nur möglich, mittels geeigneter Programme Maschinen so „intelligent" zu machen, daß für die programmiertechnisch berücksichtigten Standardsituationen bestimmte Eingaben der Maschinen als Daten oder Informationen interpretiert und automatisch ausgewertet werden können. Da diesen Programmen immer ein mit hinterfragbaren Geltungsansprüchen behaftetes Wissen ihrer Programmierer vorgelagert ist, meinen wir diese neuen Maschinen als „wissenstechnische Maschinen" bezeichnen zu dürfen. Ob dieses Wissen dabei explizit thematisiert wird oder „nur" im Rahmen einer Modell- oder Systembildung zum Tragen kommt, ist dabei von nachgeordneter Bedeutung.[385]

Nachdem für Absolventen der herkömmlichen Kerninformatik (bzw. der Computer Science) ein weitaus geringerer Bedarf besteht als für die Analysierer, Planer, Entwerfer, Entwickler und Implementierer

---

[384] Radermacher: FAW-Interview: Wirtschaft, Wissenschaft und Gesellschaft trinken aus einem Glas. S.39

[385] Auch ohne eine Präzisierung des Modell- und Systembegriffs hoffen wir den Lesern die Einsicht nahegebracht zu haben, daß der Wissensbegriff nicht nur dem Informations- und Datenbegriff, sondern gleichermaßen auch dem Modell- und Systembegriff vorgelagert ist

der Wissensbestände wissenstechnischer Maschinen, werden verstärkt praxis- bzw. projektorientierte Sichtweisen der Informatik als Systemwissenschaft oder als „Systems Engineering" entwickelt und gefördert. Außerdem ist inzwischen deutlich geworden, daß die anspruchsvollsten und entscheidenden Tätigkeiten bei der Software-Entwicklung nicht im Bereich der eigentlichen Programmierung bzw. programmiersprachlichen Codierung liegen, sondern in dem dieser Tätigkeit vorgelagerten Bereich der Analyse und Konstruktion von Systemen und Modellen, wobei die Analyse von (abstrakten) Kommunikationshandlungen und insbesondere des den jeweiligen System- und Modellbildungen vorgelagerten Wissens von besonderer Bedeutung ist. Eine methodologische Informatik-Ausbildung, die die in Kapitel 2 behandelten Methodologien der Wissensbildung unberücksichtigt läßt und sich dogmatisch nur an diesbezüglichen Traditionen der Mathematik bzw. Physik orientiert, muß uns deshalb als kritikwürdig erscheinen.

Auf eine Einordnung der Informatik in die Wissenschaftslandschaft, auf ihre Abgrenzung von einer supradisziplinären, primär produktorientierten „Computer Science" (bzw. primär gesellschaftsorientierten „Rationalisierungs- und Arbeitswissenschaften") einerseits, den vielen interdisziplinären Bemühungen um die Schaffung nützlicher wissenstechnischer Assistenzsysteme in herkömmlichen Wissensgebieten andererseits, haben wir verzichtet; ebenso auf Vorschläge für die diesbezüglich notwendigen Reformen der Informatik. Daß in dieser Hinsicht noch viel Arbeit zu leisten ist, sollte klar geworden sein — und dabei hoffen wir, daß unsere methodologischen und perspektivischen Erörterungen hilfreich sein können.

Vor dem Hintergrund unserer Methodologie-Diskussion, unserer Vorschläge zum Gebrauch des Wissens-, Informations- und Datenbegriffs sowie unserer Sichtweise der Informatik als Wissenstechnik sind natürlich die Beziehungen zur Künstlichen Intelligenz von besonderer Bedeutung — insbesondere zu KI-Wissenschaftlern wie Günther Görz, die eine Verschiebung des Ziels von „autonomen" KI-Systemen hin zu integrierten Assistenzsystemen sehen, welche Menschen in ihren Arbeits- und Problemlösungsprozessen interaktiv unterstützen.[386] Bei diesen Assistenzsystemen geht es jedoch nicht, zumindest nicht primär

---

[386] Vgl. hierzu Görz: Kann Intelligenz künstlich sein?

darum, Wissensbestände über die „Intelligenz“ oder die „Kognition“ maschinell zu produzieren, sondern das Wissen aus verschiedenen Fachdisziplinen zusammenzutragen und verfügbar zu machen, weshalb bei der Schaffung dieser Assistenzsysteme zunächst auch der interdisziplinären Zusammenarbeit mit Anwendern im Verband der Fakultäten eine herausragende Bedeutung zukommt. Auf die Metaphorik der Kognitionswissenschaft von erkennenden, verstehenden oder sonstwie intelligenten Maschinen können wir dabei jedoch verzichten, ebenso wie auf eine Sichtweise von Spracherzeugung und -verstehen als ausschließliches Resultat kognitiver und sozialer (und nicht auch komplexer geistiger) Prozesse. Und nicht zuletzt sollte bei der Schaffung dieser Assistenzsysteme klargestellt werden, daß wir in ihnen strenggenommen kein Wissen *darstellen*, sondern „nur“ die symbolischen Träger von Wissensbeständen mit Hilfe hierfür geeigneter Wissensrepräsentationen einer maschinellen Verarbeitung zugänglich machen. Innerhalb welcher Grenzen derartige Assistenzsysteme effektiv und verantwortlich zur Anwendung gelangen können, müssen deshalb deren aufgeklärte Benutzer jeweils von Fall zu Fall selbst entscheiden können.

4. Literaturverzeichnis

H. Albert, Traktat über kritische Vernunft, 3. Auflage, Tübingen 1975

H. Albert, Kritik der reinen Erkenntnislehre, Tübingen 1987

H. Albert, Kritische Vernunft und menschliche Praxis, Stuttgart 1977

R. Almeder, A Definition of Pragmatism, Hist. Phil. Quart. 3 (1986), S.79-87

J.R. Anderson, Kognitive Psychologie: Eine Einführung, 2. Auflage, Heidelberg 1989

J.L. Austin, Zur Theorie der Sprechakte, Stuttgart 1972

H. Balzert, Methoden, Sprachen und Werkzeuge zur Definition, Dokumentation und Analyse von Anforderungen an Software-Produkte, Informatik-Spektrum 2 (1981) S.145-163 und S.246-260

A. Barr/E.A. Feigenbaum, The Handbook of Artificial Intelligence, Band 1, London 1981

F.L. Bauer, Informatik und Algebra, in: F.L. Bauer/E.W. Dijkstra (Hrsg.), Zwanzig Jahre Institut für Informatik, ETH Zürich Institut für Informatik Bericht Nr. 95 (1988), S.7-23

F.L. Bauer/G. Goos, Informatik. Eine einführende Übersicht. Erster Teil, 4. Auflage, Berlin 1990

F.L. Bauer/H. Wössner, Algorithmische Sprache und Programmentwicklung, 2. Auflage, Berlin 1984

C. Beckstein, Zur Logik der Logik-Programmierung. Ein konstruktiver Ansatz, Berlin 1988

W. Bibel u.a. (Hrsg.), Studien- und Forschungsführer Künstliche Intelligenz, Berlin 1987

R. Bischoff, Zur Entwicklung der Informatik und Wirtschaftsinformatik in der Bundesrepublik Deutschland, in: Handbuch der modernen Datenverarbeitung (H.E. Littmann, Hrsg.), Stuttgart 1986, S.148-160

R. Bischoff, Wirtschaftsinformatik an Fachhochschulen. Studium, Angewandte Forschung und Transfer, Berlin 1990

G. Böhme, Informatiker (grad.). Ingenieur (grad.) Informatik, Blätter zur Berufskunde Bd. 2, Hrsg. Bundesanstalt für Arbeit, Nürnberg 1972

J.M. Brady, The Theory of Computer Science. A Programming Approach, London 1977

W. Brauer/W. Haacke/S. Münch, Studien- und Forschungsführer Informatik, Bonn 1978

W. Brauer/W. Haacke/S. Münch, Studien- und Forschungsführer Informatik, Berlin 1984

W. Brauer/W. Haacke/S. Münch, Studien- und Forschungsführer Informatik, 2. Auflage, Berlin 1989

W. Brauer, The New Paradigm of Informatics, in: H. Maurer (Hrsg.), New Results and New Trends in Computer Science, Berlin 1991, S.15-24

M. Broy/M. Wirsing, Korrekte Software: vom Experiment zur Anwendung, in: H. Reichel (Hrsg.), Informatik - Wirtschaft - Gesellschaft, Berlin 1993, S.29-43

M. Buder/W. Rehfeld/T. Seeger (Hrsg.), Grundlagen der praktischen Information und Dokumentation. Ein Handbuch zur Einführung in die fachliche Informationsarbeit, München 1990

Bundesministerium für Forschung und Technologie, Konzeption der Bundesregierung zur Förderung der Entwicklung der Informationstechnik, Bonn 1984

R. Carnap, Über die Aufgabe der Physik und die Anwendung des Grundsatzes der Einfachstheit, Kant Studien 28 (1923), S.90–107

R. Carnap, Über Protokollsätze, Erkenntnis 3 (1932), S.215–228

R. Carnap, Überwindung der Metaphysik durch logische Analyse der Sprache, Erkenntnis 2 (1932), S.219–241

R. Carnap, Erwiderung auf Zilsel und Duncker, Erkenntnis 2 (1932), S.177–188

R. Carnap, Theoretische Fragen und praktische Entscheidungen, Natur und Geist 2 (1934), S.257–260

R. Carnap, Logische Syntax der Sprache, Wien 1934

R. Carnap, The Methodological Character of Theoretical Concepts, in: H. Feigl/M. Scriven (Eds.), Minnesota Studies in the Philosophy of Science, vol. 1, Minneapolis 1956, S.38–76

R. Carnap, Der logische Aufbau der Welt, 2. Auflage, Hamburg 1961

W. Coy u.a. (Hrsg.), Sichtweisen der Informatik, Braunschweig 1992

W. Coy, Informatik - Eine Disziplin im Umbruch?, in: W. Coy u.a. (Hrsg.), a.a.O., S.1-9

W. Coy, Für eine Theorie der Informatik, in: W. Coy u.a. (Hrsg.), a.a.O., S.17-32

W. Coy, Reduziertes Denken. Informatik in der Tradition des formalistischen Forschungsprogramms, in: Schefe u.a. (Hrsg.), Informatik und Philosophie, Mannheim 1993, S.31-52

W. Coy, Aus der Vorgeschichte des Mediums Computer, in: N.Bolz/ A.Kittler/Ch. Tholen (Hrsg.): Computer als Medium, München 1993, S.19-37

H.J. Dahms, Versuch einer Charakterisierung des Wiener Kreises, in: H.J. Dahms (Hrsg.), Philosophie, Wissenschaft, Aufklärung: Beiträge zur Geschichte und Wirkung des Wiener Kreises, Berlin 1985, S.1–28

E. Denert/W. Hesse, Produktmodell und Projektbibliothek: Grundlagen zuverlässiger Software-Entwicklung und Dokumentation, Informatik-Spektrum 3 (1980), S.215-228

W. Detel, Wissenschaft, in: E. Martens/H. Schnädelbach (Hrsg.), Philosophie: Ein Grundkurs, Reinbek 1986, S.172–216

J. Dewey, Wie wir denken: Eine Untersuchung über die Beziehung des reflektiven Denkens zum Prozeß der Erziehung, Zürich 1951

E.W. Dijkstra, A new science, from birth to maturity, in: F.L. Bauer/E.W. Dijkstra (Eds.), Zwanzig Jahre Institut für Informatik. ETH Zürich, Institut f. Informatik, Bericht 95 (1988), S.25-38

E.W. Dijkstra, A Discipline of Programming, Englewood Cliffs 1976

H.L. Dreyfus, Was Computer noch immer nicht können, Dt.Z.f.Phil., 41 (1993), S.653-680

H.L. Dreyfus/St.E. Dreyfus, Künstliche Intelligenz: Von den Grenzen der Denkmaschine und dem Wert der Intuition, Reinbek 1987

Duden Informatik, Ein Sachlexikon für Studium und Praxis, Mannheim 1988

A. Endres, Methoden der Programm- und Systemkonstruktion: ein Statusbericht, Informatik-Spektrum 3 (1980), S.156-171

A. Endres, Software und Software-Entwicklung im Wandel: ein historischer Vergleich, Informatik-Spektrum 16 (1993), S.261-265

J.A. Feldman/D.H. Ballard, Connectionist Models and Their Properties, Cognitive Science 6 (1982), S.205ff.

Ch. Floyd, Outline of a Paradigm Change in Software Engineering, in: G. Bjerknes u.a., Computers and Democracy - A Scandinavian Challenge, Aldershot 1987, S.191-210

M. Forschner, Über das Glück des Menschen: Aristoteles, Epikur, Stoa, Thomas von Aquin, Kant, Darmstadt 1993

G. Frege, Begriffsschrift: eine der arithmetischen nachgebildete Formelsprache des reinen Denkens, Darmstadt 1964

Ch. Freska, Cognitive Science — Eine Standortbestimmung, in: G. Heyer/J. Krems/G. Görz (Hrsg.), Wissensarten und ihre Darstellung, Berlin 1988, S.1-12

C.F. Gethmann/R. Hegselmann, Das Problem der Begründung zwischen Dezisionismus und Fundamentalismus, Z.f.Allg.Wissenschaftstheorie 7 (1977), S.342–368

C.F. Gethmann, Protologik, Untersuchungen zur formalen Pragmatik von Begründungsdiskursen, Frankfurt/M. 1979

C.F. Gethmann, Letztbegründung als lebensweltliche Fundierung des Wissens und Handelns, in: Forum f. Philosophie (Hrsg.), Philosophie und Begründung, Frankfurt/M. 1987, S.268–302

C.F. Gethmann, Heideggers Wahrheitskonzeption in seiner Marburger Vorlesung. Zur Vorgeschichte von „Sein und Zeit" (§44), in: S. Blasche (Hrsg.), M. Heidegger. Innen- und Außenansichten, Frankfurt/M. 1988, S.101-130

C.F. Gethmann, Heideggers Konzeption des Handelns in „Sein und Zeit", in: A. Gethmann-Siefert/O. Pöggeler (Hrsg.), Heidegger und die praktische Philosophie, Frankfurt/M. 1988, S.140–176

C.F. Gethmann, Dasein: Erkennen und Handeln. Heidegger im phänomenologischen Kontext, Berlin 1993

E.v. Glasersfeld, Wissen, Sprache und Wirklichkeit: Arbeiten zum radikalen Konstruktivismus, Braunschweig 1987

G. Görz (Hrsg.), Einführung in die künstliche Intelligenz, Bonn 1993

G. Görz, Kann Intelligenz künstlich sein?, Antrittsvorlesung an der Universität Erlangen-Nürnberg, 24. April 1992

D. Gries, The Science of Programming, New York 1985

E. Grochla, Zweites Memorandum des Betriebswirtschaftlichen Instituts für Organisation und Automation (BIFOA) an der Universität zu Köln vom Juni 1969: Betriebsinformatik und Wirtschaftsinformatik als notwendige, anwendungsbezogene Ergänzung einer allgemeinen Informatik, Elektronische Datenverarbeitung 11 (1969), S.544-548

G. Haas, Konstruktive Einführung in die formale Logik, Mannheim 1984

J. Habermas, Wahrheitstheorien, in: H. Fahrenbach (Hrsg.), Wirklichkeit und Reflexion. Walter Schulz zum 60. Geburtstag, Pfullingen 1973, S.211-265

J. Habermas, Was heißt Universalpragmatik? in: K.O. Apel (Hrsg.), Sprachpragmatik und Philosophie, Frankfurt/M. 1976, S.174–272

W. Händler, Wandlungen im Verhältnis zwischen Mensch und Maschine, Arbeitsberichte des IMMD, Erlangen 1969

P.J. Hayes, The Second Naive Physics Manifesto, in: R.J. Brachman/ H.J. Levesque (eds.), Readings in Knowledge Representation, Los Altos 1986, S.467–485

M. Heidegger, Sein und Zeit, Tübingen 1927

L.J. Heinrich/F.Roithmayr (Hrsg.), Wirtschafts-Lexikon, München 1986

C.G. Hempel, Aspects of Scientific Explanation and other Essays in the Philosophy of Science, New York 1965

C.G. Hempel, Grundzüge der Begriffsbildung in der empirischen Wissenschaft, Düsseldorf 1974

W. Hesse, Das Projektmodell - Eine Grundlage für die ingenieurmäßige Software-Entwicklung, in: GI - 10. Jahrestagung, Berlin 1980, S.107-122

W. Hesse u.a., Ein Begriffssystem der Softwaretechnik. Vorschlag zur Terminologie, Informatik-Spektrum 7 (1984), S.200-213

W. Hesse u.a., Software-Entwicklung. Vorgehensmodelle, Projektführung, Produktverwaltung, München 1992

O. Höffe, Moral als Preis der Moderne. Ein Versuch über Wissenschaft, Technik und Umwelt, Frankfurt/M. 1993

K. Homann/F. Blome-Drees, Wirtschafts- und Unternehmensethik, Göttingen 1992

K. Hübner, Kritik der wissenschaftlichen Vernunft, 3. Auflage, Freiburg 1986

D. Hume, Untersuchung über die Prinzipien der Moral, Hamburg 1972

D. Hume, Eine Untersuchung über den menschlichen Verstand, Stuttgart 1976

R. Inhetveen, Konstruktive Geometrie. Eine formentheoretische Begründung der euklidischen Geometrie, Mannheim 1983

D. Israel, A Short Companion to the Naive Physics Manifesto, in: J.R. Hobbs/R.S. Moore (Hrsg.), Formal Theories of the Commonsense World, Norwood 1985, S.427-447

P. Jackson, Introduction to Expert Systems, Reading 1986

W. James, Der Pragmatismus. Ein neuer Name für alte Denkmethoden, Hamburg 1977

P. Janich, Ist Information ein Naturgegenstand? in: ders., Grenzen der Naturwissenschaft, München 1992, S.138-161

P. Janich, Zur Konstitution der Informatik als Wissenschaft, in: P. Schefe u.a. (Hrsg.), Informatik und Philosophie, Mannheim 1993, S.53-68

C.B. Jones, Software Development. A Rigorous Approach, Englewood Cliffs 1980

J. Kalinski, Zur (Re-)Präsentation von Wissen, in: B. Becker (Hrsg.), Zur Terminologie in der Kognitionsforschung. Arbeitspapiere der GMD 385, St. Augustin 1989, S.242-254

W. Kamlah/P. Lorenzen, Logische Propädeutik. Vorschule des vernünftigen Redens, 2. Auflage, Mannheim 1973

I. Kant, Grundlegung zur Metaphysik der Sitten, in: I. Kant, Werke (Hrsg. W. Weischedel), Bd. 6, Darmstadt 1968

W. König/P. Syben/A. Heinzl, Anmerkungen zum Informationsbegriff, Hochschulnachrichten aus der wiss. Hochschule f. Unternehmensführung, Heft 1, 1990, S.48-49

R. Kötter, Kausalität, Teleologie und Evolution. Methodologische Grundprobleme der modernen Biologie, Phil. Nat. 21 (1984), S.3–31

R. Kötter, Technische Rationalität und rationale Heuristik — Ein Problemaufriß, in: C. Burrichter/R. Inhetveen/R. Kötter (Hrsg.), Technische Rationalität und rationale Heuristik, Paderborn 1986, S.9–16

R. Kötter, Fundierungsprobleme einer Unternehmensethik im Rahmen der neoklassischen Gleichgewichtstheorie, in: H. Steinmann/A. Löhr (Hrsg.), Unternehmensethik, 2. Auflage, Stuttgart 1991, S.125-138

R. Kötter, Reduktion und Vereinheitlichung. Zum Erklärungsproblem der Physik, in: P. Janich (Hrsg.), Entwicklungen der methodischen Philosophie, Frankfurt/M. 1992, S.91–112

R. Kötter, Moralisch wirtschaften - ein Lehrstück? in: B.P. Priddat/E.K. Seifert (Hrsg.), Neuorientierungen in der ökonomischen Theorie, Marburg 1994

R. Kötter/A. Luft, Sprachpragmatische Aspekte der Terminologie- und Wissensgewinnung, in: INDEKS (Hrsg.), Terminology and Knowledge Engineering, Frankfurt/M. 1987, S.77–84

S. Krämer, Symbolische Maschinen. Die Idee der Formalisierung im geschichtlichen Abriß, Darmstadt 1988

S. Krämer, Symbolische Maschinen, Computer und der Verlust des Ethischen im geistigen Tun, in: W. Coy u.a. (Hrsg.), Sichtweisen der Informatik, Braunschweig 1992, S.335-341

S. Krämer, Rationalismus und Künstliche Intelligenz: Zur Korrektur eines Mißverständnisses, KI 1 (1993), S.31-35

F. Krückeberg, Zertifizierung von Software, Wirtschaftsinformatik, Heft 2, 1993, S.183-186

G. Krüger: Zum Einfluß der Informatik auf die Hochschulausbildung, Angewandte Informatik 26 (1984), S.495-500

H. Kudlich, Datenbank-Design, Berlin 1988

Th.S. Kuhn, Die Struktur wissenschaftlicher Revolutionen, 2. Auflage, Frankfurt/M. 1978

I. Lakatos, Falsifikation und Methodologie wissenschaftlicher Forschungsprogramme, in: I. Lakatos/A. Musgrave (Hrsg.), Kritik und Erkenntnisfortschritt, Braunschweig 1974, S.89–190

R. Lauber, Modelle zur Beschreibung des Entwurfs von Prozeßautomatisierungssystemen, Regelungstechnik 27 (1979), S.373-379

H. Leitner, Systematische Topik. Methode und Argumentation in Kants kritischer Philosophie, Würzburg 1994

H. Lenk, Können Informationssysteme moralisch verantwortlich sein? Informatik-Spektrum 12 (1989), S.248ff.

H. Lenk, Über Verantwortungsbegriffe und das Verantwortungsproblem in der Technik, in: H. Lenk/G. Ropohl, Technik und Ethik, Stuttgart 1987, S.112-148

H. Lenk/G. Ropohl, Technik und Ethik, Stuttgart 1987

Ch. Lischka/J. Diederich, Gegenstand und Methode der Kognitionswissenschaft, Der GMD-Spiegel Heft 2/3 (1987), S.21-32

P.C. Lockemann/J.W. Schmidt (Hrsg.), Datenbank-Handbuch, Berlin 1987

P. Lorenzen, Differential und Integral, Frankfurt/M. 1965

P. Lorenzen, Methodisches Denken, Frankfurt/M. 1968

P. Lorenzen, Normative Logic and Ethics, Mannheim 1969

P. Lorenzen, Elementargeometrie. Das Fundament der Analytischen Geometrie. Eine formentheoretische Begründung der euklidischen Geometrie, Mannheim 1983

P. Lorenzen, Grundbegriffe technischer und politischer Kultur, Frankfurt/M. 1985

P. Lorenzen, Lehrbuch der konstruktiven Wissenschaftstheorie, Mannheim 1987

P. Lorenzen, Die Aufgabe ethisch-politischer Bildung, in: Forum f. Philosophie (Hrsg.), Zerstörung des moralischen Selbstbewußtseins: Chance oder Gefährdung? Praktische Philosophie in Deutschland nach dem Nationalsozialismus, Frankfurt/M. 1988, S.143-154

A.L. Luft, Rationaler Sprachgebrauch und orthosprachliche Standardisierung als Grundlagen des Software Engineering, Informatik-Spektrum 5 (1982), S.209-223

A.L. Luft, Informatik als Technikwissenschaft, Mannheim 1988

A.L. Luft, Informatik als Wissenstechnik, in: W. Abramowicz/A. Ultsch (Hrsg.), Integrierte, intelligente Informationssysteme, Proc. int. workshop Schoß Tuczno 24.-27.9.1990, S.200-234

A.L. Luft, „Wissen" und „Information" bei einer Sichtweise der Informatik als Wissenstechnik, in: W. Coy u.a. (Hrsg.), Sichtweisen der Informatik, Braunschweig 1992, S.49-70

R. Lutze, Von der Wissensakquisition zur Phylogenese wissensbasierter Systeme, in: H. Balzert/G. Heyer/R. Lutze (Hrsg.), Expertensysteme '87. Konzepte und Werkzeuge, Stuttgart 1987, S.222ff.

B. Mahr, Zur Diskussion um die Verantwortung in der Informationstechnik, in: W. Coy u.a. (Hrsg.), Sichtweisen der Informatik, Braunschweig 1992, S.355-360

K. Mainzer, Entwicklungsfaktoren der Informatik in der Bundesrepublik Deutschland, in: W. van den Daele u.a. (Hrsg.), Geplante Forschung. Vergleichende Studien über den Einfluß politischer Programme auf die Wissenschaftsentwicklung, Frankfurt/M. 1979, S.117-180

H. Mandl/H. Spada (Hrsg.): Wissenspsychologie: Eine Einführung, München 1988

Z. Manna, Mathematical Theory of Computation, New York 1974

E. Martens (Hrsg.), Texte zur Philosophie des Pragmatismus, Stuttgart 1975

E. Martens/H. Schnädelbach (Hrsg.), Philosophie. Ein Grundkurs, Reinbek 1986

E. Martens/H. Schnädelbach (Hrsg.), Zur gegenwärtigen Lage der Philosophie, in: dies. (Hrsg.), Philosophie. Ein Grundkurs, a.a.O., S.12–35

H. Maturana/F. Varela, Der Baum der Erkenntnis, Bern 1987

H.C. Mayr u.a., Datenbankentwurf, in: P.C. Lockemann/J.W. Schmidt (Hrsg.), Datenbank-Handbuch, Berlin 1987, S.486-562

P. Mertens (Hrsg.): Lexikon der Wirtschaftsinformatik, 2. Auflage, Berlin 1990

P. Mertens/H. Wedekind, Entwicklung und Stand der Betriebsinformatik, ZfB 52 (1982), S.510-525

J. Meyer-Fujara/F. Puppe/I. Wachsmuth, Expertensysteme und Wissensmodellierung, in: G. Görz (Hrsg.), Einführung in die künstliche Intelligenz, Bonn 1993, S.714-766

J. St. Mill, Utilitarismus, Stuttgart 1975

R.v. Mises, Wahrscheinlichkeit, Statistik und Wahrheit, Wien 1928

J. Mittelstraß, Wissenschaft als Lebensform. Reden über philosophische Orientierungen in Wissenschaft und Universität, Frankfurt/M. 1982

J. Mittelstraß, Forschungsplanung aus wissenschaftstheoretischer Sicht, in: J. Mittelstraß, Wissenschaft als Lebensform, a.a.O., S.85–100

J. Mittelstraß, Technik und Vernunft. Orientierungsprobleme in der Industriegesellschaft, in: J. Mittelstraß, Wissenschaft als Lebensform, a.a.O., S.37–64

J. Mittelstraß, Wissenschaft als Lebensform. Zur gesellschaftlichen Relevanz und zum bürgerlichen Begriff der Wissenschaft, in: J. Mittelstraß, Wissenschaft als Lebensform, a.a.O., S.11–36

J. Mittelstraß, Versuch über den Sokratischen Dialog, in: J. Mittelstraß, Wissenschaft als Lebensform, a.a.O., S.138-161

J. Mittelstraß, Der Flug der Eule: Von der Vernunft der Wissenschaft und der Aufgabe der Philosophie, Frankfurt/M. 1989

J. Mittelstraß, Die Freiheit der Forschung und die Verantwortung des Wissenschaftlers, Z. f. Kardiologie 81 (1992) Suppl. 4, S.3-9

H. Müller-Merbach, Eine informationsorientierte Betriebswirtschaftslehre, in: Angewandte BWL und Unternehmensführung (Festschr. f. H. Blohm), Hrsg. L.J. Heinrich/K. Lüder, Herne 1985, S.13-34

H. Müller-Merbach, Gestaltungsaufgabe und Intelligenzunterstützung, Der Technologie-Manager, 35 (1986), H 2, S.2/3

H. Müller-Merbach, Mutual understanding, revisited after nearly 25 years, Systems Practice 1 (1988), S.385-397

F. Nake: Der Anteil der Arbeit an der Theoriebildung der Informatik, in: W. Coy u.a. (Hrsg.), Sichtweisen der Informatik, Braunschweig 1992, S.119-124

P. Naur/R. Randell (Hrsg.), Software Engineering. Report on a Conference sponsored by the NATO Science Commitee, Brüssel 1969. (Nachdruck: P. Naur/B. Randell/J.N. Buxton, Software Engineering: Concepts and Techniques, New York 1976)

P. Naur, Computing: A Human Activity, Reading Mass. 1992

P. Naur, Prospects for the Programming Methodologies, 1981, Nachdruck in: P. Naur, Computing: A Human Activity, a.a.O., S.387-393

P. Naur, Programming as Theory Building, 1985, Nachdruck in: P. Naur, Computing: A Human Activity, a.a.O., S.37-49

O. Neurath, Soziologie im Physikalismus, Erkenntnis 2 (1931), S.393–431

O. Neurath, Protokollsätze, Erkenntnis 3 (1932), S.204–214

O. Neurath, Prognosen und Terminologie in Physik, Biologie, Soziologie (1937), in: Ges. Schr. (hrsg. v. R. Haller/H. Rutte) Bd. 2, Wien 1981, S.787–794

D.A. Norman (Hrsg.), Perspectives on Cognitive Science, Norwood 1981

E. Ortner u.a., Entwicklung und Verwaltung standardisierter Datenelemente, Informatik-Spektrum 13 (1990), S.17-30

B. Owsnicki-Klewe/K. v. Luck/B. Nebel, Wissensrepräsentation und Logik - Eine Einführung, in: G. Görz (Hrsg.), Einführung in die künstliche Intelligenz, Bonn 1993, S.3-54

o.V.: Gemeinsame Stellungnahme des Fachausschusses Informationsverarbeitung der GAMM (Gesellschaft für angewandte Mathematik und Mechanik) und des Fachausschusses 6 der NTG (Nachrichtentechnischen Gesellschaft) zu den Empfehlungen des BMWF zur Ausbildung auf dem Gebiet der Datenverarbeitung (20.6.1968), Elektronische Datenverarbeitung 11 (1969), S.400ff.

o.V., Vorschlag für ein Studienmodell „Informatik" an Fachhochschulen, Elektronische Datenverarbeitung 12 (1970), S.327ff.

o.V., GI-Empfehlungen: Ausbildung von Diplom-Informatikern an wissenschaftlichen Hochschulen, Informatik-Spektrum 8 (1985), S.164-165

o.V., GI-Empfehlungen: Empfehlung zur Integration der Informatik in Studiengänge an wissenschaftlichen Hochschulen, Informatik-Spektrum 11 (1988), S.167-170

o.V., GI-Empfehlungen: Wirtschaftsinformatik in wirtschaftswissenschaftlichen Studiengängen an Fachhochschulen, Informatik-Spektrum 13 (1990), S.289-292

o.V., GI-Empfehlungen: Empfehlungen zur Integration der Informatik in nichttechnische Studiengänge (ohne Betriebswirtschaft) an Fachhochschulen, Informatik-Spektrum 13 (1990), S.293-296

o.V., Gemeinsame Stellungnahme der Fakultätentage Elektrotechnik und Informatik zur Abstimmung ihrer Fachgebiete im Bereich Informationstechnik, Informatik-Spektrum 14 (1991), S.163-167

D.L. Parnas, Die Verantwortung der Wissenschaftler in einer sich verändernden Welt, FIFF-Kommunikation Heft 2 1993, S.21-30

D. Partridge, Will AI lead to a super software crisis? in: K. Gill, Artificial for Society, Chichester 1986, S.31ff.

D. Partridge, KI und das Software Engineering der Zukunft. Hamburg 1989

J. Passmore, Explanation in Everyday Life, in Science and in History, History and Theory 2 (1962), S.105-123

G. Patzig, Ethik ohne Metaphysik, 2. Auflage, Göttingen 1983

Ch.S. Peirce, Schriften (hrsg. v. K.O. Apel), 2 Bde, Frankfurt/M. 1967/70

J.C. Pitt (Ed.), Theories of Explanation, New York 1988

K.R. Popper, Logik der Forschung, 2. Auflage, Tübingen 1966

K.R. Popper, Utopie und Gewalt, in: A. Neusüss (Hrsg.), Utopie. Begriff und Phänomen des Utopischen, Neuwied 1968, S.313-326

K.R. Popper, Objektive Erkenntnis. Ein evolutionärer Entwurf, 2. Auflage, Hamburg 1974

K.R. Popper, Die Normalwissenschaft und ihre Gefahren, in: I. Lakatos/A. Musgrave (Hrsg.), Kritik und Erkenntnisfortschritt, Braunschweig 1974, S.51-57

K.R. Popper, Die offene Gesellschaft und ihre Feinde, 2 Bde, 7. Auflage, Tübingen 1992

D.B. Pressmar, Abgrenzung der Berufsbilder in der Betriebsinformatik, in: J. Griese u.a. (Hrsg.), Studien- und Forschungsführer Betriebs- und Wirtschaftsinformatik, 2. Auflage, Braunschweig 1984, S.27-39

F. Puppe, Einführung in Expertensysteme, 2. Auflage, Berlin 1991

F.J. Radermacher, FAW-Interview: Wirtschaft, Wissenschaft und Gesellschaft trinken aus einem Glas, DUZ 13 (1990),S. 36-39

F.J. Radermacher, Das Paradigma Neuronale Netze/Konnektionismus: Einige Anmerkungen und Hinweise zu Anwendungen, in: G.Bol/G.Nakhaeizadeh/K.-H.Vollmer (Hrsg.), Finanzmarktanwendungen neuronaler Netze und ökonometrischer Verfahren, Würzburg 1993, S.223-244

H.H. Rampacher, Ethisch-gesellschaftliche Grundlagen einer innovativen Informatik, IBM Nachrichten 43 (1993) Heft 312, S.16-23

P. Rechenberg, Was ist Informatik? Eine allgemeinverständliche Einführung, München 1991

N. Rescher, Die Kriterien der Wahrheit, in: G. Skirbekk (Hrsg.), Wahrheitstheorien, a.a.O., S.337-390

M. Ringle (Hrsg.), Philosophical Perspectives in Artificial Intelligence, Atlantic Highlands 1979

F. Rötzer (Hrsg.), Denken, das an der Zeit ist, Frankfurt/M. 1987

St.E. Savory, Expertensysteme: Welchen Nutzen bringen sie für ihr Unternehmen?, in: St.E. Savory (Hrsg.), Expertensysteme: Nutzen für Ihr Unternehmen, München 1987, S.17-38

A.-W. Scheer, Wirtschaftsinformatik: Informationssysteme im Industriebetrieb, 3. Aufl., Berlin 1990

A.-W. Scheer, Elfenbein-Informatik, informatik magazin Heft 6 1993, S.3.

P. Schefe, Informatik - eine konstruktive Einführung. LISP, PROLOG und andere Konzepte der Programmierung, Mannheim 1985

P. Schefe, Künstliche Intelligenz - Überblick und Grundlagen. Grundlegende Konzepte und Methoden zur Realisierung von Systemen der Künstlichen Intelligenz, Mannheim 1986

P. Schefe u.a. (Hrsg.), Informatik und Philosophie, Mannheim 1993

M. Schlick, Über das Fundament der Erkenntnis, Erkenntnis 4 (1934), S.79–99

S.J. Schmidt (Hrsg.), Kognition und Gesellschaft, Frankfurt/M. 1992

S.J. Schmidt (Hrsg.), Der Diskurs des radikalen Konstruktivismus, 4. Auflage, Frankfurt/M. 1992

H. Schnädelbach, Philosophie, in: E. Martens/H. Schnädelbach (Hrsg.), Philosophie. Ein Grundkurs, Reinbek 1986, S.37–76

H.-J. Schneider, Phantasie und Kalkül. Über die Polarität von Handlung und Struktur in Sprache, Frankfurt/M. 1992

H.-J. Schneider (Hrsg.), Lexikon der Informatik und Datenverarbeitung, 3. Auflage, München 1991

P. Schnupp/Ch. Floyd, Programmentwicklung und Projektorganisation, Berlin 1976

U. Schöning, Logik für Informatiker, 3. Auflage, Mannheim 1992

U. Schöning, Theoretische Informatik kurz gefaßt, Mannheim 1992

G. Schurz (Hrsg.), Erklären und Verstehen in der Wissenschaft, München 1988

H.G. Schwärtzel: Rolle und Bedeutung der Informatik aus industrieller Sicht, Angewandte Informatik 26 (1984), S.509-512

J.T. Schwartz, The Limits of Artificial Intelligence, in: St.C. Shapiro (Hrsg.): Encyclopedia of Artificial Intelligence, New York 1987, S.488-502

J. Schwarze, Daten- und Datenbankorientierung in der Betriebswirtschaftslehre, Angewandte Informatik 29 (1987), S.51-58

O. Schwemmer, Handlung und Struktur. Zur Wissenschaftstheorie der Kulturwissenschaften, Frankfurt/M. 1987

J.R. Searle, Sprechakte. Ein sprachphilosophischer Essay, Frankf./M. 1971

J.R. Searle, Mind, Brains and Programs, in: R.P. Born (Hrsg.), Artificial Intelligence: The Case Against, Beckenham 1987, S.18-40

J.R. Searle, Is the Brain's Mind a Computer Program? No. A program merely manipulates symbols, whereas a brain attaches meaning to them, Scientific American 262 (1990) Heft 1, S.20-25

C. Shannon/W. Weaver, The Mathematical Theory of Communication, 8. Auflage, Urbana 1959

M. Shaw (Hrsg.), The Carnegie-Mellon Curriculum for Undergraduate Computer Science, New York 1985

H. Sidgwick, The Methods of Ethics, Indianapolis 1981

D. Siefkes, Ohne eine Theorie der Informatik keine Ethik der Informatiker, ohne eine Ethik der Informatik keine Theorie der Informatiker, in: D. Siefkes, Evolutionäre Modelle in der Informatik, Forschungsberichte des Fachbereichs Informatik, Bericht-Nr. 93-15 TU Berlin 1993, S.37-42

G. Siegwart, Zur Inkonsistenz der konstruktivistischen Abstraktionslehre, Z.f.phil. Forschung 47 (1993), S.246-260

H.A. Simon, Cognitive Science: The Newest Science of the Artificial, in: D.A. Norman (Hrsg.), Perspectives on Cognitive Science, Norwood 1981, S.13-26

G. Skirbekk (Hrsg.), Wahrheitstheorien: Eine Auswahl aus den Diskussionen über Wahrheit im 20. Jahrhundert, Frankfurt/M. 1980

A. Smith, The Theory of Moral Sentiments, Oxford 1976

J. Sneed, The Logical Structure of Mathematical Physics, 2. Auflage, Dordrecht 1979

R. Spaemann, Das Natürliche und das Vernünftige, Scheidewege 16 (1986/87), S.3-15

F. Stadler, Vom Positivismus zur wissenschaftlichen Weltauffassung, Wien 1982

W. Stegmüller, Theorienstrukturen und Theoriendynamik, Heidelberg 1973

W. Stegmüller, Hauptströmungen der Gegenwartsphilosophie, Bd.1, 6. Auflage, Stuttgart 1976

W. Stegmüller, Rationale Rekonstruktion von Wissenschaft und ihrem Wandel, Stuttgart 1979

W. Stegmüller, The Structuralist View of Theories, Heidelberg 1979

H. Steinmann/A. Löhr (Hrsg.), Unternehmensethik, 2. Auflage, Stuttgart 1991

H. Stoyan, Programmiermethoden der Künstlichen Intelligenz, Berlin 1988

H. Stoyan, Wissen wissensbasierte Programme etwas?, in: G. Heyer/ J. Krems/G. Görz (Hrsg.), Wissensarten und ihre Darstellung, Berlin 1988, S.250-261

H. Stoyan, Wissensrepräsentation oder Programmierung?, it 31 (1989), S.120-133

H. Strunz, Anforderungen der Softwareindustrie an die Informatik, Angewandte Informatik 26 (1984), S.513–515

H. Strunz, Prof. Dr. Peter Stahlknecht, Wirtschaftsinformatik Heft 2 1993, S.179-182

F. Suppe (Ed.), The Structure of Scientific Theories, 2. Auflage, Urbana 1977

Ch. Thiel, Geo Siegwarts Szenario. Eine katastrophentheoretische Untersuchung, zugleich ein Versuch, enttäuschte Kenner wieder aufzurichten, Z.f.phil.Forsch. 47 (1993), S.261-270

R. Thome, Betriebs- und Wirtschaftsinformatik an deutschsprachigen wissenschaftlichen Hochschulen, in: J. Griese u.a. (Hrsg.), Studien- und Forschungsführer Betriebs- und Wirtschaftsinformatik, 2. Auflage, Braunschweig 1984, S.3-12

R. Trappl, AI - Nie! Versuch über eine wahrscheinliche zukünftige Reaktion der Öffentlichkeit, in: GWAI-86 und 2. Österreichische Artificial-Intelligence-Tagung, Heidelberg 1986, S.1-16

E. Tugendhat, Vorlesungen über Ethik, Frankfurt/M. 1993

R. Valk, Der Computer als Herausforderung an die menschliche Rationalität, Informatik-Spektrum 10 (1987), S.57-66

M. Vetter, Das Jahrhundertproblem der Informatik, in: G. Müller-Ettrich (Hrsg.), Effektives Datendesign. Praxis-Erfahrungen. Köln 1989, S.11-31

J. Villoro, Was ist die wissenschaftliche Methode und worauf ist sie anwendbar?, in: M. Bunge (Hrsg.), Epistemologie. Aktuelle Fragen der Wissenschaftstheorie, Mannheim 1983, S.26-41

W. Volpert, Zauberlehrlinge. Die gefährliche Liebe zum Computer, Weinheim 1985

W. Volpert, Menschliches Expertentum und maschinelle „Expertensysteme", Die Mitbestimmung Heft 4 1987, S.203-207

I. Wachsmuth (Hrsg.), Expertensysteme, Planen und Problemlösen, in: Görz (Hrsg.), Einführung in die künstliche Intelligenz, Bonn 1993, S.713-828

W. Wahlster, Wissensbasierte Systeme: Vom Labor zur Anwendung, in: H. Reichel (Hrsg.), Informatik - Wirtschaft - Gesellschaft, Berlin 1993, S.17

J.W.N. Watkins, K.R. Popper - Die Einheit seines Denkens, in: J. Speck (Hrsg.), Grundprobleme der großen Philosophen: Philosophie der Gegenwart I, Göttingen 1972, S.151-214

T.J. Watson (jun.), IBM: Ein Unternehmen und seine Grundsätze, München 1964

H. Wedekind, Eine Methodologie zur Konstruktion des Konzeptionellen Schemas, in: J. Niedereichholz (Hrsg.), Datenbanktechnologie, Stuttgart 1979, S.65-80

H. Wedekind/E. Ortner, Systematisches Konstruieren von Datenbankanwendungen: zur Methodologie der angewandten Informatik, München 1980

H. Wedekind, Datenbanksysteme I. Eine konstruktive Einführung in die Datenverarbeitung in Wirtschaft und Verwaltung, Mannheim 1981

H. Wedekind, Gibt es eine Ethik der Informatik? Zur Verantwortung des Informatikers, Informatik Spektrum 10 (1987), S.324-328

H. Wedekind, Objektorientierte Schema-Entwicklung. Ein kategorialer Ansatz für Datenbanken und Programmierung, Mannheim 1992

H. Wedekind, Kaufmännische Datenbanken, Mannheim 1993

J. Weizenbaum, Die Macht der Computer und die Ohnmacht der Vernunft, Frankfurt/M. 1978

S. Wendt, Nichtphysikalische Grundlagen der Informationstechnik, Berlin 1989

S. Wendt, Defizite im Software Engineering, Informatik Spektrum 16 (1993), S.34-38

G. Wersig, Tendenzen der Informationswissenschaft, in: M. Buder u.a. (Hrsg.), a.a.O., S.1184-1194

B.L. Whorf, Sprache — Denken — Wirklichkeit. Beiträge zur Metalinguistik und Sprachphilosophie, Reinbek 1986

H. Winkler, Aspekte der Ausbildung in der Betriebsinformatik, in: Ausbildung in Betriebsinformatik, München 1985, S.121-147

T. Winograd/F. Flores, Understanding Computers and Cognition. A New Foundation for Design, Norwood N.J.1986

T. Winograd/F.Flores, Erkenntnis - Maschinen - Verstehen. Zur Neugestaltung von Computersystemen. Aus dem Amerikanischen von L. Voet. Mit einem Nachwort von W. Coy, Berlin 1989

P.H. Winston, Artificial Intelligence, 2. Auflage, Reading 1985

Wissenschaftsrat, Empfehlungen zur Informatik an den Hochschulen, Köln 1989

L. Wittgenstein, Tractatus logico-philosophicus, Frankfurt/M. 1966

L. Wittgenstein, Philosophische Untersuchungen, Frankfurt/M. 1971

W. Wittmann, Art. „Information", in: E. Grochla (Hrsg.), Handwörterbuch der Organisation, Stuttgart, 2. Aufl. 1980, Sp 894ff.

M. Wollnik, Implementierung computergestützter Informationssysteme. Perspektive und Politik informationstechnologischer Gestaltung, Berlin 1986

H. Zemanek, Das geistige Umfeld der Informationstechnik, Berlin 1992

H.H. Zimmermann: Informationswissenschaft a. d. Universität des Saarlandes ("Saarbrücker Modell"), in M. Buder u.a. (Hrsg.), a.a.O., S.1100-1107

5. Schlagwortverzeichnis

Abgrenzungskriterium, 46
Abstraktion, abstrakt, 91ff
  -sprinzip (d. Geometrie), 96
  -sprinzip (d. Programmentwicklung), 155
Abstraktor, 93, 206
Apprädikator, 85, 87f
Äquivalenzrelation, 92
Argumentationstheorie, -theoretisch, 22ff, 30, 60, 90, 102, 186
Automation, Automatisierung, 133, 134, 158, 163, 170, 174, 177
Automatisierungstechnik, 151
Artificial Intelligence, 168
Atomismus, logischer, 37, 85
Attribut, 85
Autonomie, 103, 110, 111
Axiom, Axiomatisierung, 39f, 90f

Basissatz, 46
Begriff, 37f, 92, 94
  theoretischer -, 40, 42, 91
  Beobachtungs-, 40, 91
Begründung, 22ff, 26f, 75
  deduktive -, 57, 59, 78
  moralische -, 108
  pragmatische -, 59
  praktische -, 74
  problembezogene -, 59f
Begründungsbasis, 60
Benutzer, 176, 178
  -beteiligung, 162
  -modellierung, 162

Codierung, 203, 206
Computer-Science, 134, 157

Darstellungsinvarianz, 94, 206, 208
Data Engineering, 157
Daten, Datum, 94, 177, 208ff, 211
  -aggregation, 209, 211
  -austausch, 210

-elemente, standardisierte, 210
-modelle, semantische, 210
-verarbeitung, 122, 124, 132, 211f
Definition, 83, 87
Anforderungs-, 160
explizite -, 41f, 89f, 91
Inhalts-, 88, 89
Umfangs-, 89
Denken, 179f, 194ff
Dialog
- definit, 31
- isch wahr, 31
Diskurs, diskursiv, 22, 25, 26, 27, 59, 102, 109, 112
Disziplinarität, disziplinär
infra-, 119, 121, 127
inter-, 125, 143, 150, 180f
supra-, 102, 121, 146
trans-, 107, 150
Drei-Welten-Theorie, 47ff

Effizienz, 51, 100, 104
Eigenname, 37, 85, 91
Elektrotechnik, 141, 149ff
Elementaraussage, 88, 91
Empirismus
klassischer -, 5f, 34
logischer -, 6f, 32ff, 38ff, 44, 79, 91, 172
materialistisch-realistische Variante d. -, 35
sensualistisch-phänomenalistische Variante d. -, 36
Erklärung, 62ff
Angemessenheit d. -, 65
deduktiv-nomologische -, 62
Einsichtigkeit d. -, 64
Handlungs-, 62f, 66
Kausal-, 62f
Richtigkeit d. -, 66
Ethik, ethisch, 30, 58, 78, 79, 101, 104, 108ff
Expertensystem, 174, 177, 187, 189

Falsifikation, -sprinzip, 45ff, 47, 50, 52, 56
Formprinzip (d. Geometrie), 96

Forschungsprogramm, 57
Führen, 193
Funktion, 94

Gehirn, 181f, 185
Geltungsanspruch, 22, 26, 29, 100, 102, 112, 178
General Problem Solver (GPS), 170, 173
Gerechtigkeit, 23, 24, 30, 51, 113
Gestaltung, 110, 119, 120, 124, 127, 129, 130, 137, 162, 186
Glück, 53, 109, 112f

Handlung, Handeln, 51, 67, 72, 108, 112
  sprachliche -, 83
  nichtsprachliche -, 83
Herstellungsnorm, 96
Hörerinvarianz, 94, 208, 210

Idealisierung, 54
Ideation, 96
Idee, 28, 50, 57, 58, 113, 115
Imperativ, kategorischer, 111f
Induktion, 40f, 45
Informatik, 116ff, 190, 193
  allgemeine -, 120ff, 139
  anwendungsbezogene -, 119, 129, 133, 143
  Betriebs-, 119, 122, 123ff
  Bindestrich-, 126, 143
  Ingenieur-, 138, 141
  Kern-, 121, 123, 143, 147, 176, 185
  Praktische -, 135, 137, 140ff
  spezielle -, 120ff
  systemorientierte -, 133
  Technische -, 135, 137, 139, 140ff
  Theoretische -, 133, 135, 137, 140ff
  Wirtschafts-, 119, 123ff, 138, 139, 149
  - Perspektiven, 118
  - Studiengänge, 123, 130ff, 135ff
Information, Informationsbegriff, 14, 124, 127, 147, 151, 177, 194ff, 201, 205
  elementare -, 209
  - Engineering, 157

-sgehalt, 203
-squelle, 202
-stechnik, 150ff
-sverarbeitung, 119, 124f, 185f
-swissenschaft, 191f
Ingenieurwissenschaft, 123, 129
Intelligenz, 179f

Kennzeichnung, 85
Knowledge-Engineering, 176
Kognition, kognitiv, 172
-swissenschaft, 172, 179ff, 186
Kommunikation, kommunizieren, 26, 193, 203
-shandlung, 26, 164, 195, 205, 206
-stechnik, 162, 194
Konfliktbewältigung, Theorie der rationalen, 105, 109
Konstruktivismus, radikaler, 98ff
Kontext-invariant, 207
Kopula, 37, 85
Künstliche Intelligenz (KI), 69, 143, 168ff, 182ff, 200, 204
Kybernetik, kybernetisch, 122, 124, 147, 168

Lebenswelt, 69
Lehr- u. Lernsituation, 8
Lernen, empraktisches, 83
Logik
dialogische (konstruktive) -, 27, 31, 189
formale -, 7, 17, 75, 134
klassische -, 27

Maschinisierung (geistiger Arbeit), 117, 122, 146, 150f, 186
Maxime, 111f
Mehrbenutzerbetrieb, 142
Menge, 94
Mitteilung, 200, 205
Mittel, 51
Modell, 78, 91, 178
Münchhausen-Trilemma, 8, 29, 51f, 57, 60

Netzwerk, konnektionistisches, 181f

Objekttyp, 84, 85
Ökonomie, 103ff, 111, 178

Paradigma, paradigmatisch, 53ff
  linguistisches -, 16
  mentalistisches -, 16
  ontologisches -, 16
Partikel, logische, 31, 39, 85, 88
Partikelregel (d. dialog. Logik), 31
Phasen (d. wiss. Entwicklung), 54ff
Philosophie
  sprachanalytische -, 15, 37
  sprachkritische Wende d. -, 15ff, 77, 159
Physikalismus, 33, 36, 39
Politik, 51f, 58, 78, 79, 105ff
Prädikation, elementare, 82ff
Prädikator, 37, 83, 92
  Ding -, 84
  Tat -, 84
  -enregel, 87, 88, 92
Pragmatik, pragmatisch, 7, 67ff, 72, 98, 100, 186, 192, 205
  Universal-, 21
Problemlösen, wissensbasiertes, 173ff
Programm
  -aufbau, modularer, 155
  -entwicklung, 155
  -verifikation, 154
Programmierstil, 153, 154
Programmiersystem, 176, 184, 185
Programmierung
  disziplinierte -, 155
  strukturierte -, 153
  transformatielle -, 156
Protokollsatz, 44, 46

Rahmenregel (d. dialog. Logik), 31
Rationalismus, kritischer, 44ff, 57ff
Rationalisierung, 117, 133, 134, 139, 145, 158, 163, 174, 177, 185
Realität, realistisch, 18, 47
Rechnen, 193
Reduktion, Reduktionismus, 33, 63, 109, 144, 185

Rekonstruktion, rationale, 39ff
Relevanz, prognostische, 42
Requirement-Engineering, 190
Revolution, wissenschaftliche, 54f

Sachverhalt, 17, 19, 94
Simulation, 163, 169, 172, 182
Sinnkriterium, 38, 46
Software
-Engineering, 153, 157ff
-entwicklung, 156ff
-kosten, 152
-krise, 152
-Qualitätssicherung, 157
-technik, 152ff, 162ff, 188
Sozialphilosophie (d. krit. Rationalismus), 50ff
Sprechakt, 18, 20
-theorie, 19ff, 26, 208
Sprecherinvarianz, 206, 208
Symbol, 94
Sympathie, 110f
Synonymität, 92
Systemanalyse, 116
Systems-Engineering, 158

Terminus, 90
Theorie, theoretisch, 47ff, 56ff, 74, 78, 198
Transaktionskonzept, 210

Universalisierbarkeit, 113
universell, 45, 48, 51, 112, 115
Unternehmen
-sethik, 103, 104, 105
-sforschung, 116
-smoral, 103
Urteil, 34, 36, 108
Urteilskraft, 101
Utilitarismus, utilitaristisch, 109, 111

Validationstechnik, 157
Verantwortung, 36, 74, 103, 104, 164, 186

Verfeinerung, schrittweise, 155
Verifizieren, 45

Wahrheit, 72
Abbildtheorie (Korrespondenztheorie) d. -, 12, 43f, 48, 98
Kohärenztheorie d. -, 44
Konsenstheorie d. -, 23, 26ff, 60, 102
-skriterium, 43
-swert, 31
Wissen, Wissensbegriff, 22ff, 50, 53, 55f, 64, 124ff, 134, 177, 179
Fakten-, 165
formales -, 196
kulturelles -, 197
materielles -, 196, 197
objektives -, 199
Orientierungs-, 8, 101, 104, 198f
praktisches -, 197
Problemlösungs-, 165
subjektives -, 195
technisches -, 197
theoretisches -, 197
Verfügungs-, 101, 199
-sbestand, 114, 117, 124, 127, 134, 144, 148, 156, 158, 160f, 171, 174ff, 179, 194
-bildung, 26, 29, 107, 144, 161f, 176f,
-rekonstruktion, 175
-srepräsentation, 130, 143, 166, 173ff, 183, 190, 200
-stechnik, 10, 117, 151, 162, 188ff
-sverarbeitung, 116f, 124, 150f, 157
Wissenschaft, wissenschaftlich, 11ff, 73ff
Wissenschaftstheorie
analytische -, 77ff
konstruktive -, 73ff, 77ff, 98, 134, 189

Zahl, 94
Zweck, 51, 83, 96, 100ff, 110, 121, 127